U0545370

洪錦魁簡介

2023 年和 2024 年連續 2 年獲選博客來 10 大暢銷華文作家，多年來唯一電腦書籍作者獲選，也是一位跨越電腦作業系統與科技時代的電腦專家，著作等身的作家，下列是他在各時期的代表作品。

- DOS 時代：「IBM PC 組合語言、Basic、C、C++、Pascal、資料結構」。
- Windows 時代：「Windows Programming 使用 C、Visual Basic」。
- Internet 時代：「網頁設計使用 HTML」。
- 大數據時代：「R 語言邁向 Big Data 之路」。
- AI 時代：「機器學習 Python 實作、AI 視覺、AI 之眼」。
- 通用 AI 時代：「ChatGPT、Copilot、無料 AI、AI(職場、行銷、影片、賺錢術)」。

作品曾被翻譯為簡體中文、馬來西亞文、英文，近年來作品則是在北京清華大學和台灣深智同步發行：

1：C、Java、Python、C#、R 最強入門邁向頂尖高手之路王者歸來
2：Python 網路爬蟲 / 影像創意 / 演算法邏輯思維 / 資料視覺化 - 王者歸來
3：網頁設計 HTML+CSS+JavaScript+jQuery+Bootstrap+Google Maps 王者歸來
4：機器學習基礎數學、微積分、真實數據、專題 Python 實作王者歸來
5：Excel 完整學習、Excel 函數庫、AI 助攻學 Excel VBA 應用王者歸來
6：Python x AI 辦公室自動化之路
7：Power BI 最強入門 – AI 視覺化 + 智慧決策 + 雲端分享王者歸來
8：無料 AI、AI 職場、AI 行銷、AI 繪圖、AI 創意影片的作者

他的多本著作皆曾登上天瓏、博客來、Momo 電腦書類，不同時期暢銷排行榜第 1 名，他的著作特色是，所有程式語法或是功能解說會依特性分類，同時以實用的程式範例做說明，不賣弄學問，讓整本書淺顯易懂，讀者可以由他的著作事半功倍輕鬆掌握相關知識。

AI 行銷引爆術
用 AI 讓品牌業績翻倍成長
序

在這個快速變化的時代，人工智慧（AI）已從科幻小說的夢想轉變為日常生活和商業實踐的核心驅動力。隨著 AI 技術的不斷進步，其在行銷領域的應用也日益廣泛和深入。這本名為「AI 行銷引爆術」的書籍，正是在這樣一個背景下誕生，旨在探索 AI 如何顛覆傳統行銷策略，並為未來商業描繪出一幅全新的視界。

本書深入剖析了 AI 在行銷領域的各個方面，每一章都是對 AI 技術如何增強行銷效果的深度探討，包含了預測流行趨勢、SEO 策略的革新、公司名稱和口號的創建，到行銷文案的撰寫、活動的規劃以及廣告腳本的設計等關鍵領域。全書每一個觀念皆有搭配實例解說，閱讀本書，讀者可以學會下列知識：

- ✅ 了解與 AI 聊天的訣竅、用表情符號說故事
- ✅ 跟 AI 深聊專業話題
- ✅ AI 如何助力企業行銷升級、運用 AI 找尋行銷精英
- ✅ AI 如何預測流行趨勢- 掌握關鍵主題
- ✅ AI 如何革新 SEO 策略- 行銷人員必學的關鍵知識
- ✅ AI 命名指南- 用 AI 打造獨特公司名稱
- ✅ AI 賦能品牌口號- 開創企業形象新篇章
- ✅ AI 革新產品口號- 為創新品牌注入創意靈魂
- ✅ AI 撰寫行銷文案- 品牌的秘密武器，打造引人入勝的內容
- ✅ AI 引爆網友互動- 如何利用智慧技術激活社群熱度
- ✅ AI 幫品牌贏得客戶心- 企業應用人工智慧贏取消費者信賴之道
- ✅ AI 策畫成功的行銷活動- 品牌如何運用智慧科技打造熱話事件
- ✅ AI 創造感動人心的廣告故事- 用人工智慧編織品牌的情感連結
- ✅ AI 繪圖啟示錄- 行銷視覺的創新革命
- ✅ AI 音樂創新- 行銷如何利用提升品牌影響力

✅ AI 讓圖案發聲 - 從視覺到聽覺的行銷革命

✅ AI 影像行銷革命 - Sora 如何將內容變吸睛影片

✅ AI 行銷 - 影片剪輯與配音

　　寫過許多的電腦書著作，本書沿襲筆者著作的特色，實例豐富，相信讀者只要遵循本書內容必定可以在最短時間認識 AI 在行銷上的應用。編著本書雖力求完美，但是學經歷不足，謬誤難免，尚祈讀者不吝指正。

洪錦魁 2025/03/15
jiinkwei@me.com

讀者資源說明

　　本書籍的 Prompt、實例或作品可以在深智公司網站下載。

臉書粉絲團

　　歡迎加入：王者歸來電腦專業圖書系列

　　歡迎加入：iCoding 程式語言讀書會 (Python, Java, C, C++, C#, JavaScript, 大數據, 人工智慧等不限)，讀者可以不定期獲得本書籍和作者相關訊息。

　　歡迎加入：穩健精實 AI 技術手作坊

　　歡迎加入：MQTT 與 AIoT 整合應用

目錄

第 0 章　Prompt 巧思 - 與 AI 聊天的訣竅

- 0-1　講台灣話給 AI 聽 0-2
  - 0-1-1　認識 ChatGPT 中文回應方式 0-2
  - 0-1-2　留意簡體語法的繁體中文內容 0-3
- 0-2　AI 也會有幻覺 0-4
- 0-3　帶 AI 走 - 學會用 Prompt 開話題 0-5
  - 0-3-1　Prompt 是什麼 0-5
  - 0-3-2　Prompt 定義 0-6
  - 0-3-3　Prompt 的語法原則 0-6
  - 0-3-4　Prompt 的結構 0-7
  - 0-3-5　Prompt 的應用 0-8
  - 0-3-6　模糊到清晰的 Prompt 實例 0-8
  - 0-3-7　使用引號「」 0-9
  - 0-3-8　引用來源 0-10
- 0-4　設計 Prompt - 讓 AI 回答更對味 0-11
- 0-5　Emoji 的妙用 - 用表情符號說故事 0-14
  - 0-5-1　認識 Emoji 0-14
  - 0-5-2　Emoji 圖文行銷的優點 0-15
  - 0-5-3　Emoji 使用場合分析 0-16
- 0-6　扮演知識家 - 跟 AI 深聊專業話題 0-16
- 0-7　分步驟問複雜題 - 讓 AI 一步步跟上 0-20
  - 0-7-1　多次詢問的優點 0-20
  - 0-7-2　開發手機應用程式的實例 0-20
- 0-8　Markdown 美化輸出 - 寫作也要有型 0-27
  - 0-8-1　Markdown 語法 0-27
  - 0-8-2　Markdown 文章輸出 0-28
  - 0-8-3　提醒 ChatGPT 格式化輸出 0-30
- 0-9　跟 AI 聊得來 - Prompt 進階技巧 0-32
  - 0-9-1　指定表格欄位 0-32
  - 0-9-2　專注符號「#」 0-32
  - 0-9-3　一問一答 0-33
  - 0-9-4　不要重複寫主題名稱 0-34

	0-9-5	模板或情境模擬- 中括號	0-35
	0-9-6	自然語言的變數設定- 大括號	0-36
0-10	用 AI 下載試算表		0-39
	0-10-1	Excel 檔案輸出與下載	0-39
	0-10-2	CSV 檔案輸出與下載	0-40
0-11	從 AI 下載圖片檔		0-40
0-12	直接拿文件下載連結		0-42
0-13	進一步認識 Prompt- 參考網頁		0-43

第 1 章　AI 行銷攻略 掌握基本觀念

1-1	行銷真義解析- 目的與策略全攻略	1-2
1-2	智能時代必學- AI 如何助力企業行銷升級	1-3
	1-2-1　補充解釋- 認識自然語言生成 (NLG)	1-4
	1-2-2　補充解釋- 搜索引擎優化 (SEO)	1-4
1-3	AI 行銷高手必備- 頂尖人才的關鍵技能	1-5
1-4	智慧招募法則- 運用 AI 找尋行銷精英	1-6

第 2 章　AI 如何預測流行趨勢 掌握關鍵主題

2-1	行銷達人不可不知- AI 助你一臂之力精準把握流行趨勢	2-2
2-2	美容尖端科技揭秘- AI 如何預知肌膚護理的下一個流行	2-3
	2-2-1　ChatGPT 協助- 掌握護膚產品的流行主題	2-4
	2-2-2　更具說服力- 結合數字的美容肌膚流行主題	2-5
2-3	追求健康長壽的秘訣- AI 揭示最新健康趨勢	2-6
	2-3-1　ChatGPT 協助- 掌握健康長壽的流行主題	2-7
	2-3-2　更具說服力- 結合數字的健康長壽流行主題	2-8
2-4	AI 全方位解析- 探索更多流行領域的未來趨勢	2-9
	2-4-1　ChatGPT 敘述網路流行的主題	2-9
	2-4-2　Gemini 敘述網路流行的主題	2-9
	2-4-3　Copilot 敘述網路流行的主題	2-11
	2-4-4　客觀評論 ChatGPT、Gemini 與 Copilot 的回應	2-12

第 3 章　AI 如何革新 SEO 策略

3-1	AI 輔助 SEO 的秘密- 行銷專家必學的未來趨勢	3-2
	3-1-1　短尾與長尾關鍵字	3-3

目錄

	3-1-2	元標籤	3-5
	3-1-3	點擊率	3-5
3-2	打造無法抗拒的網頁標題- AI 與 SEO 的完美結合秘訣		3-6
	3-2-1	面膜- 符合 SEO 精神的網頁標題	3-7
	3-2-2	流行服飾- 符合 SEO 精神的網頁標題	3-9
	3-2-3	食品飲料- 符合 SEO 精神的網頁標題	3-10
3-3	長尾關鍵字的 AI 挖掘技巧- 提升網站流量的不敗策略		3-11
	3-3-1	果醋的長尾關鍵字	3-11
	3-3-2	AI 手機的長尾關鍵字	3-12
	3-3-3	台灣旅遊的長尾關鍵字	3-13
3-4	元標籤優化必勝守則- AI 如何提升你的 SEO 表現		3-13
	3-4-1	台灣自由行的旅遊網站	3-14
	3-4-2	AI 手機網站	3-16
	3-4-3	保健食品網站	3-18
3-5	AI 如何精確評估你的網站效能		3-19

第 4 章　AI 命名指南 用 AI 打造獨特公司名稱

4-1	從行銷視角出發- 如何創建具有吸引力的公司名稱		4-2
	4-1-1	行銷的角度看公司的名稱	4-2
	4-1-2	了解 AI 可以如何協助我們建立公司名稱	4-3
4-2	AI 幫手- 揭秘打造茶飲品牌名稱的創意秘訣		4-4
	4-2-1	單一飲料店名稱	4-4
	4-2-2	連鎖飲料店名稱	4-5
	4-2-3	網路銷售的飲料店	4-6
4-3	AI 的創新命名法- 給你的咖啡廳一個讓人難忘的名字		4-7
	4-3-1	一般咖啡廳	4-8
	4-3-2	頂級牙買加藍山咖啡豆	4-9
	4-3-3	環境轉換咖啡館名稱	4-10
4-4	用 AI 命名你的科技創新- 電腦知識服務公司的命名策略		4-11
	4-4-1	為提供電腦知識的公司命名	4-12
	4-4-2	為提供 AI 知識的公司命名	4-13
4-5	AI 助力電商品牌命名- 打造網路銷售平台的獨特名稱		4-14
	4-5-1	網路手工創意商品	4-14
	4-5-2	網路服飾公司	4-15
	4-5-3	網路生活用品公司	4-16

第 5 章　AI 如何幫你打造響亮的公司與產品口號

- 5-1 行銷高手指南- AI 助你打造超吸引力的公司口號 5-2
  - 5-1-1 從行銷的角度看公司的口號 5-2
  - 5-1-2 公司口號的特色 5-3
  - 5-1-3 了解 AI 可以如何協助我們建立公司口號 5-3
- 5-2 飲料界的創意爆發- AI 如何為你的飲料店量身打造口號 5-4
  - 5-2-1 建立飲料店口號 5-5
  - 5-2-2 建立 24 小時飲料店口號 5-5
  - 5-2-3 建立 24 小時網路飲料店口號 5-6
- 5-3 咖啡香中的創意語- AI 幫你的咖啡館找到完美口號 5-7
  - 5-3-1 建立咖啡館口號 5-8
  - 5-3-2 不同情境的咖啡館口號 5-9
  - 5-3-3 24 小時營業網路銷售的咖啡館口號 5-9
- 5-4 電商成功秘訣- 用 AI 打造獨特的網路銷售平台口號 5-10
  - 5-4-1 網路服飾公司 5-11
  - 5-4-2 網路美容保養品公司 5-13
  - 5-4-3 網路生活用品與辦公室文具公司 5-15
- 5-5 AI 與品牌傳奇- 如何創造下一個著名口號 5-16
  - 5-5-1 全家便利商店口號- 全家就是你家 5-17
  - 5-5-2 華碩口號 – 華碩品質堅若磐石 5-19
- 5-6 AI 賦能創意- 打造產品口號的新時代 5-21

第 6 章　AI 如何塑造品牌的故事

- 6-1 品牌心靈故事的力量- 為什麼故事對品牌至關重要 6-2
- 6-2 AI 編織品牌故事的秘訣- 企業必知的注意事項 6-3
- 6-3 從阿婆飲料到品牌傳奇- AI 如何講述故事 6-4
  - 6-3-1 AI 發揮創意編撰「阿婆的飲料店」的品牌故事 6-4
  - 6-3-2 AI 融入故事情節編撰「阿婆的飲料店」的品牌故事 6-5
- 6-4 「日夜咖啡酒館」AI 重現咖啡文化的品牌旅程 6-6
  - 6-4-1 AI 發揮創意編撰「日夜咖啡酒館」的品牌故事 6-7
  - 6-4-2 AI 融入故事情節編撰「日夜咖啡酒館」的品牌故事 6-8
- 6-5 線上購物的溫情故事- AI 打造「顧客來網路商店」品牌傳奇 6-9
  - 6-5-1 AI 發揮創意編撰「顧客來網路商店」的品牌故事 6-9
  - 6-5-2 AI 融入故事情節編撰「顧客來網路商店」的品牌故事 6-10

目錄

- 6-6 「台光牌」創新之旅- AI 述說太陽能衛星手機的故事 ... 6-11
  - 6-6-1 AI 發揮創意編撰「台光牌太陽能衛星手機」的品牌故事 ... 6-12
  - 6-6-2 AI 融入故事情節編撰「台光牌太陽能衛星手機」的品牌故事 ... 6-13
- 6-7 「深智數位」的創新軌跡- AI 如何塑造科技企業的品牌傳奇 ... 6-14
  - 6-7-1 AI 發揮創意編撰「深智數位公司」的品牌故事 ... 6-14
  - 6-7-2 AI 融入故事情節編撰「深智數位公司」的品牌故事 ... 6-15

第 7 章　AI 如何重新定義撰寫行銷文案的規則

- 7-1 行銷文案新紀元- 探索 AI 撰寫在行銷中的優勢 ... 7-2
  - 7-1-1 行銷文案的範圍 ... 7-2
  - 7-1-2 AI 如何協助我們撰寫行銷文案 ... 7-3
  - 7-1-3 AI 撰寫文案的優點 ... 7-4
- 7-2 「太陽牌衛星手機」行銷秘笈- AI 如何為科技產品撰文 ... 7-5
  - 7-2-1 生成一般的行銷文案 ... 7-5
  - 7-2-2 生成包含產品特色的行銷文案 ... 7-6
  - 7-2-3 與 AI 互動- 生成行銷文案 ... 7-8
  - 7-2-4 加上 Emoji 的行銷文案 ... 7-12
- 7-3 飲料店行銷革新- AI 如何撰寫打動人心的文案 ... 7-13
  - 7-3-1 「阿婆的飲料店」行銷文案 ... 7-14
  - 7-3-2 「日夜咖啡酒館」行銷文案 ... 7-15
- 7-4 網路商店行銷策略升級- AI 助力撰寫吸引客流的文案 ... 7-16
  - 7-4-1 「青春密碼公司」行銷文案 ... 7-16
  - 7-4-2 「生活魔法公司」行銷文案 ... 7-17
- 7-5 精準攻心- AI 如何撰寫以目標客戶為導向的行銷文案 ... 7-18
  - 7-5-1 玉山牌天然護膚品 – 目標客戶是男性 ... 7-19
  - 7-5-2 青春密碼天然護膚品 – 目標客戶是女性 ... 7-20
- 7-6 商品魅力全開- AI 如何撰寫商品導向行銷文案 ... 7-21
  - 7-6-1 水果商店的行銷文案 ... 7-22
  - 7-6-2 3C 家電的行銷文案 ... 7-23
- 7-7 社交媒體行銷秘籍- AI 如何撰寫引爆網友互動的貼文 ... 7-24
  - 7-7-1 認識社交媒體 ... 7-24
  - 7-7-2 社交媒體貼文的特色 ... 7-24
  - 7-7-3 金融 App 實例 ... 7-25
  - 7-7-4 健身 App 實例 ... 7-28

7-8	電子報行銷新策略- 利用 AI 撰寫吸引讀者的文案	7-30
7-9	E-mail 行銷革命- AI 如何幫品牌贏得客戶心	7-31
7-10	開幕盛典必勝秘笈- AI 如何為新商場撰寫迷人文案	7-33
	7-10-1　綠色生活家居商店開幕文宣	7-34
	7-10-2　萬客來水果店開幕文宣	7-35
	7-10-3　文具小舖網路商店開幕文宣	7-36

第 8 章　企業如何運用 AI 規劃行銷活動

8-1	產品行銷的關鍵- 為什麼品牌需要精確的行銷規劃	8-2
	8-1-1　認識產品行銷規劃的重要性	8-2
	8-1-2　了解產品行銷的時機	8-3
	8-1-3　認識新品上市前行銷規劃的重要	8-4
	8-1-4　新商店開幕也是行銷的好時機	8-4
8-2	實體店開幕大作戰- AI 如何為商家策畫成功的行銷活動	8-5
	8-2-1　「綠色居家生活傢俱」商店開幕的行銷活動	8-6
	8-2-2　「萬客來水果」商店開幕的行銷活動	8-7
8-3	網路商店開幕引爆流量- AI 的行銷策略讓電商門庭若市	8-9
	8-3-1　網路商店與實體商店開幕的差異	8-9
	8-3-2　規劃網路商店開幕應注意事項	8-10
	8-3-3　「文具小舖」網路商店開幕的行銷活動	8-11
8-4	新產品上市必勝關鍵- AI 如何為創新品牌制定行銷藍圖	8-12
	8-4-1　台光公司「太陽能衛星手機」上市行銷規劃	8-13
	8-4-2　美肌公司「回春乳霜」上市行銷規劃	8-14
8-5	季節行銷的新浪潮- AI 如何為品牌策畫節慶行銷活動	8-16
	8-5-1　夏季前規劃冷氣機銷售	8-16
	8-5-2　中秋節月餅行銷規劃	8-18
8-6	扭轉乾坤- AI 為企業在業績低迷時期規劃突破性行銷策略	8-19
	8-6-1　天天買科技門市行銷規劃	8-19
	8-6-2　讀書堂門市行銷規劃	8-21

第 9 章　廣告界的新浪潮 AI 設計的廣告短片腳本

9-1	故事的力量：廣告腳本撰寫的藝術	9-2
	9-1-1　了解廣告對行銷的重要性	9-2
	9-1-2　廣告腳本設計的步驟	9-3

目錄

9-2	「一杯咖啡改變世界」- AI 如何為咖啡品牌創造感動人心的廣告故事	9-4
9-3	「運動中的綠色力量」- AI 打造運動品牌的環保訊息廣告劇本	9-7
9-4	「智慧生活從手腕開始」- AI 如何為智慧手錶品牌編織創新故事	9-10

第 10 章　AI 繪圖革命 - 行銷視覺的創新轉型

10-1	AI 繪圖在企業行銷中的關鍵角色解析	10-2
10-2	快速啟動創意- AI 繪圖如何加速品牌內容創作	10-3
10-3	個性化的視覺語言- AI 繪圖打造品牌的定制廣告	10-5
10-4	一致性與創新- AI 繪圖如何塑造品牌的獨特形象	10-8
10-5	視覺創意的測試與優化- AI 繪圖在行銷策略中的運用	10-10
10-6	解鎖創意無限可能- AI 繪圖如何提升品牌的創意潛能	10-14

第 11 章　AI 音樂創新 - 行銷如何利用提升品牌影響力

11-1	AI 音樂與行銷結合- 開創品牌傳播新篇章	11-2
11-2	Stable Audio- AI 音樂工具對創意行銷的貢獻	11-3
	11-2-1　進入此網站	11-4
	11-2-2　認識音樂資料庫 Prompt Library	11-5
	11-2-3　Stable Audio 的 Prompt 描述注意事項	11-8
	11-2-4　建立音樂 – 以科技公司為實例	11-9
11-3	Suno 音樂平台- 探索 AI 音樂創作為行銷開闢的新領域	11-13
	11-3-1　進入 Suno 網站與註冊	11-13
	11-3-2　Suno 官方網頁	11-14
	11-3-3　創作歌曲 – 自訂（Custom）模式	11-15
	11-3-4　預設創作模式- 創作深智公司 6 週年的歌曲	11-17
	11-3-5　認識 Suno 創作歌曲的結構	11-20
	11-3-6　自訂創作模式 – 創作「日夜咖啡酒館」的歌	11-21
	11-3-7　下載歌曲或是分享歌曲連結	11-26
	11-3-8　編輯歌曲 Edit/Song Details	11-27

第 12 章　AI 讓圖案發聲 - 從視覺到聽覺的行銷革命

12-1	如何從「產品圖案」生成音樂	12-2
12-2	「產品圖案」生成音樂的 AI 行銷優勢	12-3
12-3	實際應用案例參考	12-4

目錄

12-4	AI Image to Music Generator	12-4
12-4-1	登入網站	12-4
12-4-2	網站特色	12-5
12-4-3	圖像轉音樂的應用	12-6
12-4-4	如何使用 AI Image to Music Generator	12-6
12-4-5	創作環境	12-7
12-4-6	模型選擇	12-7
12-4-7	圖像生成音樂實作	12-8
12-4-8	「energy」飲料圖片生成音樂	12-8
12-4-9	「daynight」咖啡圖片生成音樂	12-9
12-4-10	Huggingface.co	12-9
12-4-11	結論	12-10

第 13 章　AI 影像行銷革命 - Sora 如何將內容變成吸睛影片

13-1	AI 影像行銷的時代來臨	13-2
13-1-1	影音內容在行銷中的重要性	13-2
13-1-2	短影音的崛起與影響（TikTok、Reels、YouTube Shorts）	13-3
13-1-3	AI 技術如何改變影像行銷的製作流程	13-4
13-2	認識 Sora - AI 生成影片的革命性工具	13-5
13-2-1	Sora 是什麼？OpenAI 開發的 AI 影片生成技術	13-5
13-2-2	Sora 與其他 AI 影片工具的比較 (Runway ML, HeyGen)	13-6
13-2-3	為何 Sora 適合行銷用途	13-7
13-3	Sora 的 AI 行銷應用場景	13-8
13-4	內容轉影片 - Sora 讓行銷素材動起來	13-9
13-4-1	簡單的 Sora 環境認識	13-9
13-4-2	Sora 應用在文字生成影片	13-11
13-4-3	Sora 影用在圖片轉影片	13-15
13-4-4	Sora 影用在「圖片 + 文字」轉影片	13-18

第 14 章　AI 行銷 - 影片剪輯與配音

14-1	FlexClip 完全入門 - 打開創意製作的大門	14-2
14-1-1	進入 FlexClip 影片編輯器	14-2
14-1-2	認識 FlexClip 影片編輯器的功能	14-2

11

目錄

14-2　逐步指南- 教你如何製作專業影片 14-3
    14-2-1　建立影片 14-3
    14-2-2　上傳資源檔案 – solar_phone1.mp4 14-4
    14-2-3　將影片加為場景 14-5
    14-2-4　增加標題「Solar Phone」 14-5
    14-2-5　增加字幕 14-6
    14-2-6　字幕轉語音 14-7
    14-2-7　為影片增加振奮人心的音樂 14-9
14-3　AI 行銷影片 solarphone.mp4 儲存與下載 14-10

第 0 章
Prompt 巧思與 AI 聊天的訣竅

0-1　講台灣話給 AI 聽

0-2　AI 也會有幻覺

0-3　帶 AI 走 - 學會用 Prompt 開話題

0-4　設計 Prompt - 讓 AI 回答更對味

0-5　Emoji 的妙用 - 用表情符號說故事

0-6　扮演知識家 - 跟 AI 深聊專業話題

0-7　分步驟問複雜題 - 讓 AI 一步步跟上

0-8　Markdown 美化輸出 - 寫作也要有型

0-9　跟 AI 聊得來 - Prompt 進階技巧

0-10　用 AI 下載試算表

0-11　從 AI 下載圖片檔

0-12　直接拿文件下載連結

0-13　進一步認識 Prompt - 參考網頁

第 0 章　Prompt 巧思與 AI 聊天的訣竅

在當今企業環境中，我們會遇到多類型的 AI 應用，例如：智慧文字、圖像創作、簡報製作、影片編輯、音樂生成等領域。有效地與 AI 溝通，已成為職場專業人士必須掌握的一項關鍵技能。在正式介紹本書主題「AI 行銷」前，本章說明如何與 AI 系統進行有效溝通，確保能夠充分利用它們在工作中。

0-1　講台灣話給 AI 聽

0-1-1　認識 ChatGPT 中文回應方式

下圖是 ChatGPT 訓練資料時所使用語言的比例，可以看到繁體中文僅佔 0.05%，簡體中文有 16.2%，這也是若不特別註明 ChatGPT 經常是使用簡體中文回答的原因。

Languages

The pie chart shows the distribution of languages in training data.

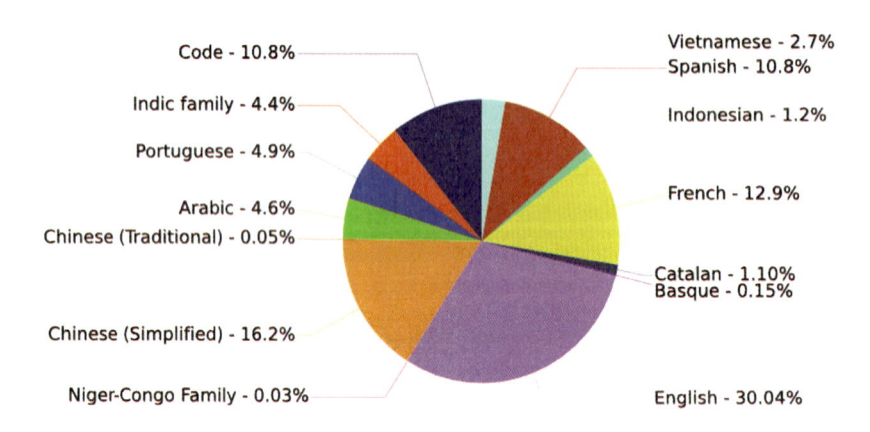

- Code - 10.8%
- Indic family - 4.4%
- Portuguese - 4.9%
- Arabic - 4.6%
- Chinese (Traditional) - 0.05%
- Chinese (Simplified) - 16.2%
- Niger-Congo Family - 0.03%
- English - 30.04%
- Catalan - 1.10%
- Basque - 0.15%
- French - 12.9%
- Indonesian - 1.2%
- Spanish - 10.8%
- Vietnamese - 2.7%

因此與 ChatGPT 溝通聊天時，如果不提醒，常常會看到 ChatGPT 使用簡體中文做回應。

> 您
> 早安
>
> ChatGPT
> 早安！有什麼可以帮助您的吗？

0-2

這時我們可以用下列方式導正 ChatGPT 用繁體中文回應。

- 「請用繁體中文與我聊天」
- 「請用繁體中文台灣用語與我聊天」

> 您
> 請用繁體中文與我聊天, 早安
>
> ChatGPT
> 早安！請問有什麼可以為您服務的呢？
>
> 您
> 請用繁體中文台灣用語與我聊天, 早安
>
> ChatGPT
> 早安！有啥事需要幫忙的嗎？

「繁體中文」與「繁體中文台灣用語」，其實還是有差別的。

- 繁體中文：這通常是指中文的一種寫法，繁體中文在台灣、香港和澳門都很常見。當要求用繁體中文來回答，語法和用詞大致上跟簡體中文差不多，但某些詞彙的使用可能會有點不同。
- 台灣用語：不只是用繁體字來寫，還包括了一些特別是在台灣地區常用的詞彙、說法和文化背景。例如：在台灣，日常用語和表達方式可能會跟大陸或其他使用中文的地區有點差異，ChatGPT 會盡量用台灣人常用的詞彙和說法來回答。

簡單來說，「繁體中文」主要是指寫法，而「台灣用語」則包含了地區文化和說話的習慣。

0 1 2　留意簡體語法的繁體中文內容

若是請 ChatGPT 是用「繁體中文」回答了，有時候我們會看到的內容還是簡體語法的繁體中文，或是說「繁體皮、簡體骨的中文」。對於不熟悉簡體中文的讀者，讀取內容會有些吃力，下列幾個紅色繁體名詞，卻是簡體內涵的字，讀者需自行替換調

整成右邊黑色字體的名詞,才能讓文字通順,成為我們平常所使用的語法。

智能:智慧	信息:資訊或訊息
硬件:硬體	軟件:軟體
文本:本文	示例:實例
模板:模組	通向:邁向
通過:透過	內存:記憶體
內置:內建	循環:迴圈
調用:呼叫	基於:以 xx 為基礎。

> 錦魁　請用300個字介紹「AI音樂」

> AI音樂是指使用人工 智能 技術創作、生成和修改音樂作品的過程。AI音樂結合了深度學習、生成對抗網絡(GANs)、循環神經

不過 ChatGPT 經過一年多的公開發行後,筆者發現目前「繁體中文皮、簡體中文骨」的現象持續改進、減少中。

0-2 AI 也會有幻覺

與 ChatGPT 聊天時,偶爾會有不實資訊,我們稱此為「AI 幻覺 (AI hallucinations)」,可以參考下列實例。

> 錦魁　您
> 請列出台灣最暢銷的電腦書籍

> **ChatGPT**
>
> 台灣最暢銷的電腦書籍會隨著技術趨勢和讀者需求的變化而變化。以下列出幾本近年來在台灣頗受歡迎，且經常出現在暢銷書排行榜上的電腦書籍，這些建議適合對於程式設計、網頁開發和資料科學等領域感興趣的讀者：
>
> 1. **《學習Python的第一本書》**：
>   - 這本書以淺顯易懂的方式介紹Python程式語言，適合零基礎讀者或是想快速掌握Python基礎的學習者。
> 2. **《JavaScript高級程序設計》**：
>   - 被視為學習JavaScript的經典之作，從基礎語法到高級應用，全面系統地介紹了JavaScript語言，適合初學者到中高級開發者。
> 3. 《頭痛醫生的電腦養生書：用對姿勢、懂保養，從此跟螢幕病說再見！》：
>   - 這本書從健康角度出發，針對長時間使用電腦所可能引起的各種身體問題提供預防和改善的方法，非 ↓ 合現代上班族和學生。

上述所列的資訊是錯誤的，我們稱此為「AI 幻覺」，這也是為何在 ChatGPT 輸入框下方，可以看到「ChatGPT 可能會出錯。請考慮核對重要資訊」。

0-3　帶 AI 走 - 學會用 Prompt 開話題

0-3-1　Prompt 是什麼

AI 時代，與聊天機器人對話，我們的輸入稱「Prompt」，可以翻譯為「提示」。與 ChatGPT 聊天過程，使用者是用輸入框發送訊息，所以也可以稱在輸入框輸入的文字是 Prompt。

> 🖇 發送訊息給 ChatGPT…（我們在此的輸入稱Prompt）

AI 時代我們會接觸「生成圖片、音樂、影片、簡報 … 等」，這些輸入的文字也是稱 Prompt。

0-3-2　Prompt 定義

「Prompt」通常指用戶提供給 AI 的指令或輸入，這些輸入可以是文字、問題、命令或者描述，目的是引導 AI 進行特定的回應或創造出特定的輸出。

- ChatGPT 聊天機器人：一個 Prompt 可能是一個問題、請求或話題，例如「請解釋量子物理學」或「談談你對未來科技的看法」。
- 圖像生成機器人：Prompt 則是一個詳細的描述，用來指導 AI 創建一幅圖像。這種描述包括場景的細節、物體、情緒、顏色、風格等，例如「一個穿著中世紀盔甲的騎士站在火山邊緣」。
- 音樂生成機器人：Prompt 需要有關鍵元素，幫助 AI 理解你的創作意圖和風格偏好，例如「音樂類型與風格、情感氛圍、節奏和節拍、樂器或持續時間」。

總的來說，Prompt 是用戶與 AI 互動時的輸入，它定義了用戶希望從 AI 系統中得到的訊息或創造的類型。這些輸入需要足夠具體和清晰，以便 AI 能夠準確的理解和響應。

0-3-3　Prompt 的語法原則

雖然有許多 Prompt 的語法規則的網站，不過建議初學者，不必一下子看太多這類文件，讓自然的聊天互動變的複雜與困難，我們可以從不斷地互動中體會學習，以下是初學者可以依循的方向。

- 明確性：Prompt 應該清楚且明確地表達你的要求或問題，避免含糊或過於泛泛的表述。
- 具體性：提供具體的細節可以幫助 AI 更準確地理解你的請求。例如：如果你想生成一幅圖像，包括關於場景、物體、顏色和風格的具體描述。
- 簡潔性：盡量保持 Prompt 簡潔，避免不必要的冗詞或複雜的句子結構。
- 上下文相關：如果你的請求與特定的上下文或背景相關，確保在 Prompt 中包括這些訊息。
- 語法正確：雖然許多先進的 AI 系統能夠處理某些語言上的不規範，或是錯字，但使用正確的語法可以提高溝通的清晰度和效率。

您可以直接以平常交談的方式提問或發出請求，下列是系列的 Prompt 實例，說明如何使用自然語言來與 ChatGPT 互動：

- 徵才廣告撰寫：「我需要為一個網頁工程師職位撰寫一份吸引人才的徵才廣告，請幫我構思一個具有吸引力的工作描述和要求。」
- 品牌故事創建：「我們想要創建一個新的品牌故事來增強用戶的情感聯繫，請提供一個引人入勝的故事框架。」
- 市場進入策略：「我們計劃進入衛星手機市場，請提供分析這個市場的潛在機會和挑戰的方法。」
- 客戶關係管理：「我需要建立一個客戶關係管理策略，以增強與我們主要客戶的長期合作關係，有什麼建議？」
- 員工教育訓練：「請幫我設計一個針對新進銷售人員的教育訓練計劃大綱，包括銷售技巧、產品知識和客戶服務。」

這些實例展現了企業不同部門如何利用 ChatGPT 來解決各自面臨的挑戰和任務，從撰寫文案、策略規劃，再到日常管理，ChatGPT 都能提供有價值的支持和建議。您只需根據您的需要或問題，以自然的方式表達您的請求即可。ChatGPT 會根據您提供的指令或問題內容，給出相應的回答或完成指定的任務。

0-3-4　Prompt 的結構

簡單的說使用 Prompt 時，也可以將 Prompt 結構分成 2 個部分。

- 指示部分：指示生成式 AI 執行的任務。例如：可以指示生成一個企業文案、故事、翻譯一段文字、或寫一首詩。例如：「公司計劃代理銷售太陽牌手機，此手機有 9600 萬畫素，使用 OLED 螢幕，太陽能充電，請為此生成一段銷售文案」。
- 限制部分：限制生成式 AI 的輸出或格式。例如：可以限制生成式 AI 的文字長度、或指定生成式 AI 使用的語言、或是依照指定格式輸出。例如：「請用 100 個字，生成徵行銷總監的文案」。

因 ChatGPT 常常會使用簡體中文做輸出，所以使用 ChatGPT 最常用的「限制部分」文字是，「請用繁體中文台灣用語重新輸出」。或是，我們指示用「xx」個字輸出特定訊息，這也是屬於限制部分。

0-3-5 Prompt 的應用

Prompt 可以用於各種應用：

- 生成創意內容：Prompt 可以用來生成文案、故事、詩歌、程式碼、音樂等創意內容。
- 翻譯語言：Prompt 可以用來翻譯文字或語音。
- 回答問題：Pormpt 可以用來回答開放式問題。
- 生成摘要：Prompt 可以用來生成文字摘要。

未來的章節會有許多實例說明。

0-3-6 模糊到清晰的 Prompt 實例

前面敘述我們知道，輸入 Prompt 時，必須明確，給予足夠的資料，ChatGPT 才可以快速、完整的給我們資料，下列是簡單的觀念。

> 錦魁 您
> 請寫一篇七言絕句

> ChatGPT
> 當然可以。這是一首七言絕句：
>
> 春風拂面柳絲長，
> 櫻花滿地證年光。
> 歲月靜好現安詳，
> 人間處處是詩鄉。
>
> 這首詩描繪了春天景色，表達了對時光流轉和生活平靜的感懷。

上述 Prompt 是模糊的，因為 ChatGPT 只知道你要它做一首七言絕句，只能模糊地做一首七言絕句，從上述可以看到 ChatGPT 除了作詩，也可以解釋詩的意境。

實例 2：您輸入「請寫一篇七言絕句，描述企業經營之道」。

> **您**
> 請寫一篇七言絕句，敘述經營企業之道
>
> **ChatGPT**
> 砥礪品質求卓越，
> 明智領航定遠航。
> 客心如水繫情深，
> 利潤自來天地廣。
>
> 這首詩意在表達經營企業的幾個關鍵要素：追求卓越的品質、以智慧和遠見領導企業前進、深刻理解和關心客戶的需求，最終實現企業的持續盈利和發展。

ChatGPT 的創作展現了對「經營企業之道」主題的獨到理解，透過精煉的七言絕句形式，巧妙地將企業經營的精髓與古典詩詞的美感結合。詩中不僅蘊含經營哲學，還體現了對客戶關係和商業成就的深刻洞察，證明了 AI 在藝術和商業智慧融合上的潛力。

我們要將與 ChatGPT 聊天視為與一般人聊天，如果可以給明確的詢問，ChatGPT 就可以針對你的詢問回應，這樣就會有一個美好的會話體驗。另外，ChatGPT 雖然是 AI 智慧的結晶，與他聊天必須注意，不要有不雅文句、辱罵、種族歧視的句子，同時 ChatGPT 仍在不斷學習中，它也像人類一樣會出錯，我們也可以給予正確訊息，相信 ChatGPT 會越來越強大。

0-3-7　使用引號「」

在與 ChatGPT 的對話中，輸入內容的「主題」適當引用上引號(「)和下引號(」)，可以讓表達更清楚，可以參考下列實例。

> **您**
> 請用100個字描述「AI職場」

第 0 章　Prompt 巧思與 AI 聊天的訣竅

> **ChatGPT**
> 在AI職場中，人工智能正轉變著工作方式、職能需求與職業發展路徑。從自動化繁瑣的數據分析和客戶服務，到支持決策製定和創新產品開發，AI技術提升了效率並創造了新的價值。同時，這也要求勞動力提升技能，學習如何與智能系統協作，並在AI輔助下進行創造性和戰略性工作。隨著AI的進步，職場文化和結構亦逐步適應，促進遠程工作和跨領域團隊合作，為未來的工作環境定下基調。

如果你使用英文與 ChatGPT 聊天，所使用的則是 單引號「'」或是 雙引號「"」。

0-3-8　引用來源

有時候 AI 生成的文字是依據訓練模型所生成的，這時就不會有引用資料來源，可以參考下列實例說明。

> **您**
> 請用50個字, 描述AI發展史, 回答時引用來源

> **ChatGPT**
> AI發展歷程始於1950年代，早期著重於規則基礎推理。隨著時間，機器學習、深度學習技術崛起，推動AI進入大數據、自然語言處理等新領域。資料來源主要依據歷史文獻綜述與科技發展記錄。

這個實例，特別要求 回答時引用來源，結果 ChatGPT 回應「主要依據歷史文獻綜述 … 」(有時候會告知，引用來源是資料庫訓練產生)，相當於此輸出沒有特別引用來源，這對讀者撰寫文案，判別是 ChatGPT 知識庫生成或是引用來源非常有幫助。

下列實例是告訴 ChatGPT 先搜尋，然後告訴我們最新 AI 機器人的應用，這時會有引用資料來源，可以參考下列實例。

> **您**
> 請搜尋然後告訴我，說明最新AI機器人的應用

首先我們可以看到 ChatGPT 用 Bing 的搜尋畫面。

搜尋結束後可以看到下列 ChatGPT 回應的結果。

0-4　設計 Prompt - 讓 AI 回答更對味

與 ChatGPT 聊天時，ChatGPT 會有預設格式輸出，如果你覺得輸出格式不是你想要的，可以指定下列輸出格式。

- 簡短與直接：如果希望獲得簡短且直接的答案，可以指示提供簡潔的回應，直接回答問題的核心部分。

- 詳細與全面：如果需要更全面的資訊，可以要求提供詳細的解釋或背景資訊。

- 列表與條目式：對於需要多個項目或步驟的答案，可以指示使用列表或條目格式來組織資訊。註：也可以稱「要點」。

- 問與答格式：如果您喜歡問答形式，可以要求將資訊組織成問題和相應答案的形式。

- 使用範例或案例研究：如果需要，可以要求提供實例或案例研究來說明某個觀點或概念。

- 引用來源：如果需要引用來源訊息，可以要求在回答中包含這些資訊。

- 特定的數據或圖表格式：對於需要數據或統計資訊的回答，可以指定希望數據以表格、圖表或其他特定格式呈現。

- 限定字數或長度：如果有特定的長度或字數限制，也可以明確指出。

第 0 章 Prompt 巧思與 AI 聊天的訣竅

如果不特別描述會用一般段落方式的輸出。

> **您**
> 請用100個字描述AI發展的歷史

> **ChatGPT**
> 人工智能（AI）的發展歷史可追溯至20世紀40年代。最初，科學家們探索簡單機器學習和問題解決。到了1956年，達特茅斯會議正式將其命名為"人工智能"。此後，AI經歷了幾次"冬天"和復興期。1980年代，專家系統的興起帶來商業利益。21世紀初，大數據、算力提升和深度學習的突破，尤其是深度神經網絡的應用，極大推動了AI的發展。現今，AI已在眾多領域展現出巨大的潛力和影響力。

如果用條列方式輸出，有時候會用左邊是「編號」的條列式輸出，有時候會用左邊是「圓點」的條列式輸出，所以為了統一建議可以直接指出左邊「格式」方法，輸出條列式的內容。下列是左邊是「編號」的條列式輸出實例。

> **您**
> 請用100個字描述AI發展的歷史，請用左邊是編號的條列方式輸出

> **ChatGPT**
> 1. **1950年代**：AI的概念初現，圖靈提出"圖靈測試"。
> 2. **1956年**：達特茅斯會議確立"人工智能"術語，標誌著AI研究的開始。
> 3. **1960-1970年代**：專家系統的興起，AI實現初步應用。
> ...

下列是左邊是「圓點」的條列式輸出實例。

> **您**
> 請用100個字描述AI發展的歷史，請用左邊是圓點的條列方式輸出

> **ChatGPT**
> - AI的概念在**1950年代**被提出，圖靈測試探討機器是否能思考。
> - **1956年**的達特茅斯會議，首次提出"人工智能"術語，標誌AI研究的開始。
> - 在**1960-1970年代**，專家系統的開發顯示了AI在模擬專業人士決策過程中的潛力。
> ...

0-4 設計 Prompt - 讓 AI 回答更對味

我們也可以指示 ChatGPT 用表格方式輸出。

> 您
> 請用100個字描述AI發展的歷史，請用 表格方式 輸出

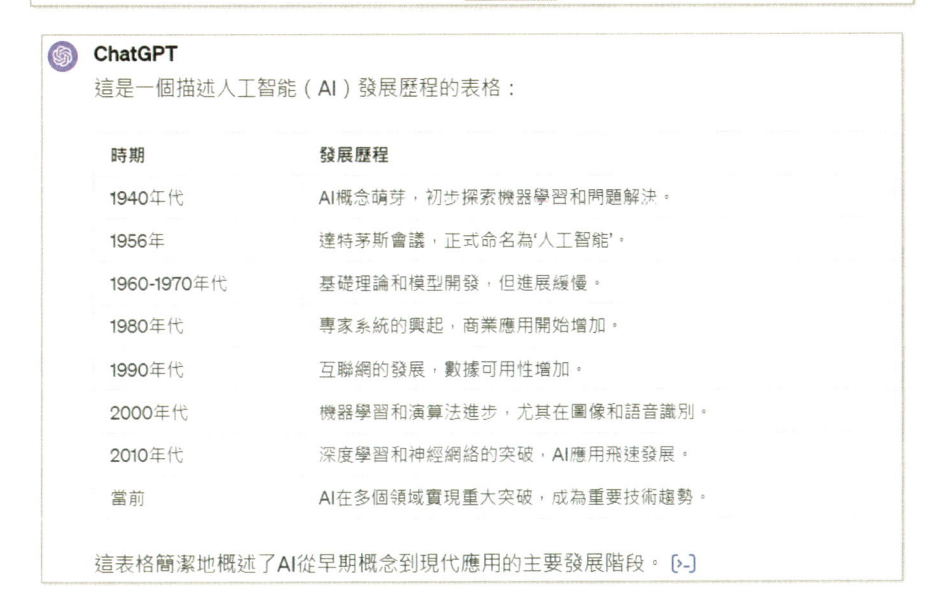

ChatGPT
這是一個描述人工智能（AI）發展歷程的表格：

時期	發展歷程
1940年代	AI概念萌芽，初步探索機器學習和問題解決。
1956年	達特茅斯會議，正式命名為'人工智能'。
1960-1970年代	基礎理論和模型開發，但進展緩慢。
1980年代	專家系統的興起，商業應用開始增加。
1990年代	互聯網的發展，數據可用性增加。
2000年代	機器學習和演算法進步，尤其在圖像和語音識別。
2010年代	深度學習和神經網絡的突破，AI應用飛速發展。
當前	AI在多個領域實現重大突破，成為重要技術趨勢。

這表格簡潔地概述了AI從早期概念到現代應用的主要發展階段。[>_]

上述輸出時，在末端可以看到 [>_] 圖示，這個圖示稱「查看分析」，滑鼠游標點選此圖示，可以得到生成敘述所用的 Python 程式碼。

0-13

上述可以用 Copy code 複製程式碼，再貼到指定編輯環境，程式碼可以在雲端的 Google Colab 或是實體電腦的 Python Shell 環境上執行。

0-5　Emoji 的妙用 - 用表情符號說故事

0-5-1　認識 Emoji

「Emoji」一詞就是由「繪（E）」表示圖畫，和「文字（moji）」組成的，也可以稱「表情符號」。Emoji 符號是一種小圖標或表情符號，用於在數位通訊中傳達情感、概念或訊息。它們最初在 1990 年代末由日本手機用戶使用，後來隨著智慧手機和社交媒體的普及而在全球範圍內流行起來。Emoji 符號現在包含了各種各樣的圖像，從簡單的表情（如微笑或悲傷的臉）到動物、食物、運動、工作、天氣現象以及各種符號和物品。

Emoji 的使用可以使文字訊息更加生動、有趣，並有助於跨越語言和文化障礙傳達情感和概念。隨著時間的推移，它們不斷發展和擴展，以反映多元化的文化、生活方式和新概念。Emoji 已經成為數位通訊時代中一種重要的溝通工具，被廣泛使用並漸漸成為文化和語言的一部分。目前 Emoji 是依據 Unicode 標準管理，該標準確保在不同的設備和平台上能夠一致地顯示和使用這些符號。

> 錦魁　您
> 請公告「公司將在8月15日舉辦5天北海道之旅」，描述內容請適度加上 Emoji符號

0-5 Emoji 的妙用 - 用表情符號說故事

> **ChatGPT**
> 🚩 大家好！🎉
>
> 我們興奮地宣布，公司將在 **8月15日** 起舉辦為期 **5天** 的北海道之旅 ⛰
> 🌸！這次旅行不僅是一次放鬆身心的絕佳機會，也是與同事們加深彼此間聯繫的完美時刻 ❄ 🤝。
>
> 我們將一起探索北海道的美麗風光，享受當地美食 🍜，體驗日本文化 ⛩，並創造難忘的回憶 📸。請準備好你的行李，加入我們的北海道冒險吧！
>
> 🔸 **注意事項**：
>
> - 請確保你的護照有效 🛂。
> - 提前準備好適合的服裝，以應對北海道多變的天氣 🧳。
>
> 讓我們一起期待這次精彩的旅程吧！如果你有任何問題，請隨時聯繫我們的HR部門 📧。

0-5-2 Emoji 圖文行銷的優點

在行銷文案中使用 Emoji 符號或小圖片在行銷文字中具有多個優點：

- **增加吸引力和閱讀性**：Emoji 和小圖片能使文字內容更生動有趣，增加視覺吸引力，幫助吸引讀者的注意。
- **強化情感傳達**：Emoji 可以傳達特定的情感和語氣，有助於加強訊息的情感表達，使溝通更加人性化和親切。
- **增加理解和記憶**：視覺元素比純文字更容易被大腦處理和記憶，適當的 Emoji 或小圖片有助於提升信息的理解度和記憶性。
- **節省空間並清晰傳達信息**：在有字數限制的平台上，Emoji 可以在不增加字數的情況下增加額外的信息或情感。
- **提高互動性**：在社交媒體等平台上，含有 Emoji 的行銷內容往往能夠激發更多的互動，例如：點讚、評論和分享。

- 跨文化交流：某些 Emoji 是普遍認可和理解的，這有助於跨文化溝通，尤其是當目標受眾是多元文化背景的時候。

然而，需要注意的是，使用 Emoji 和小圖片應適度且恰當，過度使用或不當使用可能會導致信息的混亂或專業度的降低。

0-5-3 Emoji 使用場合分析

使用 Emoji 在 PO 文時，其影響取決於目標客群和內容的性質。在非正式或較輕鬆的溝通場合，例如 FB、IG 等社交媒體、部落格或市場行銷 ... 等，Emoji 可以增加文章的親和力，讓訊息更加生動有趣，並幫助表達情感或強化某些點。

然而，在專業或學術的文章、商務報告、或其他需要嚴謹態度的溝通中，過度使用 Emoji 可能會讓內容顯得不夠專業，影響其嚴肅性和可信度。

因此，是否使用 Emoji 應該以對目標客群的了解和內容的目的來決定。如果目的是吸引年輕受眾或創造輕鬆氛圍，適當地使用 Emoji 可能是有益的。反之，如果目的是傳達專業知識或在正式場合下溝通，則應避免使用 Emoji。

0-6 扮演知識家 - 跟 AI 深聊專業話題

我們與 ChatGPT 聊天時，ChatGPT 可以用通用型 AI 模型和我們對話。我們也可以在與 ChatGPT 聊天時，指定 ChatGPT 扮演「xx」專家，這樣可以獲得更精準的回答。在 Prompt 裡頭設定了專家扮演，同時來談同一個主題，相較於沒有設定專家扮演，會有以下幾個不同點：

❏ 專業度和深度

- 設定專家：回答會比較專業、深入，會用到行話，提供的是專業經歷或研究的見解。可能會講到業界的拿手好戲、案例分析、數據分析或是最新的流行趨勢。
- 沒設定專家：回答會比較淺白易懂，主要著重在基本概念和大家都懂的知識，不會太深入專業術語或複雜的理論。

0-6 扮演知識家 - 跟 AI 深聊專業話題

❑ **語氣和風格**
- 設定專家：語氣可能比較正式，結構嚴謹，可能會有比較多指導性或建議性質的內容。
- 沒設定專家：語氣可能比較隨和，風格自在，用一種親切的方式來呈現資訊。

❑ **內容的針對性**
- 設定專家：回答會針對特定領域的細節，可能會考慮到業界特有的情況或小細節。
- 沒設定專家：回答可能比較泛泛，適合更多人，不會太深入任何特定領域的細節。

❑ **資訊來源和參考**
- 設定專家：可能會提供更多專業書籍、研究論文或業界報告當作參考。
- 沒設定專家：可能會引用一些比較通用的資訊來源，比如網路文章、綜合性的書或是大家都認同的基礎教材。

❑ **解決問題的方式**
- 設定專家：提供的解決問題的方法可能更實際、具體，可能會提到用專業工具或方法。
- 沒設定專家：給的建議可能比較基礎、通用，不會特別針對任何專業領域的工具或方法。

總體而言，設定了專家扮演的話，回答會更專業、深入，針對特定領域提供詳細的建議。沒設定專家的話，回答則更通俗易懂、基礎，比較適合一般大眾理解。下列是沒有設定專家，輸入「請說明應該如何學習英文」的實例。

> 您
> 請說明應該如何學習英文

第 0 章　Prompt 巧思與 AI 聊天的訣竅

> 🟢 **ChatGPT**
> 學習英文是一個持續的過程，涉及多種技巧和策略。以下是一些建議，幫助提高英語學習的效率和樂趣：
>
> 1. **確定學習目標**：
>   - 明確你學習英文的目的，是為了旅遊、工作、考試還是興趣？這將幫助你確定學習的重點和方向。
> 2. **建立穩固的基礎**：
>   - 從基礎語法、詞彙開始學習，並逐步擴展。使用語法書和詞彙書，或是線上資源和應用程式來鞏固基礎。
> 3. **多聽多說**：
>   - 盡量多聽英文，包括英文歌曲、電影、電視劇和播客。模仿發音和語調，提高聽力和口語能力。
>   - 勇於開口，即使一開始會犯錯。可以加入語言交換小組，或與英語母語者練習對話。

下列是先設定 ChatGPT 是教英文的專家的執行結果。

> 👤 **您**
> 你是一位教英文的專家，請告訴我應該如何學習英文

> **ChatGPT**
>
> 學習英文作為一名教學專家,我會建議採取全面且有策略的學習方法,這包括對四大語言技能——聽、說、讀、寫——的均衡發展。以下是一些具體的建議:
>
> **1. 設定清晰的學習目標**
> - 確定你學習英文的原因,是為了提升職場競爭力、準備考試、旅行還是其他?設定具體且可實現的短期和長期目標。
>
> **2. 沉浸式學習環境**
> - 盡可能讓自己處於英語環境中,無論是通過觀看英文電影、聽英文音樂、閱讀英文書籍和文章,還是參加英語討論群組。
>
> **3. 活用語言學習資源**
> - 使用語言學習應用程序如Duolingo、Babbel,或是訂閱英語學習頻道和播客。這些資源可以提供豐富的學習材料和互動式學習經驗。
>
> …

　　當設定「你是一位教英文的專家」時,回應通常會更專業和具體,著重於教學策略和有效的學習方法。這樣的回答可能會包含關於課程設計、教學理念、以及如何針對學生的不同需求和學習風格進行調整的建議。這位專家可能會分享一些教學經驗和教育心理學的見解,強調如何有效地提高英語的聽、說、讀、寫能力,並可能提供一些專業的資源推薦,如特定的教材、學習平台或是教學法。

　　相反,如果沒有設定「你是一位教英文的專家」,回應可能會更加一般化和廣泛,不特別偏重於教學的角度。這樣的回答可能會包括一些常見的學習建議,如經常聽英文歌曲、看英文電影、使用語言學習應用程式等,而不會深入探討如何根據學習理論來優化學習過程。這種回答可能更偏向於一般大眾的學習經驗分享,而不是專業教師的教學策略。

　　總的來說,「你是一位教英文的專家」的設定使回答更專注於教育策略和學習方法的專業分析,而沒有這樣的設定則可能導致回答更加廣泛和通俗。

0-7 分步驟問複雜題 - 讓 AI 一步步跟上

0-7-1 多次詢問的優點

與 ChatGPT 聊天時將複雜問題分成多個階段提問，有多個優點：

- 提高準確性：逐步提問可以讓 ChatGPT 更準確地理解您的問題的每個部分，從而提供更準確的答案。
- 增強互動性：分階段提問鼓勵更多的互動，讓對話更加動態和參與感更強。
- 便於調整：如果某一階段的答案不是您期望的，您可以即時提出更改或澄清，這樣可以即時調整方向，而不是在最後才發現問題。
- 減少誤解：對於複雜問題，一次性提出所有細節可能導致資料過載，分階段提問可以減少誤解和溝通錯誤。
- 更容易管理：分階段處理複雜問題可以使每一步都更加可管理和可控，特別是當處理需要深入研究或計算的問題時。
- 促進學習：這種方法可以幫助您更好地理解問題的各個方面和解決問題的過程，從而促進學習和記憶。

0-7-2 開發手機應用程式的實例

假設你想要開發一個新的手機應用程式，這個項目包括市場研究、功能設計、開發平台選擇、開發過程、測試和上市策略等多個階段。我們可以用下列步驟詢問 ChatGPT。

1. 市場研究階段的問題

> 您
> 我應該如何進行市場研究來確定我的手機應用程式的目標用戶？

> **ChatGPT**
>
> 進行市場研究以確定手機應用程式的目標用戶時,可以採取以下幾個步驟:
>
> 1. **確定市場需求:**
>   - 開始之前,先評估你的應用想要解決的問題或需求。查看相關市場的現有研究報告、用戶評論和論壇討論,以獲得對潛在用戶需求的初步了解。
> 2. **競爭分析:**
>   - 調查同類型應用的市場表現,了解它們的功能、用戶基礎、價格策略和用戶評價。這有助於識別市場缺口和機會,並幫助你定位你的應用。
> 3. **建立用戶畫像:**
>   - 根據收集到的資訊,創建一個或多個理想用戶的詳細畫像。這些畫像應包含年齡、性別、職業、興趣、技術熟練度等信息。
> 4. **進行問卷調查和訪談:**
>   - 設計問卷或進行一對一訪談,直接從目標用戶那裡獲取反饋。這可以幫助你更深入地理解他們的需求、偏好和行為模式。
> 5. **利用社交媒體和論壇:**
>   - 觀察目標用戶在社交媒體和相關論壇上的活動。這些平台是了解用戶意見和趨勢的豐富來源。
> 6. **分析數據:**
>   - 使用分析工具來理解用戶的在線行為和偏好。如果你的應用已經有一個原型或早期版本,利用內建的分析功能來收集用戶反饋。
> 7. **創建用戶測試小組:**
>   - 邀請一小群潛在用戶參與測試你的應用原型。觀察他們使用應用的方式,並收集他們的直接反饋。
>
> 進行市場研究是一個持續的過程,需要定期回顧和更新你的發現,以確保你的應用持續滿足目標用戶的需求。這些步驟將幫助你建立一個堅實的基礎,從而開發出一個成功的手機應用程式。

上述詢問可以獲得針對性的建議,幫助你更好地理解目標市場和用戶需求。ChatGPT 提供了一個詳盡的步驟指南,幫助開發者進行市場研究以確定手機應用程式

的目標用戶。透過競爭分析、建立用戶描述、問卷調查等方法，指引清晰，有助於精確定位用戶需求和偏好。

2. 功能設計階段的問題

> **您**
> 請用繁體中文台灣用語說明，哪些手機應用程式的功能是用戶在類似應用中最常用的？

> **ChatGPT**
> 在台灣，手機App裡面幾個特別受歡迎的功能包括：
>
> 1. **帳號登入：** 讓用戶註冊自己的帳號，並且可以在不同的裝置上登入。
> 2. **個資管理：** 使用者能夠自行編輯自己的個人資料和偏好設定。
> 3. **搜尋：** 幫助用戶迅速找到他們需要的資訊或商品。
> 4. **推播訊息：** 向用戶發送最新的消息、提醒或是個性化的推薦。
> 5. **社交分享：** 包括發文、分享、點讚等功能，增加用戶間的互動和App的黏度。
> 6. **付費功能：** 支援在App內進行商品或服務的購買。
> 7. **客服互動：** 透過即時聊天、FAQ或聯絡方式幫助用戶解決問題。
> 8. **地圖與導航：** 對於需要用到地理位置的App，提供地圖瀏覽和路徑規劃。
> 9. **資料同步與備份：** 確保用戶的資料可以在不同裝置間進行更新和備份。
>
> ↓
>
> 9. **資料同步與備份：** 確保用戶的資料可以在不同裝置間進行更新和備份。
> 10. **安全保障：** 如雙因素認證、密碼加密等，確保用戶資料的安全。
>
> 了解目標使用者群最常使用和最需要的功能，對於開發一個成功的手機應用程式來說非常關鍵。進行市場調研和用戶訪問能幫助確定這些功能，進而提升App的吸引力和用戶滿意度。

ChatGPT 提供了針對台灣用戶常見的手機應用功能清單，包括帳號登入、個資管理 ... 等關鍵功能。這些回應有助於 App 開發者了解用戶偏好，幫助優先考慮開發哪些功能，進而提升應用的使用體驗和滿意度。

3. 開發平台選擇

> **您**
> 請用繁體中文台灣用語說明，我應該選擇原生開發還是跨平台開發工具來開發我的應用？

> **ChatGPT**
> 選擇原生開發或是跨平台開發工具來開發你的應用，主要取決於幾個關鍵因素，包括你的應用需求、開發預算、開發團隊的技術背景，以及你想要達成的使用者體驗。以下是一些考量點，幫你做出決策：
>
> **原生開發：**
>
> - 優點：
>   - 提供最佳的性能和使用者體驗，因為可以充分利用手機的硬體和作業系統特性。
>   - 較容易存取和使用最新的作業系統功能。
>   - 較佳的應用穩定性和流暢度。
> - 缺點：
>   - 開發和維護成本較高，因為需要針對不同平台（如iOS和Android）分別開發和維護。
>   - 開發週期可能較長。
>
> ↓
>
> **跨平台開發工具：**
>
> - 優點：
>   - 可以用一套程式碼開發多個平台的應用，節省時間和開發成本。
>   - 簡化維護工作，因為大部分更新可以同時應用於所有平台。
>   - 容易找到具有相關技術背景的開發者（如JavaScript）。
> - 缺點：
>   - 可能無法完全達到原生應用的性能和流暢度。
>   - 對於一些新釋出的作業系統功能，可能會有延遲支援的情況。
>   - 在一些複雜的功能實現上，可能會遇到限制。
>
> 如果你追求的是最佳的性能和使用者體驗，並且預算允許，原生開發可能是較好的選擇。相反，如果你希望快速推出市場，並且希望用較低的成本支持多平台，選擇跨平台開發工具會是一個實用的選項。最終選擇應基於你的具體需求和條件來決定。

第 0 章　Prompt 巧思與 AI 聊天的訣竅

ChatGPT 提供了詳細且平衡的分析，比較原生開發與跨平台開發工具的優缺點，幫助開發者根據自身需求、預算和技術背景做出明智的選擇。這樣的解釋清楚地指引了開發者如何選擇最適合其應用的開發途徑。

> **註** 所謂的原生開發平台是指，開發者會依照目標平台使用對應的工具和語言，例如使用 Xcode 和 Swift 或 Objective-C 進行 iOS 應用開發，或使用 Android Studio 和 Kotlin 或 Java 開發 Android 應用。

4. 開發過程

> **錦魁**
> 請用繁體中文台灣用語說明，開發過程中常見的問題有哪些，我應該如何避免？

> **ChatGPT**
> 在開發過程中，常見的問題包括：
>
> 1. **需求不明確：** 開發前未能完全理解用戶需求或需求頻繁變動，導致開發方向錯誤或需多次修改。避免方法是事前進行詳細的需求分析和規劃，並與團隊及客戶保持良好溝通。
> 2. **時間管理不佳：** 項目排程不合理，導致截止日期無法達成。建議使用敏捷開發方法，分階段進行，並定期檢視進度。
> 3. **技術選擇不當：** 選擇不適合項目需求的技術棧或工具，造成開發效率低下。應根據項目特性和團隊技能選擇合適的技術。
> 4. **溝通不足：** 團隊成員間溝通不充分，導致誤解或重複工作。定期舉行會議和使用項目管理工具可以幫助改善溝通。
> 5. **測試不充分：** 未進行足夠的測試就急於上線，可能導致應用出現重大錯誤。建立完善的測試流程，並進行單元測試、整合測試和用戶測試。
> 6. **忽視使用者體驗：** 過分專注於功能開發而忽略使用者介面和體驗設計。應該將使用者體驗放在開發過程的核心位置。
> 7. **安全性問題：** 未能充分考慮應用的安全性，可能導致資料洩露或其他安全事故。從設計之初就應加入安全性考量，並進行安全性測試。
>
> 避免這些問題的關鍵在於從項目規劃階段開始就進行周密的準備，並在開發過程中保持靈活性和開放性的溝通態度，同時也不忘關注細節和使用者需求。這樣可以在開發過程中及時發現並解決問題，確保項目的成功。

ChatGPT 詳細列出了軟體開發過程中常見的問題及其預防策略，如需求不明確、時間管理不佳等，並提供實用建議來避免這些問題，指導開發者如何進行有效的項目管理和團隊協作，有助於減少開發中的錯誤。

5. 測試階段的問題

> **您**
> 請用繁體中文台灣用語說明，我應該怎樣計劃應用測試流程？

> **ChatGPT**
> 計劃應用測試流程時，可以依照以下步驟來進行：
>
> 1. **確定測試範圍：** 先清楚界定要測試的功能範圍，包括哪些功能是必須測試的，哪些是次要的。這幫助專注於應用的關鍵部分。
> 2. **撰寫測試案例：** 基於測試範圍，撰寫詳細的測試案例，包含測試步驟、預期結果和測試資料。好的測試案例能夠幫助測試人員準確地執行測試。
> 3. **選擇測試工具：** 根據應用的類型和測試需求，選擇合適的測試工具。例如，對於Web應用，可能會選擇Selenium；對於手機應用，則可能選擇Appium或Espresso。
> 4. **進行單元測試：** 開發階段應該進行單元測試，以確保每個獨立模塊的功能正確無誤。
> 5. **進行整合測試：** 在模塊整合後進行測試，確保模塊間的交互按照預期進行。
> 6. **系統測試：** 對整個應用進行全面的功能測試，確保所有功能都能正常運作。
> 7. **性能測試：** 測試應用在高負載下的表現，包括響應時間、吞吐量等。
> 8. **安全測試：** 檢查應用的安全漏洞，確保用戶資料的安全。
> 9. **使用者接受測試（UAT）：** 邀請目標使用者進行測試，收集反饋，確保應用滿足使用者需求。
> 10. **回歸測試：** 每次更新後進行回歸測試，確保新功能沒有影響到現有的功能。
>
> 計劃應用測試流程時，重要的是要有組織、系統化，並且隨時準備根據測試結果進行調整。透過這樣的流程，可以幫助團隊發現並修正錯誤，提升應用的質量。

ChatGPT 提供了一個全面且結構化的應用測試流程計劃，從確定測試範圍到使用者接受測試，涵蓋了測試的各個階段。這個回應對於開發者來說是一個實用的指南，幫助他們有效地提高應用品質和用戶滿意度。

6. 上市策略的問題

> **您**
> 請用繁體中文台灣用語說明，上市前我應該如何推廣我的應用？

> **ChatGPT**
> 上市前推廣你的應用，可以透過以下幾個策略來進行：
>
> 1. **建立官方網站或活動頁面：** 提供應用的詳細資訊、特色功能和上市時間等，增加曝光度。
> 2. **社群媒體行銷：** 利用Facebook、Instagram、Twitter等社群平台分享應用的開發進度和特色，吸引潛在用戶的關注。
> 3. **部落格宣傳：** 撰寫相關文章，介紹應用的使用場景、解決的問題或技術挑戰，並在專業論壇或社群中分享。
> 4. **合作夥伴關係：** 尋找與你的應用相關的品牌或網紅進行合作，透過他們的平台進行宣傳。
> 5. **預告片和示範影片：** 製作應用的預告片或操作示範影片，透過YouTube或其他視頻平台展示應用的魅力。
> 6. **Beta測試邀請：** 邀請目標用戶參與Beta測試，收集反饋並進行改善，同時透過測試者擴散口碑。　↓

> 7. **新聞稿發布：**撰寫新聞稿介紹應用，並發送給相關媒體和部落客，吸引媒體報導。
> 8. **參加展覽和活動：**參與相關的科技展或創業活動，現場展示應用並吸引關注。
> 9. **郵件行銷：**建立郵件列表，向訂閱者發送應用的最新消息和上市通知。
> 10. **網路廣告：**利用Google AdWords、Facebook廣告等平台，針對目標用戶投放廣告。
>
> 透過這些策略，可以在應用上市前建立起用戶基礎和市場期待，幫助應用成功推向市場。重要的是要根據目標用戶群和預算，選擇最適合的推廣方式。

ChatGPT 提供了多元且實用的應用推廣策略，從社群媒體行銷到參加展覽等，為開發者如何在上市前有效推廣應用提供了全面的指導，這些建議有助於提升應用的能見度、吸引潛在用戶和媒體的注意。

總之透過這種將專案分步驟提問的方式，此例是分成 6 個步驟，不僅可以讓 ChatGPT 提供更精確和有用的回答，也能幫助你更系統地理解和處理項目開發的每個階段。這種方法提高了問題解決的效率，並有助於確保專案項目的成功。

0-8　Markdown 美化輸出 - 寫作也要有型

0-8-1　Markdown 語法

Markdown 格式是一種輕量級的標記語言，它允許人們使用易讀易寫的純文字格式編寫文件，然後轉換成結構化的 HTML（超文本標記語言）文件。因為它的簡潔和易於閱讀寫作的特點，Markdown 在網路寫作、技術文檔和筆記記錄等方面非常受歡迎。Markdown 的基本語法包括：

- 標題：使用「#」來創建標題。「#」的個數代表標題的級別，例如，「# 標題 1」、「## 標題 2」、「### 標題 3」等。
- 粗體：使用兩個星號「** 文字 **」或兩個底線「__ 文字 __」來加粗文字。
- 斜體：使用一個星號「* 文字 *」或一個底線「_ 文字 _」標記斜體文字。

- 超連結:使用「[連結文字](網址)」來建立超連結,可以參考下列網址。[Google](http://google.com)。
- 列表:使用 '-'、'+' 或 '*' 建立無序列表,使用數字加上 '.' 建立有序列表。
- 引用:使用 '>' 來引用文字。例如:「> 這是一段引用文字」。
- 程式碼:使用單個引號「'」代碼來標記程式碼或命令,使用三個引號「'''」來建立程式碼區塊。
- 圖片:使用「![替代文字](圖片網址)」來插入圖片。

Markdown 的設計初衷是希望能讓編寫者專注於內容的撰寫,而不是排版的設定,所以它的語法都盡量保持簡單和直觀。此外,許多網路平台和編輯工具都支持 Markdown,使得它非常適合用於網路內容的創建和分享。

0-8-2　Markdown 文章輸出

> **錦魁　您**
> 請使用Markdown格式撰寫一篇文章,介紹iPhone和Apple Watch的主要功能和用戶評價。文章應包括H2級別的子標題來分隔每個產品的介紹,每款產品下方列出三個主要功能的無序列表,並包括一條虛構的正面用戶評價作為引用。我計劃在我的臉書上發布這篇文章

> **ChatGPT**
> 以下是一篇按照您的要求撰寫的文章,介紹iPhone和Apple Watch的主要功能以及包含虛構的用戶評價:

iPhone 的主要功能 ← H2級別的子標題

iPhone 不僅是一款手機，它已成為我們日常生活中不可或缺的一部分。以下是iPhone的三個主要功能： 功能的無序列表

- **高效能的處理器**：iPhone 搭載的A系列晶片，讓它在處理大型應用程式和遊戲時能保持流暢不卡頓。
- **先進的攝影系統**：從廣角到長焦，iPhone 的多鏡頭系統讓每一張照片都宛如專業攝影師拍攝。
- **健全的生態系統**：藉由App Store，用戶可以輕鬆下載各式各樣的應用程式，從娛樂到生產力工具應有盡有。

正面用戶評價

"自從我換成最新款的**iPhone**後，我的生活變得更加方便和高效。它不僅提升了我的工作效率，也讓我在攝影上有了更多的創造力。"——虛構用戶 林先生

Apple Watch 的主要功能

Apple Watch 不僅是一款智慧手錶，它是你健康和生活方式的完美伴侶。以下是Apple Watch的三個主要功能：

- **全面的健康監測**：從心率監測到睡眠追蹤，Apple Watch 提供全方位的健康監測功能，幫助你更好地瞭解自己的身體狀況。
- **健身追蹤**：無論是跑步、游泳還是任何形式的鍛煉，Apple Watch 都能精準追蹤你的活動，幫助你達到健身目標。
- **無縫整合**：Apple Watch 與iPhone的無縫整合，讓你即使在運動或忙碌時刻，也能保持聯繫和掌控。

> "**Apple Watch** 完全改變了我對健康的看法。它不僅是我的健身教練，還是我的健康小助手，隨時提醒我保持活力和健康。"——虛構用戶 張小姐

0-8-3　提醒 ChatGPT 格式化輸出

有時 ChatGPT 在生成文案時，會沒有格式化輸出，如下所示：

> **您**
> 請協助撰寫推銷「衛星手機」的行銷文案
>
> **ChatGPT**
> 在撰寫推銷衛星手機的行銷文案時，我們將突出其獨特的功能與優勢，特別是在提供無與倫比的通訊覆蓋範圍和可靠性方面。以下是一段針對衛星手機的行銷文案：

超越地平線，連接每一刻 —— 探索全新衛星手機

在世界的每一個角落，都有故事等待被發現，但只有真正的探險家知道，最遙遠的旅程往往是通訊信號無法觸及的地方。這就是為什麼我們引入了全新的衛星手機 —— 為那些渴望在地球上每一個未知領域保持連接的人們打造。

無限覆蓋範圍： 無論您身處偏遠山脈還是廣闊海洋，衛星手機都能確保您與世界保持聯繫。我們的衛星通訊技術突破了傳統移動網絡的限制，讓您在地球上任何地方都能發送信息、進行語音通話，甚至是視頻通話。

極致可靠： 當您在極端環境中尋求冒險時，衛星手機成為您最可靠的伙伴。其堅固耐用的設計，配合先進的衛星通訊技術，確保在關鍵時刻您能夠依賴的不僅僅是裝備，更是一份安全的保障。

智能互聯： 融合了最新的智能技術，衛星手機不僅提供基本的通訊功能，還能夠接入互聯網、支持應用下載和數據共享，讓您的探險之旅更加豐富多彩。

環保節能： 我們致力於可持續發展，衛星手機採用節能技術和可回收材料，保護地球同時，也保證了長時間的電池壽命，讓您的探險無憂。

現在就開啟您的探險之旅： 全新衛星手機，為那些勇於探索世界極限的冒險家們準備。不再讓信號限制您的腳步，帶上衛星手機，開啟您的極限挑戰。

這段文案旨在突出衛星手機在提供全球覆蓋、極致可靠性、智能功能和環保節能方面的獨特價值，激發目標受眾的興趣和購買欲望。

0-8　Markdown 美化輸出 - 寫作也要有型

我們可以提醒生成含標題格式化的內容，如下所示：

> **您**
> 你的輸出好像沒有生成格式化的內容

> **ChatGPT**
> 讓我們重新整理一下，這次加入一些格式化的元素，以便於閱讀和吸引注意力：

超越地平線，連接每一刻

探索全新衛星手機

在世界的每一個角落，都有故事等待被發現。但只有真正的探險家知道，最遙遠的旅程往往是通訊信號無法觸及的地方。這就是為什麼我們引入了**全新的衛星手機 ——**為那些渴望在地球上每一個未知領域保持連接的人們打造。

- **無限覆蓋範圍：** 無論您身處偏遠山脈還是廣闊海洋，衛星手機都能確保您與世界保持聯繫。我們的衛星通訊技術突破了傳統移動網絡的限制，讓您在地球上任何地方都能發送信息、進行語音通話，甚至是視頻通話。
- **極致可靠：** 當您在極端環境中尋求冒險時，衛星手機成為您最可靠的伙伴。其堅固耐用的設計，配合先進的衛星通訊技術，確保在關鍵時刻您能夠依賴的不僅僅是裝備，更是一份安全的保障。
- **智能互聯：** 融合了最新的智能技術，衛星手機不僅提供基本的通訊功能，還能夠接入互聯網、支持應用下載和數據共享，讓您的探險之旅更加豐富多彩。
- **環保節能：** 我們致力於可持續發展，衛星手機採用節能技術和可回收材料，保護地球同時，也保證了長時間的電池壽命，讓您的探險無憂。

現在就開啟您的探險之旅： 全新衛星手機，為那些勇於探索世界極限的冒險家們準備。不再讓信號限制您的腳步，帶上衛星手機，開啟您的極限挑戰。

這樣的格式設計旨在讓文案的主要賣點更加突出，並使閱讀體驗更加友好。

從上述可以看到「無線覆蓋範圍」、「極致可靠」、「智能互聯」、「環保節能」和「現在就開啟您的探險之旅」等標題，已經用格式化輸出了。

0-9 跟 AI 聊得來 - Prompt 進階技巧

前面各節已經針對 Prompt 做基礎實例說明了,這一節則是一個補充的解說。

0-9-1 指定表格欄位

我們可以在對話中指定以「表格式」輸出,同時指定欄位。

> **您**
> 請解釋下列英文名詞
> 表格式,column = 英文名詞,名詞完整英文,中文翻譯
> FBI, CIA

> **ChatGPT**
>
> | 英文名詞 | 名詞完整英文 | 中文翻譯 |
> | --- | --- | --- |
> | FBI | Federal Bureau of Investigation | 聯邦調查局 |
> | CIA | Central Intelligence Agency | 中央情報局 |

上述實例,使用 column 設定了欄位的名稱。

0-9-2 專注符號「#」

符號「#」可以讓 ChatGPT 專注特定主題,相當於區隔段落。

> **您**
> 請用100個字說明下列
> #如何成為成功的領導者
> #如何成為優秀的小職員

> **ChatGPT**
>
> **如何成為成功的領導者**
>
> 成功的領導者需要具備願景，能夠設定清晰的目標並引導團隊達成。必須展現出良好的溝通能力，聆聽團隊的意見與需求，並有效地傳達信息。領導者應該擁有決策能力，能在關鍵時刻作出明智的選擇。同時，應具備靈活性，能適應變化並從挑戰中學習。最重要的是，領導者需要有激勵和培養團隊成員的能力，創建一個正向、支持的工作環境。
>
> **如何成為優秀的小職員**
>
> 優秀的小職員應該主動學習，積極提升自己的專業技能和工作效率。要有良好的溝通能力，能夠清晰地表達自己的想法並有效地與同事合作。應該具備責任感，對待工作認真負責，確保按時完成任務的質量和效率。同時，應該展現出適應性，能快速適應工作環境的變化並解決問題。最後，保持積極的態度，面對挑戰和壓力時保持正面思考。

上述「#」可以讓 ChatGPT 更專注主題，分別回答。

0-9-3 一問一答

「一問一答」也是使用 Prompt，可以讓 ChatGPT 分別回答聊天提問。

> **您**
> #一問一答
> 請用50個字說明「產品行銷的目的」
> 請明50個字說明「員工培訓的優點」

> **ChatGPT**
> 產品行銷的目的在於提高產品的市場知名度，吸引目標顧客，促進銷售量的增加。它旨在通過有效的策略和溝通手段，建立和維護品牌形象，並與消費者建立長期的關係，從而提升公司的市場份額和盈利能力。
>
> 員工培訓的優點包括提高員工的專業技能和工作效率，增強團隊合作精神，促進員工個人發展，提升職業滿意度。此外，它有助於企業快速適應變化多端的市場環境，提升組織的整體競爭力，並增強員工對公司的忠誠度。

我們也可以擴充到表格的輸出。

> **您**
> #一問一答
> 請用50個字說明「產品行銷的目的」
> 請明50個字說明「員工培訓的優點」
> (表格式，column = 問題，回答)

> **ChatGPT**
>
> | 問題 | 回答 |
> |---|---|
> | 產品行銷的目的 | 產品行銷的主要目的是增加產品知名度，促進銷售，建立品牌形象，並與目標客戶建立穩固關係，最終提升公司收益和市場份額。 |
> | 員工培訓的優點 | 員工培訓能提高員工技能和工作效率，增強團隊合作，提升員工滿意度與忠誠度，幫助企業適應變化，提升競爭力。 |

上述省略「column =」設定，也可以用表格回答，同時輸出指定的欄位名稱。

0-9-4　不要重複寫主題名稱

有時候我們與 ChatGPT 聊天過程，ChatGPT 會重複主題，可以參考下列實例。

> **您**
> 請寫一篇600個字「企業成功之道」的作文

> **ChatGPT**
> 「企業成功之道」一文探索了在快速變化的商業世界中，企業如何實現持續成功。成功的企業不僅在財務上獲得顯著成就，也在創新、持續性、社會責任和員工滿意度方面表現出色。本文從不同角度探討了企業成功的關鍵要素，包括戰略規劃、顧客關係管理、創新與適應性、企業文化和社會責任感。
> …

如果不想重複主題，可以直接輸入「不要重複寫主題名稱」。

> 您
> 請寫一篇600個字「企業成功之道」的作文，不要重複寫主題名稱

> ChatGPT
> 在探討企業達成成功的多條途徑時，我們可以從幾個關鍵面向來分析。首先，創新是推動企業前進的重要動力。不論是產品、服務還是商業模式的創新，都能為企業帶來差異化的競爭優勢。在快速變化的市場中，能夠預見客戶需求並提供創新解決方案的企業，往往能夠脫穎而出。
> …

0-9-5　模板或情境模擬 - 中括號

與 ChatGPT 聊天時，我們可以使用中括號「 [...] 」，當作一個填空或待定義的項目。

> 您
> 請以虛擬人物，為下列資料建立3份資料。
> 姓名：[姓名]
> 學歷：[畢業學校]、[科系]、[學位]

> ChatGPT
> 當然可以。以下是三位虛擬人物的資料，包括姓名、學歷（畢業學校、科系、學位）：
>
> 1. 虛擬人物一
>   - 姓名：林婉儀
>   - 學歷：國立台灣大學、電機工程學系、碩士學位
> 2. 虛擬人物二
>   - 姓名：陳俊宏
>   - 學歷：台灣師範大學、英文學系、學士學位
> 3. 虛擬人物三
>   - 姓名：張鈞甯
>   - 學歷：成功大學、化學工程學系、博士學位
>
> 這些虛擬人物和他們的學歷資料都是構想出來的，並非基於現實中的任何個人。　　↓

中括號內的內容（這裡是「姓名」）通常表示您希望在這個位置插入特定的資料或變數，這種用法類似於在模板或表格中標註那些需要被填充或自定義的部份，ChatGPT 可以依據你的提示，了解需要插入的內容。

0-9-6　自然語言的變數設定 - 大括號

在 ChatGPT 的自然語言應用中，大括號「{ ... }」可以做為變數設定，下列將用實例解說。下列是一個 Prompt 輸入如下：

> 您
> {Task}=請根據我的描述生成圖像和繁體中文解釋圖像,如果輸入參數無法對應則使用第1個參數值
> {Task} {Instruction} {Style} {Size}
> #{Style}
> 1: 色鉛筆插繪風格
> 2: 日本動漫風格
> 3: 剪紙風格
> #{Size}
> s1: 全景
> s2: 正方形

> ChatGPT
> 當然可以。請提供您想要創建的圖像的描述，包括您選擇的風格（色鉛筆插畫風格、日本動漫風格、或剪紙風格）以及圖像的尺寸（全景或正方形）。如果您的輸入參數無法正確對應，我將按照您的指示使用第一個參數值進行圖像創建。請描述您希望生成的圖像。

上述我們設定了下列變數：

- {Task}：這是任務描述，內容是「請根據 ... 第 1 個參數值」，這個描述最大重點是如果輸入參數不在此範圍，使用第 1 個參數當作預設值。
- {Instruction}：這是變數，將儲存未來我們要生成圖像的描述。
- {Style}：這是變數，將儲存圖像風格，內容是「1 ~ 3」，依據 Task 描述，如果不在此範圍則是「1」。
- {Size}：這是變數，將儲存圖像大小，內容是「s1 ~ s2」，依據 Task 描述，如果不在此範圍則是「s1」。

0-9 跟 AI 聊得來 - Prompt 進階技巧

> 您
> 一個可愛的小女孩,聖誕節的傍晚,走在奧地利哈爾斯塔特的鄉間小路 3 s1

ChatGPT

這幅圖像描繪了一個可愛的小女孩在聖誕節傍晚時分,走在奧地利哈爾斯塔特的鄉間小路上的場景。整個畫面以剪紙風格展現,背景是覆蓋著雪的
...

上面圖像檔案是儲存在「哈爾斯塔特小女孩 .webp」檔案,將滑鼠游標移到圖像,左上方可以看到 ⬇ 圖示,點選可以下載此圖像。

圖像是用 webp 為延伸檔案名稱,webp 是一種在網絡上使用的圖像格式,由 Google 開發。它支持無損和有損壓縮,旨在取代 JPEG、PNG 和 GIF 文件格式,特色是更小的文件大小而不降低圖像質量。webp 格式的主要優勢包括:

- 高效的壓縮技術:使用先進的壓縮算法,能夠在保持圖像質量的同時大幅度減小文件大小,這對於加快網頁加載速度和降低數據使用量非常有幫助。
- 支持透明度(Alpha 通道):webp 格式支持透明度,即無損壓縮格式支持 8 位元的透明通道,而有損壓縮支持透明度(但以稍微降低的質量)。這使得 webp 成為一種理想的選擇,用於需要透明背景的圖像,如網頁元素和應用界面。
- 動畫支持:webp 也支持動畫,這使其成為 GIF 格式的一個現代替代品。相比 GIF,webp 動畫可以提供更好的壓縮,更高的質量和更豐富的顏色。

- **廣泛的兼容性**：隨著技術的發展，越來越多的瀏覽器和圖像處理工具開始支持 webp 格式。主流瀏覽器例如 Edge、Chrome、Firefox 和 Opera 都提供了對 webp 的支持。

儘管 Webp 格式帶來了許多好處，但在所有情況下普及和支持仍然是一個挑戰。一些較老的瀏覽器和圖像編輯軟件可能不支持 webp，或者對這種格式的支持不是很好。然而，隨著技術的進步和更新，webp 格式的兼容性和支持度正在逐步提高。

下列是另一個實例。

> 您
> 一個可愛的小女孩,下雪的傍晚,走在日本富士山下的鄉間小路 2 s2

ChatGPT

這幅圖像以日本動漫風格描繪了一個⬇️愛的小女孩在下雪的傍晚時分，在
...

0-10　用 AI 下載試算表

適度使用 Prompt，也可以控制以 Excel 檔案或是 CSV 格式輸出，我們只要告訴 ChatGPT 給超連結（連結），就可以下載與輸出。

0-10-1　Excel 檔案輸出與下載

> 您
> 我想要建立員工資料的Excel檔案，此工作表需有員工編號、姓名、性別、出生年月日和地址資訊，請隨意生成5筆員工資料，請先顯示此員工資料工作表，然後下方給我下載的超連結

> ChatGPT
> 這是生成的5筆員工資料工作表內容：
>
> | 員工編號 | 姓名 | 性別 | 出生年月日 | 地址 |
> |---|---|---|---|---|
> | 001 | 王大明 | 男 | 1985-04-12 | 台北市中正區 |
> | 002 | 陳小花 | 女 | 1990-05-25 | 新北市板橋區 |
> | 003 | 李美美 | 女 | 1988-08-16 | 桃園市中壢區 |
> | 004 | 張建國 | 男 | 1992-11-30 | 台中市北區 |
> | 005 | 劉曉雨 | 女 | 1986-01-09 | 高雄市左營區 |
>
> 您可以透過以下連結下載完整的Excel檔案：
>
> 下載員工資料Excel檔案 [>-]   【下載檔案】

上述點選「下載員工資料 Excel 檔案」超連結，可以下載此 Excel 格式的檔案，此檔案可以在 ch0 資料夾看到。

0-10-2　CSV 檔案輸出與下載

> **您**
> 我想要建立一個CSV檔案，記錄台灣前3大電子公司清單
> (表格式，公司名稱，負責人，成立日期，產業類別)
> 請先顯示此電子公司清單，然後下方請同時給我下載的超連結

> **ChatGPT**
> 這是台灣前3大電子公司的清單：
>
> | 公司名稱 | 負責人 | 成立日期 | 產業類別 |
> |---|---|---|---|
> | 台積電 | 劉德音 | 1987-02-21 | 半導體製造 |
> | 鴻海精密工業 | 郭台銘 | 1974-02-20 | 電子製造服務 |
> | 聯發科 | 蔡明介 | 1997-05-28 | 半導體製造 |
>
> 您可以透過以下連結下載完整的CSV檔案：
>
> 下載台灣前3大電子公司CSV檔案 [>-]

上述清單是 ChatGPT 根據一般資訊和常識編制的，不完全準確，讀者仍須自行驗證。點選「下載台灣前 3 大電子公司 CSV 檔案」超連結，可以下載 CSV 格式的檔案，此檔案可以在 ch0 資料夾看到。

0-11　從 AI 下載圖片檔

0-9-6 節有敘述可以使用圖片左上方的 ⬇ 圖示下載圖片檔案，這時所下載的檔案是 webp 格式。如果我們希望可以有其他格式的圖檔，可以請 ChatGPT 提供下載連結，可以參考下列實例。

> **您**
> 一個可愛的小女孩，聖誕節的晚上，走在日本富士山下的鄉間小路，天空有極光，請用全景，請生成png格式的圖片檔案，下方提供下載連結

目前筆者測試，除了「.webp」、「.png」還可以要求生成我們熟悉的「.jpg」格式的檔案供下載。

讀者可能會想 DALL-E 生成圖像時，有沒有 seed 的觀念，也就是我可以在不同時間，用相同的 Prompt，生成同樣圖片。在許多類型的隨機或偽隨機數據生成過程中，"seed" 是一個初始化參數，它決定了生成序列的起點。在使用像 DALL-E 這樣的生成模型時，讀者可能會想，如果使用相同的 seed 值和相同的 Prompt，理論上應該能夠在不同的時間生成相同的圖片，這是因為 seed 值確保了隨機過程的可重現性。

不過實務上 OpenAI 的 DALL-E 圖像生成模型，用戶無法直接指定 seed 值。模型在生成圖片時自動產生一個 seed 值，這保證了每次生成的圖像的獨特性。如果要重現特定的圖像，則需要知道那次生成操作所用的具體 seed 值。然而，在實際應用中，用戶並不總是能夠控制或指定這個值。

在某些界面或 API 的程式設計中，如果允許用戶指定 seed 值，則可以重現特定的結果。在目前與 ChatGPT 互動的過程中，對於 DALL-E 生成的圖像，seed 值是自動產生的，並未提供一個選項讓用戶自定義或重用 seed 值來精確重現圖像。

0-12 直接拿文件下載連結

ChatGPT 也允許生成 Word 格式的檔案，提供連結下載。

> 🙍 您
> 請寫一篇300個字，慶祝「太陽牌手機」外銷美國成功，這篇文章需有 Emoji符號，此篇文章必須先用螢幕顯示。
> 然後請在文章下方，提供Word檔案格式的下載連結。

> 🤖 **ChatGPT**
> 讓我先展示這篇慶祝「太陽牌手機」外銷美國成功的文章，其中包含了 Emoji符號：

🎉 **慶祝太陽牌手機成功進軍美國市場！** 🎉

太陽牌手機 📱 已經成功進軍美國市場，這是一個值得我們所有人驕傲的偉大時刻。從亞洲到北美，太陽牌手機憑藉其卓越的性能、創新的設計和用戶友好的界面，在全球範圍內受到高度讚譽 🌍。

進入美國市場不僅是太陽牌手機品牌的一大步，也是我們對品質和創新承諾的證明。這次成功外銷，標誌著太陽牌手機在國際競爭中站穩了腳跟，為未來的全球擴張奠定了堅實的基礎 🚀。

我們感謝每一位太陽牌手機的用戶，是你們的支持和信任讓我們能夠不斷前進，追求更高的目標。我們承諾會繼續創新，不斷提升我們產品的品質和性能，以滿足你們的期待和需求 💪。

讓我們一起慶祝這一刻，期待太陽牌手機在未來照亮更多人的生活，創造更多可能。☀️

↓

太陽牌手機，照亮你的世界 😎！

接下來，我會將這篇文章保存為Word檔案格式，並提供下載連結。

文章已經成功保存為 **下載檔案** 案。你可以透過下面的連結下載：

下載慶祝「太陽牌手機」外銷美國成功的文章 [>_]

上述筆者是請 ChatGPT 提供 Word 檔案格式的下載連結，你也可以將「Word」改成「txt」檔案格式，也可以順利運作。如果要求 ChatGPT 提供 pdf 檔案格式，ChatGPT 會主動處理成英文內容的檔案，因為生成 PDF 文件時，ChatGPT 會使用 FPDF 模組，這是一個常用於 Python 中生成 PDF 文件的工具。不幸的是，FPDF 的標準支援有幾個限制：

- 語言支援：FPDF 主要支援 ASCII 字元集，對於非拉丁字母系的語言（如中文、日文或韓文）的支援有限。這就導致了生成的 PDF 文件中無法直接包含這些語言的字符。

- Emoji 支援：同樣地，FPDF 對於 Unicode 範圍之外的特殊字符，如 Emoji 表情符號，也沒有原生支援。這意味著這些符號無法直接在由 FPDF 生成的 PDF 文件中顯示。

本書 ch0 資料夾有「太陽牌手機 .docx」、「太陽牌手機文字檔 .txt」、「太陽牌手機 pdf.pdf」是 3 種檔案下載連結分別測試的結果。

0-13 進一步認識 Prompt - 參考網頁

Prompt 的功能還有許多，以下是一些介紹 Prompt 的網頁：

❑ Content at Scale – AI Prompt Library

https://contentatscale.ai/ai-prompt-library/

Content at Scale 的 Prompt 為企業家、行銷人員和內容創作者等提供豐富的 AI 工具使用提問範例，以提升工作效率和創造力。這個庫涵蓋了從 3D 建模到社群媒體行銷、財務管理等多種主題，並提供了如何有效運用 AI 工具的實用指南，幫助使用者在各領域實現創新和進步。

❑ Promptpedia

https://promptpedia.co/

PromptPedia 提供了一個廣泛的 Prompt，專門為使用各種 AI 工具的使用者設計，包括但不限於 ChatGPT 等。這個平台旨在幫助使用者更有效地與 AI 互動，無論是用於學習、創作還是解決問題。它涵蓋了從編程、數據分析到藝術創作和學術研究等廣泛主題的提問範例，旨在提升使用者利用 AI 進行探索和創新的能力。此外，PromptPedia

鼓勵社群成員分享自己的提問，促進知識和技巧的交流，使平台持續成長並豐富其內容庫。

❑ **Prompt Hero**

https://prompthero.com/

PromptHero 是一個專注於「提示工程」的領先網站，提供數百萬個 AI 藝術圖像的搜索功能，這些圖像是由模型如 Stable Diffusion、Midjourney 等生成的。這個平台旨在幫助用戶更有效地創建和探索 AI 生成的藝術，無論是用於個人創作、學術研究還是娛樂目的。PromptHero 鼓勵社群成員分享自己的創作提示，促進創意交流，並不斷豐富其廣泛的提示庫。這個平台適合所有對 AI 藝術和創作感興趣的人士，無論是新手還是有經驗的創作者。

❑ **Prompt Perfect**

https://promptperfect.jina.ai/

PromptPerfect 提供了一個專業平台，專注於升級和完善 AI 提示工程，包括優化、除錯和託管服務。這個平台旨在幫助開發者和 AI 專業人士提高他們的 AI 模型效能，透過更精準的提示設計來達到更佳的互動和輸出結果。無論是在數據科學、機器學習項目還是創意產業中，PromptPerfect 都提供了強大的工具和資源，幫助使用者發掘 AI 技術的潛力，實現創新解決方案。此平台適合需要高度定制 AI 提示的專業人士使用，以優化他們的工作流程和產品效能。

第 1 章
AI 行銷攻略掌握基本觀念

1-1 行銷真義解析 - 目的與策略全攻略

1-2 智能時代必學 - AI 如何助力企業行銷升級

1-3 AI 行銷高手必備 - 頂尖人才的關鍵技能

1-4 智慧招募法則 - 運用 AI 找尋行銷精英

第 1 章　AI 行銷攻略 掌握基本觀念

在這數位轉型的時代，「AI 行銷」已經成為企業拚戰市場的新利器。隨著人工智慧技術日益進步，如何運用 AI 來精準捕捉消費者的需求和偏好，已經成為每個行銷人必須精進的技能。本文將從認識「行銷」、「AI 輔助行銷」等基本觀念說起，然後讓 AI 協助我們「廣徵行銷人才」。

AI 工具有許多，目前本書是以 ChatGPT 為主要工具。當然讀者也可以使用 Google 公司的 Gemini、Microsoft 公司的 Copilot 或是 Anthropic 的 Claude。

1-1 行銷真義解析 - 目的與策略全攻略

行銷（Marketing）的目的主要是幫助企業達成以下幾個目標：

- 提升品牌知名度：透過有效的行銷手法，讓更多目標客群認識到品牌，建立正面的品牌形象。
- 滿足客戶的需求與想要：行銷的核心就是找出客戶的需求跟想要，提供符合他們期待的商品或服務。
- 增加賣量和市場占有率：透過促銷、廣告等行銷活動，吸引顧客買單，進而提升產品的銷售量和市場份額。
- 推動商品創新與改良：行銷過程中的市場調查可以發現客戶新的需求和偏好，激勵企業不斷創新和改良商品，以適應市場的變化。
- 建立客戶關係：行銷不只是賣產品，更重要的是建立跟顧客之間長久的關係，這包括提供好的顧客服務、推出忠誠計畫和客戶關係管理等策略。
- 提升競爭優勢：透過有效的行銷策略，讓企業在競爭激烈的市場中脫穎而出，建立獨特的賣點和競爭優勢。
- 增加企業的利潤與長期成功：最後「行銷的目的」是透過增加銷售來提升企業的營業收入和利潤，支持企業的長期發展與成功。

總結來說，行銷的目的就是透過了解和滿足客戶的需求，建立堅強的品牌，推動商品銷售，並且維繫良好的客戶關係，幫助企業達到商業目標和長期的發展。

1-2 智能時代必學 - AI 如何助力企業行銷升級

人工智慧（AI）在輔助企業行銷方面扮演著越來越重要的角色，透過以下幾種方式，AI 能夠幫助企業提升行銷效率和效果：

- 內容創建和優化：AI 技術，例如：自然語言生成（Natural Language Generation，NLG），能夠自動生成新聞稿、產品描述或社交媒體帖文。AI 還可以幫助優化行銷內容的關鍵字，提高搜索引擎優化（Search Engine Optimization，SEO）的效果。
- 行銷自動化：AI 可以自動化許多行銷工作流程，包括電子郵件行銷、社交媒體發佈和廣告投放。這不僅節省了時間和資源，也提高了行銷活動的精準度和效果。
- 客戶數據分析和洞察：AI 可以處理和分析大量客戶數據，包括購買歷史、瀏覽行為和社交媒體活動，幫助企業深入理解客戶的需求和偏好。這樣的洞察讓企業能夠針對性地設計行銷策略和活動，提升個性化行銷的效果。
- 預測分析：AI 的預測分析能力可以幫助企業預測市場趨勢、客戶行為和銷售成果。這種預測能力讓企業能夠提前調整行銷策略和庫存管理，以應對市場變化。
- 個性化推薦：AI 系統可以根據客戶的過往行為和偏好，自動推薦個性化的產品或服務。這不僅提升了顧客的購物體驗，也增加了交叉銷售和再銷售的機會。
- 客戶服務和支持：AI 驅動的聊天機器人和虛擬助理能夠提供「24/7」的客戶服務，解答客戶問題，處理訂單和退貨等，這提高了客戶滿意度和忠誠度。註：「24/7」代表一天 24 小時，一週 7 天，也就是全天候不間斷。
- 社交聽眾和情感分析：AI 工具可以監控社交媒體上的品牌提及和客戶反饋，進行情感分析，幫助企業了解公眾對品牌的情感態度和反饋，從而及時調整行銷策略。

透過上述方式，AI 不僅幫助企業更好地了解和滿足客戶需求，也提高了行銷活動的效率和成果，從而在競爭激烈的市場中獲得優勢。

1-2-1　補充解釋 - 認識自然語言生成 (NLG)

自然語言生成是人工智慧和語言學領域的一項技術，它使電腦能夠自動生成人類可以理解的文字或語言。NLG 技術的目的是讓機器能夠根據數據集或特定的輸入訊息，自動產生具有特定意義、結構和語法的自然語言文字。

NLG 系統通常被應用於多種場景，包括但不限於自動新聞報導生成、客戶服務中的自動回應生成、個性化的內容創建、業務報告撰寫等。這些系統可以從結構化的數據中提取訊息，並將其轉換成易於理解和閱讀的文字形式，大大提高了訊息傳遞的效率和準確性。

NLG 技術的核心包括數據理解、文字計劃（決定要表達的資訊）、句子計劃（組織語句結構）和表達生成（轉換成最終的文字輸出）。這使得 NLG 成為擴展人機交互、提升自動化程度和改善用戶體驗的重要工具。

1-2-2　補充解釋 - 搜索引擎優化 (SEO)

搜索引擎優化是一種網路行銷策略，旨在提高網頁在搜索引擎結果頁（Search Engine Results Pages，SERPs）中的排名，從而增加網站的可見性，吸引更多的自然（非付費）流量。SEO 的目的是讓網站更容易被搜索引擎找到、索引和排名，以便當用戶進行搜索時，能夠更容易地發現該網站的相關內容。

SEO 主要涵蓋兩大領域：

- 站內 SEO（On-Page SEO）：指的是對網站內容和結構進行優化，使其更加友好於搜索引擎和用戶。這包括優化標題和描述、使用合適的關鍵詞、改善網站的用戶體驗、提升網站速度、確保網站的手機適應性等。
- 站外 SEO（Off-Page SEO）：主要指的是增強網站在外部的信譽和連結（Backlinks），如透過獲取其他網站的連結來提升自己網站的權威性和信任度。這通常涉及連結建設、社交媒體行銷和品牌提升等策略。

SEO 是一個持續的過程，需要定期分析網站的表現、監控關鍵詞排名，並根據搜索引擎演算法的變化進行調整和優化。由於搜索引擎如 Google 不斷更新其演算法以提供更準確、更相關的搜索結果，因此瞭解並適應這些變化對於成功的 SEO 來說至關重要。

1-3 AI 行銷高手必備 - 頂尖人才的關鍵技能

一個優秀的 AI 行銷人員需要具備以下條件,以有效地結合人工智慧技術與行銷策略,推動企業成長:

- 掌握流行主題:優秀的行銷人員可以用 AI,輕鬆掌握流行主題。
- 創意和內容創作能力:即使大量使用 AI,創意內容的創作仍是行銷中不可或缺的一環。優秀的行銷人員應該能夠創作吸引人的內容,與 AI 技術相結合,提升用戶體驗。
- 業務理解:對企業的業務模式、產品和市場有深入的理解,能夠將 AI 行銷策略與企業的整體目標和策略相結合。
- 數據分析能力:能夠分析和解釋大量數據,從中提取有價值的見解和模式。這包括對數據進行清洗、處理和視覺化的能力。
- 技術知識:瞭解 AI 和機器學習的基本原理,以及這些技術如何被應用於數據分析、預測分析、客戶服務等行銷領域。
- 創新思維:具有創新思維和實驗精神,不斷尋找新的方法將 AI 技術應用於行銷策略中,提升行銷效果。
- 溝通與協作能力:能夠有效地與團隊成員、技術人員以及非技術利益相關者溝通,將複雜的技術解決方案轉化為易於理解的語言。
- 學習能力和適應性:行銷和 AI 領域都是迅速變化的,所以持續學習和適應新技術、新工具和新策略是必要的。
- 戰略規劃和執行能力:具有強大的戰略思維,能夠規劃和執行複雜的 AI 行銷計畫,並且能夠根據效果進行調整和優化。
- 倫理意識和隱私知識:瞭解相關的倫理問題和數據隱私法規,確保行銷活動符合倫理標準和法律要求。
- 專案管理能力:能夠管理多個專案,確保在預算和時間內完成目標。

具備這些條件的 AI 行銷人員,將能夠有效地利用人工智慧來創造更個性化、更有效率的行銷策略,從而推動企業的成長和成功。

1-4 智慧招募法則 - 運用 AI 找尋行銷精英

> **您**
> 你是公司的人資,請寫一篇徵「AI行銷經理」的文案。

> **ChatGPT**
> 【加入我們的創新之旅:招聘AI行銷經理】
>
> 在XX科技公司,我們堅信創新技術是推動行銷未來的關鍵。隨著我們不斷拓展業務和探索新的市場機會,我們正在尋找一位充滿激情、具有遠見的AI行銷經理加入我們充滿活力的團隊。如果你對於運用人工智慧來塑造行銷策略充滿熱情,並且渴望在一個快節奏、創新導向的環境中發揮你的才能,那麼你就是我們正在尋找的人!

職位:AI行銷經理

工作地點:[具體地點/遠程工作選項]

職位責任:

- 領導並執行公司的AI行銷策略,包括但不限於數據分析、客戶行為預測、個性化行銷活動和自動化客戶服務。
- 管理並優化AI行銷平台和工具,確保技術資源被有效利用來提升行銷效率和成效。
- 進行市場趨勢分析和消費者行為研究,運用AI技術來預測市場動態,並根據這些資訊調整行銷策略。
- 與產品開發和銷售團隊緊密合作,確保行銷策略與公司整體目標一致並支持業務增長。
- 管理行銷預算,並就AI行銷活動的投資回報率(ROI)進行報告。

> **理想人選條件：**
>
> - 擁有市場行銷、計算機科學或相關領域的學士或碩士學位。
> - 至少具有5年的行銷經驗，其中包括2年以上的AI行銷或數據驅動行銷經驗。
> - 對AI技術和數據分析工具有深入的理解，並能夠靈活運用於行銷策略中。
> - 具有出色的領導能力，能夠管理團隊並在跨部門合作中發揮協調作用。
> - 具有創新思維，能夠在競爭激烈的市場中識別並抓住新機會。
> - 強大的溝通能力和問題解決技巧。
>
> **我們提供的：**
>
> - 競爭力的薪酬包裝和獎金計畫。
> - 靈活的工作時間和地點，包括遠程工作選項。
> - 豐富的個人和專業成長機會。
> - 創新和支持的工作環境。
>
> 如果你準備好在AI行銷領域大展拳腳，在一家前沿科技公司中留下你的足跡，請將你的簡歷和求職信發送至[電子郵件地址]。加入我們，一起塑造行銷的未來！

ChatGPT 為「XX 科技公司」的人資部門精心撰寫的「AI 行銷經理」徵才文案，展現了對創新技術的熱情和對未來行銷趨勢的洞察。透過明確的職責描述、理想人選條件，以及吸引人的福利條件，這份文案不僅清楚傳達了職位的關鍵要求，也顯示出公司對於人才的高度重視和提供的成長平台，吸引著潛在的行銷人才加入他們的創新之旅。

第 2 章
AI 如何預測流行趨勢
掌握關鍵主題

2-1　行銷達人不可不知 - AI 助你一臂之力精準把握流行趨勢

2-2　美容尖端科技揭秘 - AI 如何預知肌膚護理的下一個流行

2-3　追求健康長壽的秘訣 - AI 揭示最新健康趨勢

2-4　AI 全方位解析 - 探索更多流行領域的未來趨勢

第 2 章　AI 如何預測流行趨勢 掌握關鍵主題

每一個產業皆有流行的主題，過去公司小編可能需要到網路或社群媒體搜尋流行主題，現在可以將此工作交給 ChatGPT。

2-1　行銷達人不可不知 - AI 助你一臂之力精準把握流行趨勢

一位合格的行銷人員需要了解各自產業的流行主題，主要原因有以下幾點：

- 洞察目標市場：流行的主題通常反映了目標市場的興趣、需求和行為趨勢。了解這些流行主題有助於行銷人員更好地洞察目標受眾，並制定更有效的行銷策略。

- 創建相關內容：行銷人員可以利用流行主題來創建更具吸引力和相關性的內容，這種內容更有可能引起受眾的興趣，提高參與度和互動。

- 即時性行銷（Real-Time Marketing）：了解當下的熱點話題，行銷人員可以迅速反應，利用這些話題進行即時性行銷，從而提高品牌的曝光度和參與度。

- 預測未來趨勢：透過分析流行主題的發展，行銷人員可以預測未來的市場趨勢，提前調整行銷策略，抓住市場機會。

- 提升品牌相關性：利用流行主題，行銷人員可以使品牌更加貼近當前的文化和社會趨勢，從而提升品牌的相關性和吸引力。

- 社交媒體行銷：在社交媒體上，流行主題往往迅速傳播。行銷人員透過參與這些話題，可以提高品牌在社交媒體上的可見度和影響力。

- 危機管理：了解流行主題還可以幫助行銷人員及時識別和管理可能的危機，如負面話題或公關事件，從而保護品牌形象。

總之，了解流行主題不僅能幫助行銷人員制定更有效的行銷策略，也能使他們能夠更快速地適應市場的變化，並在競爭激烈的市場中保持優勢。

2-2 美容尖端科技揭秘 - AI 如何預知肌膚護理的下一個流行

每一個產業皆有流行的主題,這一節將探討與肌膚美容相關的產業,以下是其中幾個核心產業:

- 化妝品與護膚品產業:開發和銷售各種面部和身體護理產品,包括潔面產品、保濕霜、防曬品、抗老精華等。
- 美容服務業:提供專業美容服務,如美容院、SPA 中心,進行臉部護理、身體按摩、美容療程等。
- 醫學美容產業:結合醫學和美容技術,提供雷射治療、微針美容、肉毒桿菌注射、填充物注射等專業美容醫療服務。
- 化妝品原料產業:供應用於製造化妝品和護膚品的原料,包括天然提取物、活性成分、防腐劑等。
- 健康食品與營養補充品產業:提供有助於改善膚質和促進皮膚健康的營養補充品,例如:膠原蛋白、抗氧化劑等。
- 生物技術產業:研發和應用生物技術製造具有美容功效的產品,例如:利用生物發酵技術提取的皮膚護理成分。
- 美容器材與設備產業:生產用於家庭和專業美容的器材和設備,例如:美容儀器、臉部清潔刷、微電流儀等。
- 個人護理產業:包括口腔護理、個人清潔等產品,雖非直接美容,但與個人整體美觀和衛生密切相關。
- 時尚與美妝媒體產業:透過雜誌、網站、社交媒體等渠道發布最新美容趨勢、產品評測、美容技巧等信息。
- 線上零售與電商平台:提供一個購買美容和護膚產品的便利平台,包括專業美容品牌的官方網站和綜合性電商平台。

這些產業透過提供產品和服務,共同滿足消費者對於肌膚美容的需求,推動美容產業的發展和創新。

第 2 章　AI 如何預測流行趨勢 掌握關鍵主題

2-2-1　ChatGPT 協助 - 掌握護膚產品的流行主題

在忙碌的工作日常中，良好的肌膚保養常常被忽略，尤其對於範圍在 20 至 50 歲的上班族而言，壓力、環境污染、不規律的生活作息對肌膚造成的負擔不言而喻。美容肌膚不僅關乎外表的光澤，更是健康與自信的體現。在此，我們將用 ChatGPT 了解，對於上班族來說最為關鍵的美容肌膚話題有哪些。

> **您**
> 你是美容專家，請列出「美容肌膚」、20 - 50歲上班族最相關的10個話題，請用台灣用語。
>
> **ChatGPT**
> 1. **保濕修護**：對於長時間待在冷氣房的上班族來說，皮膚容易乾燥，保濕變得格外重要。
> 2. **防曬隔離**：台灣陽光強烈，不論四季，出門前使用防曬產品可以有效預防皮膚老化和斑點。
> 3. **抗老緊緻**：隨著年紀增長，肌膚開始出現鬆弛和細紋，選擇適合的抗老產品幫助肌膚恢復彈性與緊緻。
> 4. **眼周保養**：長時間盯著電腦或手機，容易造成眼周肌膚問題，如黑眼圈、眼袋，選用眼霜是基本。
> 5. **飲食調理**：美容不僅外在保養，內在調理也很重要，均衡飲食、多攝取抗氧化食物，對皮膚有益。
> 6. **睡眠品質**：充足的睡眠對肌膚修復至關重要，晚上11點到凌晨3點是肌膚修復的黃金時間。
> 7. **定期去角質**：幫助去除死皮細胞，促進皮膚新陳代謝，讓肌膚更加光滑細膩。
> 8. **深層清潔**：適度的深層清潔可以幫助清除毛孔內的污垢和油脂，預防痘痘的產生。
> 9. **保濕面膜**：忙碌的工作後，使用保濕面膜可以迅速為肌膚補充水分，緩解疲勞。
> 10. **壓力管理**：長期的工作壓力不僅影響心情，也會反映在皮膚上，學習放鬆的技巧，如瑜伽、冥想，對美容肌膚也有幫助。
>
> 這些話題涵蓋了肌膚保養的多個面向，從日常保養到生活習慣的調整，都是上班族美容肌膚保養不可或缺的部分。

註 上述詢問中，筆者增加「台灣用語」，因為 ChatGPT 語言模型的訓練中，簡體中文佔比是 16.2%，繁體中文的佔比是 0.05%，因此我們使用 ChatGPT 時，即使

是用繁體中文問話，常常所得到 ChatGPT 是使用簡體中文回應。或是，ChatGPT 是使用「繁體中文的皮，簡體中文的骨」的內容回應。當設定「台灣用語」時，ChatGPT 的回應會是更適合我們閱讀的台灣用語回應。特別是，我們期待 ChatGPT 可以回應符合 SEO 精神的網頁標題時，更應該設定「台灣用語」。

ChatGPT 在回應中精準地針對 20 至 50 歲台灣上班族的美容肌膚保養需求提出了十個實用的建議。這些建議從日常保濕、防曬到生活習慣的調整，如飲食和睡眠品質，全面覆蓋了美容肌膚的各個方面。透過細緻且具體的解釋，顯示了 ChatGPT 對於美容保養領域的深刻理解和關注。

2-2-2　更具說服力 - 結合數字的美容肌膚流行主題

我們也可以透過整合具體的數據和百分比，揭示 20 至 50 歲台灣上班族，在日常生活中最常遇到的肌膚問題和關心的話題。

> **您**
> 對於你所列出「美容肌膚」、20 - 50 歲上班族最相關的10個話題，請用數字說明。
>
> **ChatGPT**
> 在面對繁忙的上班族生活，特別是20至50歲的人群，肌膚保養顯得尤為重要。以下是根據這一群體最常見的肌膚需求，整理出的10個關鍵美容肌膚話題，並附上數據或百分比以提供更深入的理解：
>
> 1. **保濕修護**：逾90%的上班族因辦公室長時間冷氣環境，面臨肌膚乾燥問題。
> 2. **防曬隔離**：約85%的皮膚老化現象與UV曝曬有關，強調防曬的必要性。
> 3. **抗老緊緻**：超過70%的中年人開始關注皮膚鬆弛和細紋，尋求抗老解決方案。
> 4. **眼周保養**：大約60%的上班族因長時間使用電腦而受到眼周肌膚問題的困擾。
> 5. **飲食調理**：約有50%的膚質問題可以通過改善飲食習慣得到緩解或改善。
> 6. **睡眠品質**：超過65%的成年人睡眠不足7小時，影響肌膚的自我修復能力。
> 7. **定期去角質**：大約每2週去除一次死皮，可幫助95%的人改善膚色不均和粗糙。
> 8. **深層清潔**：接近80%的肌膚問題，如痘痘，起因於毛孔堵塞和油脂過多。
> 9. **保濕面膜**：約70%的上班族偏好使用保濕面膜來快速回復肌膚活力。
> 10. **壓力管理**：近85%的人認為壓力是導致皮膚問題的主要因素之一。
>
> 這些話題與數字揭示了上班族在面對肌膚保養時的普遍情況和需求，強調了在忙碌生活中進行有效肌膚保養的重要性。

ChatGPT 巧妙地結合了數據和百分比，為 20 至 50 歲的上班族群體提供了一份深入的美容肌膚保養指南。透過數據呈現與日常生活緊密相關的十個話題，這些回應不僅增加了論述的說服力，也使讀者能夠清晰地了解到肌膚保養的重要性及其面臨的常見挑戰。

2-3 追求健康長壽的秘訣 - AI 揭示最新健康趨勢

隨著台灣進入老齡化社會，健康長壽成為了當代最關注的議題之一。以下是與健康長壽息息相關的幾個核心產業：

- 醫療保健產業：提供從預防、診斷到治療的全方位服務，包括醫院、診所、康復中心等，對於維護和提升長者健康至關重要。
- 製藥產業：研發和生產各類藥品，包括慢性病藥物、保健品等，幫助長者管理健康狀態，提高生活質量。
- 健康食品與營養補充品產業：提供豐富的健康食品和營養補充品，幫助長者獲得必需的營養素，促進健康長壽。
- 運動與健身產業：包括健身房、瑜伽館、運動器材等，鼓勵長者透過規律運動保持身體健康。
- 科技產業：開發健康監測工具和應用程序，如穿戴式設備和健康管理軟件，幫助長者監測身體狀況，進行健康管理。
- 保險產業：提供醫療保險和長期護理保險等產品，幫助長者規劃未來可能的醫療和護理開銷。
- 房地產與長期照護產業：包括養老院、安養中心和長期護理設施，提供適合長者生活的住宅選擇和照護服務。

這些產業透過不同的方式和產品，共同為提升長者的健康水平和生活質量作出貢獻，推動健康長壽的實現。

2-3-1　ChatGPT 協助 - 掌握健康長壽的流行主題

這一節我們利用 ChatGPT，匯聚最新研究和資訊，了解 60 歲以上的長者關心「健康長壽」的主題。從均衡飲食、規律運動到心理健康管理，這些建議旨在幫助長者不僅延年益壽，同時也提升生活品質，讓每一位長者都能在黃金年華中享受健康、快樂的生活。

> **您**
> 你是健康專家，請列出「健康長壽」、60歲以上族群最相關的10個話題，請用台灣用語。
>
> **ChatGPT**
> 1. **均衡飲食**：注重營養攝取平衡，確保足夠的蔬菜、水果及全穀類食物，維持健康體重。
> 2. **規律運動**：透過適度的有氧運動及肌力訓練，增加肌肉量、提升心肺功能。
> 3. **健康檢查**：定期進行身體檢查，早期發現並處理可能的健康問題。
> 4. **社交活動**：積極參與社交活動，與家人朋友保持良好關係，有助於心理健康。
> 5. **充足睡眠**：保持良好的睡眠習慣，確保每晚7至8小時的優質睡眠。
> 6. **心理健康**：學習壓力管理技巧，如冥想或瑜伽，保持心理平衡。
> 7. **腦力激發**：透過閱讀、解謎等活動保持大腦活躍，預防認知功能下降。
> 8. **健康飲酒**：適量飲酒，避免過量攝取對健康造成負擔。
> 9. **戒菸**：停止吸菸，減少慢性疾病的風險，提升生活品質。
> 10. **疾病預防**：了解並預防常見於長者的疾病，如心血管病、糖尿病等。
>
> 針對60歲以上的族群，這些話題涉及從生理、心理到社會互動等多方面，旨在幫助長者保持健康，享有品質的長壽生活。

ChatGPT 針對 60 歲以上族群提出的健康長壽話題，全面而細緻地涵蓋了飲食、運動、心理健康等多個維度。這些建議不僅基於科學研究，同時也考慮到了實際可行性，旨在幫助長者維持健康的生活方式，促進身心福祉，展現了對於老年健康領域的深刻理解。

2-3-2 更具說服力 - 結合數字的健康長壽流行主題

我們也可以透過整合具體的數據和百分比，揭示 60 歲以上族群，關心的「健康長壽」話題。

> **您**
> 對於你所列出「健康長壽」、60歲以上族群最相關的10個話題，請用數字說明。

> **ChatGPT**
> 針對60歲以上族群的「健康長壽」話題，進一步結合數據和研究結果，可以提供以下的數據說明：
>
> 1. **均衡飲食**：研究顯示，攝取足夠的蔬菜和水果（每日至少5份）可以減少20%的慢性疾病風險。
> 2. **規律運動**：每週至少150分鐘的中等強度運動，可幫助長者減少30%的死亡風險。
> 3. **健康檢查**：逾60%的長者透過定期健檢早期發現疾病，有效提高治療成功率。
> 4. **社交活動**：參與社交活動的長者比孤獨者減少50%以上的憂鬱症風險。
> 5. **充足睡眠**：約70%的長者不符合每晚7-8小時優質睡眠的建議，增加健康風險。
> 6. **心理健康**：練習冥想等壓力管理技巧，約有40%的長者報告心理健康有所改善。
> 7. **腦力激發**：持續腦力活動的長者，認知衰退的風險可降低60%。
> 8. **健康飲酒**：適量飲酒（如紅酒）可降低約20%的心血管疾病風險。
> 9. **戒菸**：戒菸後5年，心血管疾病的風險可以降低到與非吸菸者相似的水平。
> 10. **疾病預防**：接種流感疫苗可減少40%-60%的流感相關住院風險。
>
> 這些數據強調了對於60歲以上族群來說，採取積極的生活方式變化對於促進健康長壽的重要性。

ChatGPT 以數據支撐的方式深入解析了針對 60 歲以上族群的「健康長壽」關鍵話題，提供了具體且實用的建議。這些建議不僅基於科學研究，而且強調了生活方式對於延年益壽的重要性。透過詳細的數據說明，使得這些建議更具說服力，有助於長者制定合適的健康策略。

2-4 AI 全方位解析 - 探索更多流行領域的未來趨勢

身為 AI 行銷人員，必須可以掌握網路流行趨勢。同時須了解相同的問題，在不同 AI 下，可能呈現不同結果。這一節將讓 OpenAI 的 ChatGPT、Google 的 Gemini 和 Microsoft 的 Copilot 敘述，當下網路流行的主題。

2-4-1 ChatGPT 敘述網路流行的主題

> 您
> 請說明5種台灣目前網路流行的話題，請用台灣用語
>
> **ChatGPT**
> 1. **宅經濟與線上消費**：因應疫情影響，大家越來越依賴線上購物、外送服務，宅經濟崛起，成為討論熱門。
> 2. **環保與永續生活**：減塑行動、二手商品交換、零廢棄生活方式，這些環保議題在台灣網路上持續熱絡討論。
> 3. **自媒體與網紅文化**：YouTube、IG等平台上，自媒體人和網紅如何影響潮流、美食、旅遊等方面的趨勢，是許多人關注的焦點。
> 4. **區塊鏈與加密貨幣**：隨著數位貨幣、NFT等新科技興起，許多台灣網友熱衷於探討其投資潛力及對未來的影響。
> 5. **遠距工作與數位轉型**：疫情加速了遠距工作的普及和數位轉型的需求，許多討論聚焦於如何有效遠距工作、學習新技能。
>
> 這些話題不僅反映了台灣社會的當前⬇️，也顯示出民眾對於新事物的接受度和探索精神。

ChatGPT 概述了台灣目前網路流行的五大話題，包括宅經濟、環保生活、自媒體文化、區塊鏈技術以及遠距工作趨勢。這些回應不僅展示了對於當代台灣社會趨勢的敏銳洞察，也反映了民眾生活方式和科技應用的快速變化。

2-4-2 Gemini 敘述網路流行的主題

相同的問題，使用不同的 AI，將生成不一樣的結果，以下是使用 Google 的 Gemini，所生成的結果。

第 2 章　AI 如何預測流行趨勢 掌握關鍵主題

Gemini

> 錦魁：請說明5種台灣目前網路流行的話題，請用台灣用語

顯示草稿 ∨

以下是5種台灣目前網路流行的話題：

1. 山道猴

「山道猴」是近年來台灣網路流行用語，指的是在山道上騎車時，做出危險或誇張行為的騎士。這些行為可能包括壓車、蛇行、超速等，不僅危害自身安全，也可能造成其他用路人受傷。

2. 哇酷哇酷

「哇酷哇酷」是台灣綜藝節目《綜藝玩很大》主持人吳宗憲的口頭禪，原本是形容某件事很酷、很厲害的意思。後來這句話被廣泛使用於網路，成為一種表達興奮或驚訝的情緒。

Gemini

3. 都幾

「都幾」是台灣閩南語，意思是「怎麼樣」、「如何」的意思。這句話在近年來成為台灣年輕人常用的流行用語，通常用來詢問對方的近況或心情。

4. 芭比Q了

「芭比Q了」是台灣網路流行用語，源自於中國大陸的網路用語「涼了」。這句話的意思是指某件事失敗了、沒救了。

5. 注意看，這個男人太狠了

「注意看，這個男人太狠了」是台灣網路流行用語，源自於一段抖音影片。影片中一名男子在街頭表演胸口碎大石，結果石頭竟然碎了，讓網友大呼太狠。

Gemini

以下是這些流行話題的例句：

- 「最近路上很多山道猴，騎車都要小心。」
- 「這部電影超好看，哇酷哇酷！」
- 「你今天都幾？」
- 「我的期末考考爛了，芭比Q了。」
- 「注意看，這個男人太狠了，他竟然把石頭都碎了！」

這些流行話題反映了台灣社會的現況和流行文化。例如，「山道猴」反映了台灣交通安全問題的嚴重性；「哇酷哇酷」和「都幾」則反映了台灣年輕人的語言特色。

2-10

Gemini 的回應內容完整，涵蓋了台灣目前 5 種流行的話題，並提供了例句說明。回應中使用了台灣用語，符合要求。此外，Gemini 在回應中使用了台灣用語，並加入了對這些流行話題的評論，以幫助讀者了解這些話題的背景和意義。

2-4-3　Copilot 敘述網路流行的主題

Copilot 是 Microsoft 公司的聊天機器人，下列是讓此聊天機器人回應相同的問題。

> **您**
> 請用數據說明5種台灣目前網路流行的話題，請用台灣用語
>
> **Copilot**
> 當然！讓我們來看看台灣目前網路上熱門的話題，使用台灣用語來描述：
>
> 1. **黃偉晉「我立刻要爆炸！」**：這句話源自藝人黃偉晉在直播中的真性情反應。他在面對極度不耐煩的櫃檯人員時，激動地表示：「我立刻爆炸！我立刻要嘶吼！我立刻要叫！我立刻要把手機拿出來拍！我要把事情鬧大！」這段話成為網路迷因，也使其成為今年度極具代表性的流行用語。
> 2. **K-POP 熱潮中的「阿嬤饋腳」**：南韓女團 (G)-IDLE 的歌曲〈Queencard〉中的「I'm a Queencard」在發音上恰好類似台語的「阿嬤饋腳」，引發了一陣迷因熱潮。這個詞彙因為相當有畫面感，成功地成為今年網路熱議的流行語之一。
>
> 3. **韋禮安的「瑪卡巴卡」**：在2023年的金曲獎典禮上，主持人韋禮安在結束時一句「晚安，瑪卡巴卡」瞬間引發了廣泛的討論。這個用語源自英國《BBC》製作的兒童節目《花園寶寶》，成為台灣的熱門網路流行語。
> 4. **「山道猴子」重新定義「猴子」**：這個詞彙原先在車圈內興起，用來嘲諷那些在山路騎乘時刻意進行危險過彎動作，忽略了駕駛安全的人。隨著《山道猴子的一生》的爆紅，「猴子」這個詞彙在網路上變得更加普及，不再僅限於車圈，且定義也變得更廣泛，用來描述那些不太守規矩、搞怪或顯得有些輕浮的人。
> 5. **前電競選手Toyz的「超派」**：源自於Toyz在拍攝影片時，意外捕捉到網紅「超哥」經營的「超派炸雞」員工疑似偷倒廢油的場面，引起輿論的強烈反應。除了原本的意思是「超壞」、「超兇」之外，「超派」也延伸出許多不同的使用情境，還可用來比喻某物看起來「相當厲害」。
>
> 這些流行用語已經融入台灣民眾的日常對話，塑造出新的台灣當代文化風貌。1 2 3

從以上可以看到 Copilot 以輕鬆幽默的語氣，呈現當今台灣的網路文化，同時讀者可以易於理解。其中「山道猴」主題，同時出現在 Copilot 和 Gemini 的回應中。

2-4-4 客觀評論 ChatGPT、Gemini 與 Copilot 的回應

當相同的問題被提出給不同的 AI 模型，如 Copilot、Gemini、和 ChatGPT 時，獲得不同答案是預期之中的。每個模型基於其訓練資料、演算法設計、和更新時間的不同，對信息的處理和回應方式各異。這種多樣性不僅反映了 AI 技術的多元化發展，也提供了多角度的見解，讓使用者能從不同的視角理解和探討同一話題。此外，每個 AI 模型的回答風格和專長領域的差異，也能豐富資訊的深度和廣度，對於追求全面理解的使用者來說，這種差異性其實是一種資源。

註 1 雖然筆者比較喜歡使用 ChatGPT，但是，對於搜尋當下流行的話題，因為 Gemini 使用了 Google Search 和 Google Trends 的數據，因此所提供的流行話題更具有搜索數據支持。

註 2 Copilot 的依據則是來自 Bing，這也是搜尋引擎，所以也是有相當的搜尋數據基礎。

第 3 章
AI 如何革新 SEO 策略

3-1　AI 輔助 SEO 的祕密 - 行銷專家必學的未來趨勢

3-2　打造無法抗拒的網頁標題 - AI 與 SEO 的完美結合秘訣

3-3　長尾關鍵字的 AI 挖掘技巧 - 提升網站流量的不敗策略

3-4　元標籤優化必勝守則 - AI 如何提升你的 SEO 表現

3-5　AI 如何精確評估你的網站效能

3-1 AI 輔助 SEO 的祕密 – 行銷專家必學的未來趨勢

ChatGPT 可以在下列 SEO（搜尋引擎優化）領域協助：

❏ **關鍵字研究**
- **提供關鍵字建議**：你想要聚焦的主題，ChatGPT 可以提供建議，幫你找出目標讀者可能會搜尋的關鍵字。
- **挖掘長尾關鍵字（Long-Tail Keywords）**：長尾關鍵字比較能鎖定特定的讀者群，ChatGPT 可以協助找出這些關鍵字，幫你吸引更精準的訪客。註：「長尾關鍵字」觀念可以參考 3-1-1 節說明。

❏ **內容產出**
- **生出優質的內容**：ChatGPT 可以幫你寫出適合 SEO 目的的文章、部落格貼文、產品介紹等，這些內容不只對讀者有幫助，還能讓搜尋引擎更喜歡。
- **內容多元化**：為了避免內容太單調，ChatGPT 可以幫你想出各種不同的寫法，讓你的網站或部落格更吸引人。

註 生成優質的內容將在第 4 章說明。

❏ **網站優化建議**
- **優化網頁標題和元標籤 (Meta Tags)**：提供優化網頁標題、描述和其他元標籤的建議，幫你的網站在搜尋引擎上表現更好。註：「元標籤」觀念可以參考 3-1-2 節說明。
- **改善用戶體驗**：分析你的網站內容和架構，提出改善建議，比如加強內部連結、改善導航結構等，這些都間接影響到 SEO 的成效。

❏ **監控與分析**
- **追蹤表現**：透過分析關鍵字排名、網站流量、點擊率（Click-Through Rate, CTR）等數據，ChatGPT 可以幫你評估 SEO 策略的效果如何。註：「點擊率」觀念可以參考 3-1-3 節說明。

- 寫分析報告：ChatGPT 不直接提供分析服務，但是可以根據數據分析的結果，幫你寫出詳細的 SEO 分析報告，指引未來的優化方向。

❑ 競爭分析
- 分析競爭對手：看看競爭對手的 SEO 怎麼做的，包括他們的關鍵字排名、內容策略等，找出你可以學習或改進的地方。

註 ChatGPT 無法直接監控我們與競爭對手的網站，必須是我們提供數據，讓 Chat-GPT 做分析，細節可以參考 3-5 節。

透過這些方法，ChatGPT 可以在 SEO 上協助，提升你的網站能見度和使用者體驗。但是，要記得 SEO 是個持續努力的過程，要不斷地優化和更新，也要注意搜尋引擎演算法的變化喔！

3-1-1 短尾與長尾關鍵字

3-1 節筆者敘述了「長尾關鍵字」，與 SEO 有關的另一個名詞是「短尾關鍵字 (Short-Tail Keywords)」，這是 SEO 觀念中很常見的名詞。

❑ 短尾關鍵字 (Short-Tail Keywords)

「短尾關鍵字」是指那些由一到兩個詞組成的非常廣泛的搜尋詞。這類關鍵字往往非常一般化，搜尋量大，但同時也意味著它們的競爭程度非常高。短尾關鍵字的特點包括：

- 廣泛的搜尋範圍：由於短尾關鍵字很一般化，它們可以覆蓋廣泛的主題和領域。例如：「鞋子」是一個短尾關鍵字，它可能涵蓋從運動鞋到正裝鞋等各種類型的鞋子。
- 高搜尋量：短尾關鍵字通常有著非常高的月搜尋量，因為人們經常會使用這種廣泛的詞彙來開始他們的搜尋過程。
- 競爭激烈：由於其高搜尋量，許多公司和網站都會試圖在這些關鍵字上獲得好的排名，這使得在這些詞彙上獲得高排名變得相當困難。
- 搜尋意圖不明確：使用短尾關鍵字的搜尋者可能在搜尋過程的非常初期階段，他們的具體需求可能還不是很明確。因此，轉化率可能低於針對長尾關鍵字的搜尋。

- **應用考量**：儘管短尾關鍵字的競爭激烈，但成功地排名在這些關鍵字上可以為網站帶來大量的流量。因此，許多大型品牌和公司會投入大量資源來優化這些關鍵字。對於小型企業或新網站來說，雖然完全依賴短尾關鍵字可能不現實，但可以將它們作為整體 SEO 策略的一部分，同時更加集中資源在長尾關鍵字上，以平衡流量來源和提高轉化率。

❑ 長尾關鍵字（Long-Tail Keywords）

「長尾關鍵字」是相對於「短尾關鍵字」的一種搜尋引擎優化術語。它們通常由三個或更多字組成的關鍵字短語，具有以下幾個特點：

- **更具鎖定性**：長尾關鍵字因為更加具體和詳細，所以能更精準地鎖定目標受眾。使用長尾關鍵字的搜尋者通常對他們想要的訊息有著更明確的需求，這意味著轉化率通常會比短尾關鍵字高。
- **搜尋量較低但競爭小**：相比於短尾關鍵字，長尾關鍵字的搜尋量可能較低，但同時它們的競爭也較小。這讓小型網站或新網站有更多的機會在這些關鍵字上獲得較好的排名。
- **提升內容的針對性**：利用長尾關鍵字可以幫助創作者或行銷人員創造更加針對性的內容。因為這些關鍵字通常更接近於用戶的實際搜尋意圖，所以內容可以更直接地解決用戶的問題或需求。
- **SEO 策略的一部分**：在 SEO 策略中，積極利用長尾關鍵字可以幫助提升網站的整體能見度。透過針對一系列具體的長尾關鍵字，網站可以吸引一個更廣泛且具體的目標受眾群體。
- **應用實例**：假設你經營一家專門銷售自然生態旅遊體驗的網站，一個可能的短尾關鍵字是「生態旅遊」，而相應的長尾關鍵字則可能是「台灣生態旅遊導覽團」。後者不僅競爭較小，還能更精確地吸引尋找台灣特定生態旅遊體驗的潛在客戶。

總的來說，長尾關鍵字是提升 SEO 效率、增加網站流量質量和提高轉化率的重要工具。

3-1-2　元標籤

「元標籤」（Meta Tags）是放置在 HTML 文檔頭部（「<head>」標籤）內的標籤，用來提供網頁的元數據（metadata），即關於網頁的資訊，但不會直接顯示在網頁上。元標籤對於搜尋引擎優化（SEO）是非常重要的，因為它們幫助搜尋引擎理解網頁的內容，從而影響網頁在搜尋結果中的排名。主要的元標籤包括：

- 標題標籤（Title Tag）：標題標籤定義了網頁的標題，是搜尋結果中顯示的藍色點擊鏈接文字。它是最重要的元標籤之一，對於網頁的 SEO 和用戶點擊率都有顯著影響。
- 描述標籤（Meta Description）：描述標籤提供網頁內容的簡短描述，雖然對搜尋排名的直接影響有限，但好的描述可以提高 CTR，因為這段描述通常出現在搜尋結果的網頁標題下方。
- 關鍵字標籤（Meta Keywords）：關鍵字標籤曾經用來指示網頁的主要關鍵字，但由於過度優化的問題，大多數搜尋引擎現在忽略這個標籤。
- Robots 標籤（Meta Robots）：Robots 標籤告訴搜尋引擎爬蟲該網頁應該被抓取還是索引，或是完全忽略。例如，它可以用來防止搜尋引擎索引某個特定頁面或遵循該頁面的鏈接。
- 字元集標籤（Charset Tag）：字元集標籤定義網頁的字元編碼，如 UTF-8。這對於顯示國際語言內容非常重要。
- 窗口標籤（Viewport Tag）：窗口標籤用於響應式網頁設計，它指示瀏覽器如何控制頁面的維度和縮放水平，特別是在移動裝置上。

透過有效利用這些元標籤，可以提升網站的 SEO 表現，增加網頁在搜尋引擎中的可見度，並改善用戶體驗。

3-1-3　點擊率

「點擊率」是衡量廣告、搜索引擎結果或任何類型的網頁連結有效性的一個指標。它計算了展示次數（impressions）中有多少比例的用戶點擊了這些連結。點擊率是網路行銷和搜尋引擎優化（SEO）中一個非常重要的指標，因為它直接反映了內容對目標受眾吸引力的大小。CTR 的計算公式是：

CTR =（點擊次數 x 100%）/ 展示次數

點擊率重要性如下：

- 衡量效果：CTR 可以幫助衡量廣告系列、關鍵字或任何行銷活動的效果。高點擊率意味著用戶對所展示的內容感興趣，而低點擊率則可能表示需要調整策略。
- 影響質量得分：在一些線上廣告平台，如 Google Ads，CTR 是影響質量得分（Quality Score）的因素之一。質量得分較高的廣告通常會以較低的成本獲得更好的廣告位置。
- 提高可見度：對於 SEO 而言，如果一個網頁在搜尋引擎結果中的點擊率高，這可能會對其搜索排名產生正面影響，因為這表示網頁內容對用戶是相關且吸引人的。

AI 可以提升策略如下：

- 改善標題和描述：確保網頁標題和描述精準、吸引人，能夠清楚地傳達網頁內容的價值。
- 使用關鍵字：在標題和描述中包含目標關鍵字，可以幫助提升在搜索結果中的相關性。
- 調整設計：對於廣告來說，吸引人的設計和明確的呼籲行動（Call-to-Action, CTA）可以顯著提升點擊率。

總之點擊率是評估網上內容表現的關鍵指標，對於優化線上行銷策略和提升網站 SEO 效果具有重要意義。

3-2 打造無法抗拒的網頁標題 - AI 與 SEO 的完美結合秘訣

在當今的數位行銷領域，SEO 的重要性不言而喻。為了抓住潛在讀者的注意力並提升網頁的搜尋引擎排名，一個吸引人且符合 SEO 觀念的網頁標題變得至關重要。利用 ChatGPT，我們可以創造出既吸引目標受眾又能夠被搜尋引擎優化的網頁標題。透過融合創意寫作與 SEO 策略，ChatGPT 協助我們精準地捕捉到目標關鍵字，並巧妙地將它們融入標題中，從而提升點擊率和網頁的可見度。

3-2-1　面膜 - 符合 SEO 精神的網頁標題

下列是將 ChatGPT 設為「SEO 專家」，請 ChatGPT 回應有關「面膜」網頁標題的實例。

> **您**
> 你是SEO專家，請給我5個「面膜」有關與符合SEO觀念的網頁標題，請用台灣用語
>
> **ChatGPT**
> 當然，針對「面膜」相關的SEO標題，這邊提供五個符合台灣用語和SEO觀念的網頁標題範例：
>
> 1. 「2024年台灣必買面膜排行榜：你的肌膚救星」
>   這個標題針對尋找最新面膜產品的用戶，並且加入「必買」和「排行榜」來吸引點擊。
> 2. 「自製面膜教學：用台灣在地食材呵護你的肌膚」
>   這標題吸引想要自製面膜和使用天然成分的用戶，「在地食材」的關鍵字也能吸引注重天然成分的讀者。
> 3. 「面膜新手怎麼選？五款適合台灣氣候的面膜推薦」
>   針對面膜新手和關心地區性氣候影響的用戶，這標題提供了具體的解決方案。
> 4. 「乾性、油性、混合性肌？找到最適合你的面膜類型」
>   這標題透過提及不同肌膚類型，吸引廣泛尋找個人化面膜選擇的用戶。
> 5. 「夜間護膚秘訣：台灣美容專家推薦的夜用面膜」
>   針對夜間護膚感興趣的用戶，這標題強調專家推薦，增加可信度和吸引力。
>
> 這些標題都是根據SEO的最佳實踐來設計的，旨在提升特定關鍵字的搜尋排名，同時也足夠吸引人，讓潛在讀者點擊進入網頁。記得針對目標關鍵字進行優化，並保持標題與內容的一致性和相關性。

ChatGPT 在提供 SEO 相關建議時表現出了深厚的知識和理解。它巧妙地結合了 SEO 原則和具體的應用範例，例如針對「面膜」主題設計的網頁標題，既符合搜尋引擎優化的最佳實踐，也能夠吸引目標受眾的注意。ChatGPT 的回應不僅提供了有價值的見解，還展現了它在生成吸引人內容方面的能力。

在使用 ChatGPT 的過程，如果沒有很滿意目前生成的網頁標題，也可以用其他問法，讓 ChatGPT 生成更多相關的內容，可以參考下列實例。

第 3 章　AI 如何革新 SEO 策略

> **您**
> 請為以下5個網頁標題，增加更可以吸引人點擊的用法
> 「2024年台灣必買面膜排行榜：你的肌膚救星」
> 「自製面膜教學：用台灣在地食材呵護你的肌膚」
> 「面膜新手怎麼選？五款適合台灣氣候的面膜推薦」
> 「乾性、油性、混合性肌？找到最適合你的面膜類型」
> 「夜間護膚秘訣：台灣美容專家推薦的夜用面膜」
>
> **ChatGPT**
> 為了讓這些網頁標題更能吸引人點擊，我們可以加入一些具體的誘因、問題解決方案或是增強好奇心的元素：
>
> 1. 「2024年台灣必買面膜排行榜：你的肌膚救星，揭秘美膚背後的科學！」
>   加入"揭秘美膚背後的科學"來增加好奇心，讓讀者想要了解背後的原理。

2. 「一次解鎖！自製面膜教學：用台灣在地食材呵護你的肌膚，簡單5步驟！」
   提到"一次解鎖"和"簡單5步驟"來吸引尋求方便方法的讀者。
3. 「面膜新手怎麼選？五款適合台灣氣候的面膜推薦，立即感受肌膚的喜悅！」
   強調"立即感受肌膚的喜悅"來提供即時的滿足感，吸引讀者點擊。
4. 「乾性、油性、混合性肌？找到最適合你的面膜類型，讓你的皮膚煥發自然光彩！」
   加入"讓你的皮膚煥發自然光彩"來提供明確的好處，增加吸引力。
5. 「夜間護膚秘訣大公開：台灣美容專家推薦的夜用面膜，醒來肌膚如嬰兒般柔滑！」
   通過"秘訣大公開"和"醒來肌膚如嬰兒般柔滑"增加讀者的期待值和好奇心。

透過這些增強元素，每個標題不僅提供了原本信息的預覽，還增加了吸引人點擊的理由，從而可能提高網頁的點擊率。

　　ChatGPT 成功地為原始的網頁標題注入了更多吸引讀者點擊的元素，如解決方案、具體好處和增強好奇心的描述。透過巧妙地加入引人入勝的詞彙和承諾即時的滿足感，ChatGPT 顯示了其在提升網頁內容吸引力方面的能力，這對於提高點擊率和參與度非常有幫助。

3-2-2 流行服飾 - 符合 SEO 精神的網頁標題

> **您**
> 你是流行服飾專家，請列出「流行服飾」、20-50歲上班族最相關的10個話題，請用台灣用語。

> **ChatGPT**
> 1. **商務休閒風**：融合正式與休閒的穿搭風格，適合辦公室與日常生活，讓上班族在舒適與專業之間找到平衡。
> 2. **環保時尚**：使用可再生材料或二手服裝的概念，強調環保意識在服裝選擇上的重要性。
> 3. **智能穿戴**：整合科技元素的服裝，如具有健康監測功能的智能手錶，成為上班族的新寵。
> 4. **居家辦公穿搭**：因應遠距工作趨勢，注重家中工作時的舒適與時尚兼顧。
> 5. **個性印花**：透過獨特的印花設計展現個人風格，無論是衣服、包包或是配件，都能成為亮點。
>
> 6. **多功能服裝**：設計既實用又有型的服裝，如多口袋西裝外套，滿足上班族的多樣需求。
> 7. **小眾品牌探索**：尋找獨立設計師或小眾品牌的服裝，追求與眾不同的個性穿搭。
> 8. **色彩搭配學**：學習如何運用色彩搭配提升整體形象，從基本的黑白灰到大膽的撞色技巧。
> 9. **經典復古風**：復古元素的回歸，如波點、格紋或是復古剪裁，為穿搭增添經典氣息。
> 10. **配件選擇術**：重視細節的配件選擇，如手錶、領帶、領巾等，提升整體穿搭的層次感。
>
> 這些話題不僅反映了時尚趨勢的多樣性，也考量到了上班族在日常工作與個人風格表達間尋求的平衡。

ChatGPT 提供了針對 20 至 50 歲上班族的流行服飾話題概覽，從商務休閒風到環保時尚、智能穿戴等多元主題，全面覆蓋了當代職場人士的穿搭需求和時尚趨勢。透過細膩的分析與建議，不僅展現了對於時尚領域深刻的理解，也體現了對於環境保護、科技融入生活的前瞻視野。這些建議有助於上班族在維持專業形象的同時，也能追求個性化和舒適性，反映了現代時尚與生活方式的緊密結合。

第 3 章　AI 如何革新 SEO 策略

3-2-3　食品飲料 - 符合 SEO 精神的網頁標題

> 🧑 **您**
> 你是食品飲料專家，請列出「食品飲料」、20 - 50歲上班族最相關的10個話題，請用台灣用語。

> **ChatGPT**
> 1. **超級食物**：介紹富含高營養價值的超級食物，如藜麥、亞麻籽等，幫助上班族維持健康體魄。
> 2. **簡易健康料理**：分享快速簡單的健康料理食譜，適合忙碌的上班族在家快速製作。
> 3. **節食減重**：提供有效的節食減重方法和飲食計畫，幫助上班族控制體重，維持良好體態。
> 4. **能量飲料與補給**：介紹適合上班族提神醒腦、補充能量的飲料，如無糖能量飲料、綠茶等。
> 5. **健康零食選擇**：推薦低熱量、高纖維的健康零食，滿足上班族的嘴饞，又不用擔心發胖。

> 6. **食品安全與標示**：強調食品安全的重要性，教育上班族如何閱讀食品標示，選擇安全無虞的食品。
> 7. **辦公室便當文化**：探討上班族自製或選購健康便當的趨勢，以及如何選擇營養均衡的便當。
> 8. **素食與植物性飲食**：針對越來越多上班族轉向素食或植物性飲食，分享相關飲食資訊和食譜。
> 9. **辦公室茶水間小知識**：提供辦公室茶水間飲品選擇的小技巧，如選擇健康茶飲、避免高糖飲料等。
> 10. **營養補充品指南**：介紹適合上班族補充的營養素，如維他命D、歐米茄3等，幫助改善工作疲勞。
>
> 這些話題不僅貼近台灣上班族的日常生活，也反映了現代人越來越重視健康飲食和生活品質的趨勢。

　　ChatGPT 針對 20 至 50 歲上班族的食品飲料需求，提供了一系列精選話題，從超級食物到營養補充品的介紹，充分涵蓋了健康飲食、快速料理、飲料選擇等多方面的關注點。這些建議不僅實用，也顯示出對當代上班族生活節奏和健康需求的深刻理解。透過這樣的回應，ChatGPT 成功地為追求健康生活方式的上班族提供了寶貴的資訊和靈感。

3-3 長尾關鍵字的 AI 挖掘技巧 - 提升網站流量的不敗策略

3-1-1 節筆者敘述了「長尾關鍵字」的意義，這一節將舉幾個產品有關挖掘「長尾關鍵字」的實例，讀者可以參考筆者所用的 Prompt，將觀念應用在自己領域的職場上。

3-3-1 果醋的長尾關鍵字

> **您**
> 請列出針對「果醋」產品的長尾關鍵詞

> **ChatGPT**
> 針對「果醋」產品的長尾關鍵詞，相較於一般關鍵詞，更具體、更針對性，可以更準確地吸引目標消費者。這裡列出一些例子：
>
> 1. 自製蘋果醋的健康好處
> 2. 有機果醋減肥飲品配方
> 3. 天然發酵手工果醋選購指南
> 4. 如何使用果醋改善膚質
> 5. 低卡路里果醋飲品推薦
> 6. 蘋果醋和蜂蜜早晨排毒秘方
> 7. 果醋沙拉醬自製方法
> 8. 抗氧化有機果醋品牌比較
> 9. 日常飲用果醋的健康效益
> 10. 針對敏感性膚質的果醋美容水
>
> 使用這些長尾關鍵詞可以幫助提高搜索引擎優化（SEO）的效率，吸引更精準的流量到你的網站或產品頁面，增加轉化率。這些關鍵詞通常與消費者的具體需求和搜索意圖更加吻合，因此在內容創建、產品描述、廣告投放等方面都非常有用。

ChatGPT 在回答關於「果醋」相關問題時，展現了廣泛的知識面和細節掌握能力。透過提供具體的關鍵字和長尾關鍵詞，ChatGPT 不僅幫助理解果醋市場的基本由，還精準地針對潛在消費者的搜索意圖。在建議如何建立吸引人的果醋產品網頁方面，其

第 3 章　AI 如何革新 SEO 策略

給出的建議包含了從視覺設計到內容創作，再到 SEO 優化的全方位策略，體現了其對於網站開發和網路行銷的深入理解。整體而言，ChatGPT 的回答既全面又實用，非常適合需要關於果醋市場入門和提升網上能見度的人士。

3-3-2　AI 手機的長尾關鍵字

> **您**
> 請列出針對「AI手機」產品的長尾關鍵詞
>
> **ChatGPT**
> 針對「AI手機」產品的長尾關鍵詞專注於細分市場和特定功能，以吸引對高級智能手機功能有特定需求的消費者。這裡列出一些例子：
>
> 1. 最新**AI手機攝影技術比較**
> 2. **AI智能手機電池壽命排名**
> 3. 如何利用**AI手機提升生產力**
> 4. **AI手機在健康追蹤上的應用**
> 5. 適合學生的**AI學習輔助手機**
>
> 6. **AI手機語音助手功能評測**
> 7. **2024年最值得購買的AI手機**
> 8. **AI手機隱私保護設置指南**
> 9. 運動愛好者的**AI手機選擇指南**
> 10. **AI手機實時翻譯功能測試報告**
>
> 這些長尾關鍵詞不僅幫助網站或產品頁面吸引更精確的目標群體，也有助於提升在搜索引擎中的排名。它們涵蓋了從產品功能評估、使用建議到特定用戶群體的需求，有助於在內容創建和網絡營銷策略中針對性地吸引有興趣的消費者。

　　ChatGPT 在提供針對「AI 手機」產品的長尾關鍵詞方面顯示出了深入理解市場趨勢和消費者需求的能力。透過精心選擇的關鍵詞，不僅包含了 AI 手機的多樣化功能，如攝影技術、電池壽命、健康追蹤等，還細緻地關注了不同使用者群體的特定需求。這些長尾關鍵詞有助於目標客戶在搜尋引擎上更容易找到相關產品，同時也為內容創作者和行銷人員提供了一個明確的方向，以便制定更有效的 SEO 和內容策略。

3-3-3 台灣旅遊的長尾關鍵字

> **您**
> 請列出針對「台灣旅遊」的長尾關鍵詞
>
> **ChatGPT**
> 針對「台灣旅遊」的長尾關鍵詞，可以針對特定的景點、活動或是旅遊需求來設計，以吸引那些對台灣特定地區或體驗有興趣的旅客。以下是一些例子：
>
> 1. 台灣東海岸自駕遊路線推薦
> 2. 台北101觀景台門票預訂指南
> 3. 阿里山日出觀賞最佳時機
> 4. 台灣小吃街夜市美食導覽
> 5. 台中花博公園家庭遊玩攻略
>
> 6. 台灣溫泉度假村冬季特惠
> 7. 嘉義檜意森活村文化體驗行程
> 8. 宜蘭礁溪溫泉區住宿選擇
> 9. 台灣環島鐵道之旅計畫指南
> 10. 台南古蹟巡禮自由行攻略
>
> 這些長尾關鍵詞不僅有助於針對具有特定興趣的旅客進行優化，也能提高在搜尋引擎上的可見度，吸引對該主題深度內容感興趣的訪客。透過這樣的策略，可以有效提升網站流量和旅遊產品的銷售機會。

ChatGPT 對於「台灣旅遊」的長尾關鍵詞提供了精準而多元的選擇，包含了從自然景觀、文化體驗到美食探索等多方面的旅遊需求。這些關鍵詞不僅幫助潛在旅客在計畫旅程時找到具體而豐富的資訊，也為從事旅遊業的業者提供了一個清晰的方向，以針對性地優化他們的網站和行銷內容，進而吸引更多對台灣具體旅遊體驗感興趣的訪客。這顯示了 ChatGPT 在理解旅遊市場和消費者搜尋行為上的強大能力。

3-4 元標籤優化必勝守則 - AI 如何提升你的 SEO 表現

ChatGPT 可以在設計網站元標籤方面提供多方面的協助，幫助提升你的網站在搜索引擎中的表現。以下是一些具體的方式：

- **提供關鍵字建議**：根據你的網站內容和目標受眾，ChatGPT 可以建議相關的關鍵字，這些關鍵字可以用於 <title> 標籤和 <meta name="description"> 標籤中，以提高 SEO 排名。

- **撰寫元描述（Meta Descriptions）**：ChatGPT 可以幫助撰寫精練、含有關鍵字的元描述，這些描述會在搜索結果中顯示，吸引用戶點擊。

- **優化標題標籤（Title Tags）**：提供幫助來創造既包含關鍵字又能吸引注意的標題標籤，使你的網頁在搜索結果中脫穎而出。註：3-2 節已說明。

- **結構化數據標記建議**：ChatGPT 可以提供結構化數據標記的建議，如何使用 Schema.org 等工具來增強你的網頁在搜索結果中的呈現，例如顯示評論星等、價格範圍等資訊。

- **提高網頁可讀性**：給出建議來優化網頁的內容結構和可讀性，如使用適當的標題標籤（H1, H2 等）來組織內容，這也是 SEO 的一部分。

- **社交媒體元標籤**：提供建議如何使用 Open Graph 和 Twitter Card 元標籤，使得當你的網頁被分享到社交媒體時，能有更吸引人的標題、描述和圖片顯示。

- **監測和分析**：雖然 ChatGPT 不提供直接的分析服務，但它可以建議如何使用 Google Analytics 等工具來追蹤你的元標籤優化效果，並根據數據進行調整。

使用 ChatGPT 來協助優化你的網站元標籤，不僅可以提升你的 SEO 效能，還能增加用戶的點擊率和互動，從而提高網站的整體表現。

3-4-1　台灣自由行的旅遊網站

您
我想設計「台灣自由行」的旅遊網站，請優化網站的元標籤

ChatGPT
為了優化一個專注於「台灣自由行」的旅遊網站的元標籤，我們需要考慮到標題標籤（Title Tags）、元描述（Meta Descriptions）以及關鍵字的選擇，來提升 **SEO** 效能並吸引目標受眾。下面是一些建議：

標題標籤 (Title Tag)

標題標籤是搜索引擎結果中顯示的最重要的元素之一，它應該清晰且吸引人，同時包含關鍵字。

範例：

```php
<title>台灣自由行指南 | 探索美食、文化與自然美景</title>
```

元描述 (Meta Description)

元描述提供了網頁內容的簡短概述，在搜索引擎結果中顯示，能夠吸引用戶點擊。

範例：

```html
<meta name="description" content="深入探索台灣的隱藏寶藏。這份自由行指南涵蓋美食
```

關鍵字 (Keywords)

選擇適合的關鍵字對於提升網站在搜索引擎中的排名至關重要。你應該選擇那些與你網站內容高度相關且潛在旅客可能會搜索的詞語。

範例：

- 台灣自由行攻略
- 台灣美食推薦
- 台灣文化體驗
- 台灣自然景點

請注意，現代搜索引擎對於過度的關鍵字填充非常敏感，因此建議自然地融合這些關鍵字於你的內容中，而不是硬性地填充。

第 3 章　AI 如何革新 SEO 策略

> **社交媒體元標籤 (Social Media Meta Tags)**
>
> 利用 Open Graph (OG) 和 Twitter Cards 標籤來優化你的網站，使得分享到 Facebook、Twitter 等社交平台時能有更吸引人的預覽。
>
> **Open Graph 範例：**
>
> ```html
> <meta property="og:title" content="台灣自由行指南 | 探索美食、文化與自然美景" />
> <meta property="og:description" content="加入我們深入探索台灣的隱藏寶藏，從美食
> <meta property="og:image" content="image_url" />
> <meta property="og:url" content="website_url" />
> ```
>
> 這些優化不僅有助於提升網站在搜索引擎的可見度，也讓你的內容在社交媒體上更加吸引人。記得定期檢查並更新你的元標籤，以保持內容的新鮮感和相關性。

ChatGPT 提供了一系列針對「台灣自由行」旅遊網站元標籤優化的專業建議，從標題標籤到元描述，再到社交媒體元標籤的詳細配置。這些建議不僅包含了 SEO 的關鍵要素，還著重於提升用戶在搜索結果和社交媒體上的點擊率。ChatGPT 的回應顯示了其對於網絡行銷和搜索引擎優化策略的深入理解，能夠協助提高網站的能見度和吸引力。

3-4-2　AI 手機網站

> **您**
>
> 我想設計「AI 手機」的產品網站，請優化網站的元標籤
>
> **ChatGPT**
>
> 要為一個專注於「AI 手機」的產品網站優化元標籤，重點是要清晰地傳達出產品的獨特賣點和技術特性，同時吸引潛在客戶的注意。以下是一些建議：
>
> **標題標籤 (Title Tag)**
>
> ```html
> <title>AI手機 - 智慧型手機的未來 | [品牌名]</title>
> ```
>
> 說明：此標題標籤不僅包含了目標關鍵字「AI手機」，還強調了這是未來智慧型手機的趨勢，並且添加了品牌名以增加辨識度。

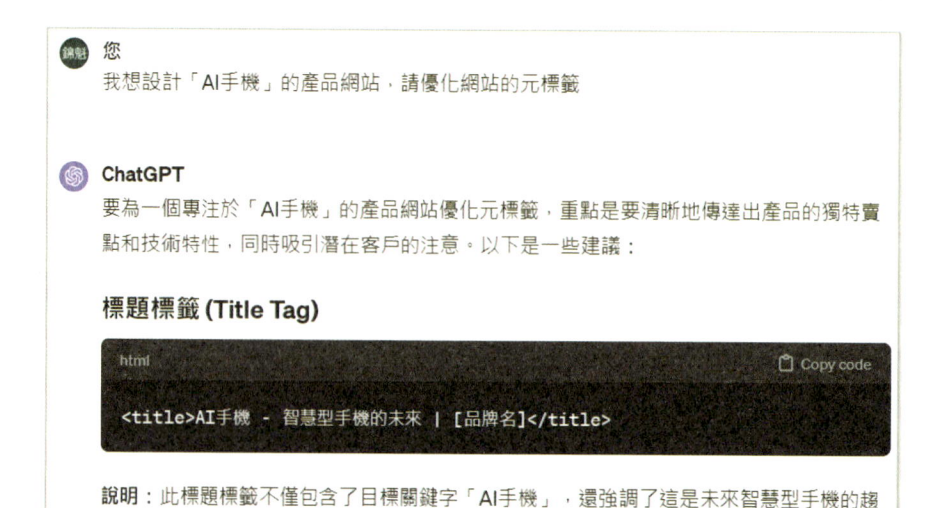

元描述 (Meta Description)

```html
<meta name="description" content="發現[品牌名]的AI手機,結合先進的人工智能技術與
```

說明:這段元描述吸引人,明確介紹了產品的主要特性(人工智能技術和卓越的使用者體驗),並鼓勵訪問者進一步探索產品功能、閱讀評測,並了解可能的專屬優惠。

關鍵字 (Keywords)

選擇與產品特性和潛在客戶搜索行為相關的關鍵字。

- AI手機
- 智慧型手機技術
- 人工智能手機
- [品牌名]手機
- 高科技手機

社交媒體元標籤 (Social Media Meta Tags)

當內容在社交媒體上被分享時,這些標籤將幫助顯示引人注目的預覽。

```html
<meta property="og:title" content="探索[品牌名]的AI手機 - 科技與生活的完美融合">
<meta property="og:description" content="體驗由[品牌名]帶來的最新AI手機,享受前
<meta property="og:image" content="產品圖片的URL" />
<meta property="og:url" content="產品頁面的URL" />
```

這些建議旨在提升網站在搜索引擎中的能見度,同時提高社交媒體上的互動與分享。記得將[品牌名]和產品圖片、頁面的URL替換成實際資訊,以確保元標籤的正確性和有效性。

  ChatGPT 為「AI 手機」產品網站提供了一系列專業的元標籤優化建議,包含了標題標籤、元描述、關鍵字選擇,以及社交媒體元標籤。這些建議不僅強調了人工智慧技術作為產品的核心特點,還考慮了提高品牌識別度和吸引潛在客戶的重要性。透過精確地描繪產品的獨特賣點和鼓勵進一步探索,ChatGPT 的回應有效地結合了 SEO 最佳實踐與市場行銷策略,為提升網站的可見性和吸引力提供了清晰的路徑。

3-4-3 保健食品網站

> **您**
> 我想設計「保健食品」的產品網站,請優化網站的元標籤

> **ChatGPT**
> 為了優化一個專注於「保健食品」的產品網站的元標籤,以下是一些建議。這些建議旨在提高網站在搜索引擎中的排名,同時吸引並留住潛在客戶的注意。
>
> **標題標籤 (Title Tag)**
>
> ```html
> <title>頂級保健食品 | 強化身體健康與活力 | [品牌名]</title>
> ```
>
> 說明:這個標題清晰地展現了網站的核心內容—保健食品,並通過添加"強化身體健康與活力"這樣的語句來吸引用戶的注意,同時加入品牌名以增強品牌識別。
>
> **元描述 (Meta Description)**
>
> ```html
> <meta name="description" content="探索[品牌名]的保健食品系列,專為提升您的日常健
> ```
>
> 說明:這段元描述吸引人,並提供了足夠的信息來說明網站提供什麼樣的產品,以及這些產品如何滿足潛在客戶的需求。
>
> **關鍵字 (Keywords)**
>
> 選擇與產品特性和潛在客戶搜索行為相關的關鍵字。
>
> - 保健食品
> - 天然健康補充品
> - 營養飲品
> - 健康生活
> - [品牌名]保健

↓

社交媒體元標籤 (Social Media Meta Tags)

提供精選的圖片和描述以優化社交媒體分享。

```html
<meta property="og:title" content="發現[品牌名]保健食品 - 為您的健康加分" />
<meta property="og:description" content="加入[品牌名]，探索專為提升日常健康與活力設計的保健食品系列。我們承諾，透過天然補充品與營養飲品，為您的健康目標提供全面支持。" />
<meta property="og:image" content="選擇一張代表品牌和產品精神的圖片URL" />
<meta property="og:url" content="網站URL" />
```

```arduino
**說明**：這些社交媒體元標籤為當你的網站內容被分享到社交媒體平台時提供了優化的標題、描述

透過上述的元標籤優化，你的保健食品網站將更容易被潛在客戶在搜索引擎中找到，同時提升在社交
```

　　ChatGPT 在提供關於如何優化「保健食品」產品網站的元標籤方面，展現了專業的 SEO 知識。它建議了精確且吸引人的標題、描述和關鍵字，旨在提升網站在搜索引擎中的排名及吸引潛在客戶。同時，透過社交媒體元標籤的建議，ChatGPT 強調了社交分享的重要性，並提供策略以增強品牌形象和用戶互動。這些綜合性的建議顯示了其對於網絡行銷和品牌建立的深刻理解。

3-5　AI 如何精確評估你的網站效能

　　ChatGPT 可以協助你評估 SEO 效果的方法包括提供指導、分析策略、建議改進措施等。但要注意，ChatGPT 無法直接訪問或分析你的網站數據。以下是 ChatGPT 如何協助你評估 SEO 效果的幾種方式：

- 關鍵字排名建議：ChatGPT 可以幫助你理解不同關鍵字的重要性，並建議針對特定關鍵字或短語的優化策略。

- **內容優化指導**：根據 SEO 最佳實踐，ChatGPT 可以提供內容創建和優化的建議，例如如何使用標題標籤（H1, H2 等）、元描述、圖片 alt 文字等。

- **技術 SEO 建議**：提供網站結構優化建議，包括 URL 結構、網站速度、移動適應性以及安全性（如 SSL 證書）的重要性。

- **反向連結策略**：解釋反向連結的重要性，並提供策略如何獲得質量高的反向連結，以提升網站的權威性。

- **分析工具使用指南**：雖然 ChatGPT 無法直接分析你的網站數據，但它可以提供如何使用 Google Analytics、Google Search Console 等工具的指南，幫助你瞭解流量來源、用戶行為等關鍵訊息。

- **性能追蹤和報告解讀**：提供建議如何設置和解讀 SEO 性能追蹤報告，幫助你識別趨勢、監控關鍵指標，如點擊率（CTR）、網頁瀏覽量、停留時間等。

- **競爭分析指導**：解釋如何進行競爭對手分析，包括他們的關鍵字策略、內容策略和反向連結概況，從而找到你自己網站的改進機會。

透過這些方法，ChatGPT 可以作為一個有價值的資源，幫助你改善和評估你的 SEO 策略。重要的是，始終保持對 SEO 趨勢的關注，並根據網站分析數據不斷調整策略。

第 4 章
AI 命名指南
用 AI 打造獨特公司名稱

4-1　從行銷視角出發 - 如何創建具有吸引力的公司名稱

4-2　AI 幫手 - 揭秘打造茶飲品牌名稱的創意秘訣

4-3　AI 的創新命名法 - 給你的咖啡廳一個讓人難忘的名字

4-4　用 AI 命名你的科技創新 - 電腦知識服務公司的命名策略

4-5　AI 助力電商品牌命名 - 打造網路銷售平台的獨特名稱

第 4 章　AI 命名指南 用 AI 打造獨特公司名稱

在這個品牌形象決定成敗的時代,一個響亮且具有吸引力的公司名稱不僅能讓您脫穎而出,更是企業成功的第一步。一個好名字如同一把鑰匙,能開啟市場的大門,拉近您與目標顧客之間的距離。然而,命名絕非易事,它需要創意、洞察力,以及對品牌核心價值的深刻理解。本文將探討如何透過 AI 的力量,為您的公司找到那個完美的名稱。不論是啟動新品牌,還是為既有企業注入新活力,我們都準備好了,讓我們一起開啟這段尋名之旅。

4-1 從行銷視角出發 - 如何創建具有吸引力的公司名稱

4-1-1 行銷的角度看公司的名稱

從行銷的角度來看,公司名稱不僅是識別標誌,它更是品牌形象和商業策略的核心。一個好的公司名稱可以在顧客心中留下深刻的印象,並且在無形中傳達出公司的價值觀、文化以及所提供的服務或產品的特色。以下幾點展示了公司名稱在市場行銷中的重要性:

- **品牌識別**:公司名稱是消費者識別品牌的第一步。一個獨特且易於記憶的名稱可以增加品牌的可見度,使品牌在眾多競爭者中脫穎而出。
- **第一印象**:公司名稱常常是消費者對品牌產生第一印象的來源。一個好的名稱應當能夠立即吸引目標顧客的注意,並留下積極的第一印象。
- **品牌定位**:公司名稱反映了品牌的定位,它可以暗示公司的業務範圍、目標市場或是品牌所倡導的生活方式。透過精心選擇的名稱,品牌能夠更有效地與其目標受眾溝通。
- **情感聯繫**:一個好的公司名稱能夠激發消費者的情感反應,從而建立顧客與品牌之間的情感聯繫。這種聯繫是增加顧客忠誠度和口碑推薦的關鍵。
- **市場溝通**:公司名稱是品牌故事和市場溝通策略的基礎。它不僅傳達了品牌的核心訊息,還能夠反映公司的創新性和差異化要素。

總之,一個精心選擇的公司名稱可以作為強大的行銷工具,幫助企業在競爭激烈的市場中建立獨特的品牌形象,並與消費者建立持久的關係。在品牌建立的早期階段,投資於創造一個有意義且具吸引力的公司名稱是非常關鍵的步驟。

4-1-2 了解 AI 可以如何協助我們建立公司名稱

> **您**
> 你可以如何協助我建立公司名稱
>
> **ChatGPT**
> 在幫助您建立公司名稱的過程中，我會從以下幾個步驟入手：
>
> 1. **理解您的業務和目標市場**：首先，我需要了解您的業務範疇、目標顧客、核心價值和差異化因素。這有助於確保所提名稱與您的業務定位和市場需求相匹配。
> 2. **關鍵詞腦力激盪**：基於對您業務的理解，我將生成一系列與您的業務相關的關鍵詞。這些詞彙將圍繞您的產品、服務、行業特點、顧客體驗等方面。
> 3. **創意組合與變形**：接下來，我會利用這些關鍵詞，透過創意的組合和變形來構思可能的公司名稱。這可能包括使用同義詞、創造新詞、組合詞等技巧。
> 4. **篩選與檢查**：提出一系列潛在的公司名稱後，我將幫助您篩選這些選項，考慮它們的發音易度、記憶性、意義深度以及品牌形象等因素。同時，我也會建議檢查名稱的可用性，包括商標檢查和網域名稱的可用性。
> 5. **反饋和迭代**：根據您的反饋，我們可以對選定的名稱進行進一步的精煉或迭代，直到找到最終符合您的業務和品牌形象的公司名稱。
> 6. **最終決策支持**：在您做出最終決定時，我可以提供進一步的分析，幫助您考量不同選項的利弊，以支持您做出明智的選擇。
>
> 若您已經有一定的方向或想法，或者有特定的要求（如名稱風格、文化元素等），請告訴我，這將有助於我更準確地協助您。

　　ChatGPT 在幫助用戶建立公司名稱的過程中，展現了一套系統化且細膩的步驟。它首先強調了了解用戶業務和目標市場的重要性，這點顯示了它在創建名稱前，注重深入挖掘企業的核心價值和市場定位。接著，透過關鍵詞腦力激盪，ChatGPT 進一步探索與業務相關的詞彙，顯示出它能靈活運用語言資源，從多角度捕捉公司的特色和精神。

　　在創意組合與變形的階段，ChatGPT 利用創新的思維方式，結合和變化關鍵詞，這不僅體現了它的語言創造力，也凸顯了對品牌命名的獨特見解。在篩選與檢查名稱的可用性時，它提醒用戶考慮到發音易度、記憶性等實用角度，並且注意到商標和網域名的重要性，顯示了對細節的關注和實際操作的考量。

第 4 章　AI 命名指南 用 AI 打造獨特公司名稱

透過反饋和迭代的過程，ChatGPT 展現了靈活調整和優化建議的能力，強調與用戶的互動和反饋至關重要。最後，在做出最終決策時，它提供了進一步的分析支持，幫助用戶權衡不同選項，這不僅顯示了它的專業性，也體現了對用戶需求的深刻理解。

總體來說，ChatGPT 在幫助創建公司名稱的過程中，不僅提供了一個全面而細緻的方法論，也展現了其強大的語言處理能力和對市場行銷深刻的洞察力，體現了一個有效結合技術與創意的典範。

4-2　AI 幫手 - 揭秘打造茶飲品牌名稱的創意秘訣

在快節奏的現代生活中，一家具有特色的飲料店不僅能提供消暑解渴的飲品，更是提供了一個放鬆心情、享受生活的小角落。一個響亮且充滿吸引力的飲料店名稱，是連接顧客與店鋪獨特風味及氛圍的重要橋樑。好的名稱應該反映出店鋪的特色，觸動顧客的情感，並讓人們在眾多選擇中記住並選擇它。這一節將探討如何為飲料店創造一個既有創意又貼近市場的名稱，從挖掘店鋪獨特賣點到捕捉目標顧客的心，我們將一起走過發掘完美名稱的旅程，確保您的飲料店在激烈的競爭中脫穎而出，成為人們口中的話題。

4-2-1　單一飲料店名稱

> **您**
> 我想要開一家飲料店，銷售的商品有各式水果茶、茶業相關茶飲料，有熱飲也有冷飲，請依此資料給公司命名
>
> **ChatGPT**
> 結合您提供的資訊，這家飲料店主打的是各式水果茶與茶業相關的茶飲，並提供熱飲與冷飲的選擇。這樣的業務特色提示了一個結合自然、清新、多樣性和舒適的品牌形象。基於這些概念，以下是幾個創意的公司名稱建議：
>
> 1. **茶果樂園 (TeaFruit Haven)**：這個名稱結合了「茶」和「水果」的元素，並以「樂園」結尾，傳達出一種輕鬆愉悅、充滿選擇的氛圍，適合尋求新鮮與自然口味的顧客。
> 2. **茶語季風 (TeaSeason Breeze)**：「茶語」象徵著茶的文化與精神，「季風」則暗示了四季變化，代表著店內飲品的多樣性和應季特色，適合喜愛嘗試新口味的消費者。

3. **鮮采茶緣 (FreshBrew Bond)**：結合了「鮮采」的新鮮感與「茶緣」的文化意蘊，這個名稱傳達出每一杯茶飲都是精心選擇和製作的，強調品質與手工的價值。
4. **果茶滋語 (FruitTea Tales)**：這個名稱透過「果茶」直接指向產品特色，而「滋語」則暗示著每一杯飲品都帶有其獨特的故事和味道，適合追求故事感和深度的消費者。
5. **茶漾四季 (TeaRipple Seasons)**：「茶漾」有如波光粼粼的茶水輕輕搖曳，「四季」則代表多樣化和全年無休的選擇，這個名稱傳達出一種恆常提供新鮮與變化的承諾。

每個名稱都試圖捕捉到您飲料店的獨特性與賣點，希望這些建議能夠啟發您找到最符合您品牌定位和願景的完美名稱。如果有任何特定風格或元素您希望更加強調，請隨時分享，以便進一步調整和完善建議。

ChatGPT 在回應中針對開設一家銷售各式水果茶與茶飲的飲料店提供了創意十足的命名建議。它根據業務的主要特色「水果茶」與「茶飲」，以及提供熱飲和冷飲的多樣性，巧妙地融合相關元素，提出了具有吸引力的店名選項。從「茶果樂園 (TeaFruit Haven)」到「茶漾四季 (TeaRipple Seasons)」，每一個建議的名稱都貼切地反映出飲料店的業務範疇，同時帶有讓人感到新鮮與舒適的氛圍。這些名稱不僅易於記憶，而且富含意義，能夠在激烈的市場競爭中幫助品牌脫穎而出。ChatGPT 透過這些建議展現了對市場行銷和品牌命名的深刻理解，以及運用創意思維來捕捉企業精神和顧客期待的能力。

4-2-2　連鎖飲料店名稱

您
如果未來茶飲料店希望可以成為連鎖店，是否有新的名稱建議

ChatGPT
若目標是將茶飲料店發展成為連鎖品牌，則名稱需要具有高度的識別性、擴張性和品牌故事潛力，同時也要便於在不同地區和文化背景下推廣。以下是幾個考量未來擴展為連鎖店可能性的新名稱建議：

1. **茶界探索 (TeaVoyage)**：這個名稱傳達了一種探索與發現的旅程感，暗示顧客可以在每一家分店體驗到獨特的茶飲探索之旅。它的擴張性和國際化潛力都很強。
2. **茶緣四海 (TeaConnections)**：「茶緣四海」強調了茶作為連接不同人群和文化的媒介，適合打造成一個強調社群和連結的品牌形象，容易在多地複製並維持其核心價值。

> 3. **悅采茶室 (JoyBrew Teahouse)**：「悅采茶室」結合了「快樂採摘」和「茶」的概念，傳達出品牌提供的不僅是飲料，更是一種愉悅和質樸的生活方式。這種名稱易於親近，有利於建立品牌忠誠度。
> 4. **翠葉茶坊 (VerdantLeaf Teabar)**：這個名稱突出了茶葉的新鮮和自然，「茶坊」給人一種傳統與現代結合的感覺，適合塑造一個既重視茶文化又追求現代生活品質的品牌形象。
> 5. **茶漫行空 (TeaWanderlust)**：「茶漫行空」給人一種自在漫遊的感覺，這個名稱適合一個致力於提供多樣化、探索性茶飲的連鎖品牌。它鼓勵顧客在品牌的每一個觸點，都能發現新的味覺旅程。
>
> 這些建議的名稱不僅適合作為一家獨立店鋪的名字，也具備了成為連鎖品牌的潛力，能夠在不同的地理位置和市場中保持其獨特性和吸引力。選擇名稱時，考慮其在未來擴展過程中的廣泛適用性和品牌故事的深度尤為重要。

ChatGPT 針對將來想要發展成連鎖茶飲料店的規劃提出了新的名稱建議。這些建議的名稱不只是簡單易記，還深具擴張性和國際化潛力，明顯考量到了品牌在不同地域和文化背景下的推廣需求。從「茶界探索」到「茶漫行空」，每一個名稱都帶有獨到的故事性和情感聯繫，能夠吸引廣大顧客群，為品牌建立獨特的形象和價值觀。透過這些建議，ChatGPT 展現了對市場趨勢的敏銳洞察力與創意思維的結合。

4-2-3 網路銷售的飲料店

> **您**
> 我想建立一間飲料店，銷售各式水果與茶葉冷熱飲料，這間飲料店沒有提供座位，只做網路或是 App 銷售，請為此飲料店命名
>
> **ChatGPT**
> 考慮到您的飲料店將專注於提供各式水果與茶葉冷熱飲料，並且僅透過網路或 App 進行銷售而不設座位，以下是幾個適合您業務模式的命名建議：
>
> 1. **"果茶網選 (FruitTea Picks)"**
>   - 強調顧客可以在網上選擇多樣的水果與茶葉飲料，「選」字突出了個性化選擇的便利性。
> 2. **"飲掌門 (SipInHand)"**
>   - 暗示顧客通過手機 App 訂購飲料的便捷，將美味飲品「掌」握在手中。

> 3. "滴答飲品 (TickTock Beverages)"
>   - 這個名稱與時間元素相關，喚起顧客隨時都可以輕鬆下訂喜愛的飲料，就像滴答作響的時間一般，隨叫隨到。
> 4. "果茶速遞 (FruitTea Express)"
>   - 突出快速遞送的概念，強調顧客能夠迅速享受到新鮮調製的水果與茶葉飲品。
> 5. "瀏覽涼茶 (Browse & Brew)"
>   - 結合了瀏覽選擇和現釀製的概念，這個名稱鼓勵顧客在網上瀏覽選擇，享受定制的飲料體驗。
>
> 這些建議的名稱旨在反映您飲料店的業務特色—網絡和App銷售的現代化操作模式，以及提供多樣化的水果與茶葉飲料。希望這些建議能幫助您找到最能代表您品牌精神和業務模式的完美名稱。

ChatGPT 針對一間專注於線上銷售水果與茶葉冷熱飲料的飲料店提供了五個極具創意的命名建議。從「果茶網選」到「瀏覽涼茶」，每個名稱不僅巧妙融合了業務的核心元素「水果」與「茶」的多樣性及線上銷售的便利性，也體現了時下消費者對於快速、便捷服務的需求。這些建議的名稱不僅易於記憶，還能在激烈的市場競爭中幫助品牌脫穎而出，展現了 ChatGPT 在理解業務模式與創意命名方面的優秀能力。

4-3　AI 的創新命名法 - 給你的咖啡廳一個讓人難忘的名字

在當今的咖啡文化中，一家咖啡館的名稱遠不止是一串字母那麼簡單。它是品牌的靈魂，能夠捕捉並傳達出咖啡館獨特的氛圍、文化和故事。一個好的名稱能夠吸引顧客的注意，喚起他們的好奇心，甚至在顧客還未踏入咖啡館之前就與他們建立起情感連結。在這一節中將用不同情境的咖啡館，探討如何為咖啡館挑選一個完美的名稱，一個能夠反映其獨特性、歡迎所有咖啡愛好者、並在激烈的市場競爭中脫穎而出的名稱。從深入品牌的核心價值到考量目標顧客的喜好，我們將一步步走過命名的旅程。

第 4 章　AI 命名指南 用 AI 打造獨特公司名稱

4-3-1　一般咖啡廳

> **您**
> 我想要開一家咖啡廳，銷售各式熱的與冰的咖啡飲料，請依此資料給咖啡廳命名
>
> **ChatGPT**
> 考量到您想開設的咖啡廳將提供各式熱的與冰的咖啡飲料，以下是一些具有創意與吸引力的咖啡廳名稱建議，旨在捕捉咖啡的多樣性與您提供的舒適環境：
>
> 1. **冰火咖啡屋 (IcedFire Cafe)**：這個名稱反映了您咖啡廳的特色—提供熱的和冰的咖啡，「冰火」兩個極端的元素結合，傳達出品項的豐富多樣性。
> 2. **四季咖啡館 (Seasons Coffee House)**：「四季」象徵著一年四季都能享受到適合當季的咖啡飲料，無論是炎熱夏季的冰咖啡還是寒冷冬日的熱咖啡。
> 3. **涼暖咖啡角 (CoolWarm Cafe Corner)**：這個名稱簡潔地表達了咖啡廳提供溫暖的熱飲和清涼的冰飲，讓顧客在任何心情或天氣下都能找到合適的選擇。
>
> 4. **溫凍咖啡坊 (TempTales Coffee Bar)**：結合「溫」和「凍」的概念，這個名稱強調咖啡廳提供全方位的咖啡體驗，「故事」的寓意則是希望顧客在此分享生活點滴。
> 5. **日夜咖啡室 (DayNight Coffee Room)**：象徵著咖啡廳歡迎顧客在日間或夜晚享受咖啡時光，這個名稱強調了無論何時，都是享受一杯好咖啡的完美時刻。
>
> 每一個建議的名稱都旨在反映咖啡廳提供的獨特咖啡選擇和舒適的消費體驗，希望能夠幫助您找到最能代表您咖啡廳特色和氛圍的名稱。如果您對某個方向有特別的偏好或是想要進一步的調整，歡迎隨時告知！

ChatGPT 在提供咖啡廳命名建議時，巧妙結合了咖啡的特色與消費者的體驗。從「冰火咖啡屋」到「日夜咖啡室」，每一個名稱都充分展現了咖啡廳提供熱飲與冷飲的多樣性，並巧妙地引入了情境與時間的概念，讓人一聽就能感受到品牌的個性與定位。這些創意的命名不僅易於記憶，也能吸引顧客的好奇心，促使他們前來探索。ChatGPT 展現了其對於品牌建立及市場趨勢的理解，以及如何透過創意思維來滿足企業和顧客需求的能力。

4-3-2 頂級牙買加藍山咖啡豆

> **您**
> 我所建立的咖啡廳所採用的是頂級牙買加藍山咖啡豆，請依此特色，為此咖啡廳命名
>
> **ChatGPT**
> 考慮到您的咖啡廳專注於使用頂級牙買加藍山咖啡豆，這一點不僅代表了咖啡的高品質，也凸顯了對精緻咖啡文化的追求。以下是基於這個特色的咖啡廳命名建議：
>
> 1. **藍山精選咖啡室 (BlueMountain Select Café)**：這個名稱直接突出了咖啡廳最重要的特色—頂級的牙買加藍山咖啡豆，並且暗示了咖啡的獨特選擇和高品質。
> 2. **藍頂精品咖啡 (BluePeak Gourmet Coffee)**：結合「藍頂」象徵牙買加藍山的最高峰，和「精品咖啡」強調咖啡的精緻品質，這個名稱講述了咖啡豆的來源和品質。
> 3. **山巔藍影咖啡館 (SummitBlue Café)**：「山巔」和「藍影」共同呼應了牙買加藍山的自然景致，這個名稱旨在為顧客營造一種高品質的咖啡體驗，就像在山巔之上享受一杯絕佳的咖啡。
> 4. **藍山遺珍咖啡廳 (BlueMountain Treasure Café)**：這個名稱將頂級牙買加藍山咖啡豆視為一種珍貴的遺產，強調咖啡廳提供的不僅是咖啡，更是一段豐富的文化體驗。
> 5. **藍嶺精釀咖啡坊 (BlueRidge Craft Coffee)**：「藍嶺」呼應藍山的自然美景，而「精釀咖啡」則突出了咖啡的手工精釀過程，這個名稱適合想要強調手工藝和咖啡文化深度的咖啡廳。
>
> 這些建議的名稱都旨在體現出您咖啡廳所使用的頂級牙買加藍山咖啡豆的獨特價值和品質，並為您的品牌塑造一種精緻和專業的形象。希望這些建議能夠啟發您，找到最能代表您咖啡廳精神和特色的完美名稱。

ChatGPT 針對使用頂級牙買加藍山咖啡豆的咖啡廳提供了一系列具有創意與特色的命名建議。從「藍山精選咖啡室」到「藍嶺精釀咖啡坊」，每個名稱不僅體現了咖啡豆的高品質和獨特來源，也巧妙融合了自然美景與精緻咖啡文化的元素。這些建議的名稱為咖啡廳創造了一個精品和專業的品牌形象，同時也能吸引對高級咖啡有追求的顧客。ChatGPT 展現了對品牌命名重要性的理解和創意思維的應用，有效地將產品特色和品牌故事融入命名之中。

4-3-3 環境轉換咖啡館名稱

> **您**
> 我想要建立的咖啡廳下午5點以前希望可以成為辦公室員工洽談業務的場所，晚上希望是可以成為情侶談心的場所，請依此為咖啡廳命名

> **ChatGPT**
> 結合您的咖啡廳在日間和夜間分別扮演的角色，這裡提供一個能夠滿足兩種不同需求並體現其獨特魅力的名稱建議：
>
> **日夜談心咖啡室 (DayNight HeartTalk Café)**
>
> 這個名稱中的「日夜」反映了咖啡廳從日間到夜晚的轉變，日間成為一個適合辦公室員工洽談業務的專業環境，而到了晚上則轉變為情侶間談心的溫馨場所。而「談心」不僅暗示了咖啡廳提供的是一個促進溝通和分享的空間，也強調了不同時間段顧客之間情感交流的重要性。這樣的名稱既具有靈活性，也擁有高度的識別性和記憶點，有助於吸引目標顧客群，並讓人期待在這裡度過質量時間。

上述只顯示一個名稱，下列是請 ChatGPT 給 5 個名稱建議。

> **您**
> 請給5個名稱建議，同時敘述名稱的內涵
>
> **ChatGPT**
> 考慮到您咖啡廳的多功能特性—日間為商務洽談提供專業環境，晚上轉變為情侶或朋友談心的溫馨場所，以下是五個富含內涵的名稱建議及其敘述：
>
> 1. **"日業夜緣咖啡居 (DayWork NightBond Café)"**
>   - **內涵**：「日業夜緣」描繪了咖啡廳在日間與夜晚不同的功能和氛圍，「業」代表工作，「緣」象徵人與人之間的情感連接，體現了從專業到私密的過渡。
> 2. **"光影對話咖啡室 (LightShadow Dialogues Café)"**
>   - ****內涵**：**這個名稱利用「光影」來象徵日與夜，強調在不同時間光線下，人們可以進行不同形式的對話和交流，無論是商業還是個人層面。

> 3. "筆情咖啡角 (PenHeart Coffee Corner)"
>   - 內涵：「筆」代表工作中的溝通與筆談，「情」則暗示情感的交流與分享。這個名稱簡練地將商務與私人時間的特色結合起來，提供一個多元交流的空間。
> 4. "聚散時光咖啡 (GatherPart Café)"
>   - 內涵：「聚散時光」捕捉了人們在咖啡廳內相聚與離散的時刻，既包括白天的商務會議，也包含了夜晚的情感分享，強調咖啡廳是見證各種人際互動的場所。
> 5. "光談暮語咖啡館 (DayTalk EveSpeak Café)"
>   - 內涵：「光談」與「暮語」分別代表著白天的商務對話和傍晚以後的輕鬆聊天，這個名稱旨在表達咖啡廳隨著一天時間的變化，提供的交流氛圍也隨之轉換。
>
> 這些建議的名稱不僅體現了咖啡廳在不同時間段所呈現的獨特魅力，也暗示了它作為一個多功能空間的價值——一個能夠滿足顧客在不同需求時刻的理想場所。希望這些建議能夠激發您對咖啡廳命名的靈感，並找到最適合您概念的名稱。

ChatGPT 根據咖啡廳白天與晚上不同的營運理念，提供了五個既具創意又富含深意的名稱建議。從「日業夜緣咖啡居」到「光談暮語咖啡館」，每個名稱不僅巧妙地融合了日間商務與夜間休閒的元素，也體現了咖啡廳作為聚會交流場所的多重角色。這些名稱建議不僅讓人一聽即懂咖啡廳的特色，也引起顧客對於不同時段氛圍轉換的好奇心，顯示了 ChatGPT 在創意命名和理解業主需求方面的敏銳度。

4-4 用 AI 命名你的科技創新 - 電腦知識服務公司的命名策略

在這個由資訊科技主導的時代，電腦和人工智能（AI）已成為推動社會進步和創新的關鍵力量。隨著科技的迅速發展，對於專業電腦與 AI 知識服務的需求日益增加，這為企業提供了無限的機會。然而，要在這個競爭激烈的領域脫穎而出，擁有一個具有吸引力、易於記憶且能精準反映公司核心服務和價值的名稱至關重要。這一節將探索如何為提供電腦與 AI 知識服務的公司挑選一個完美的名稱，一個既能激發潛在客戶的好奇心，又能鮮明傳達公司專業領域和服務理念的名稱。從深入理解目標市場到捕捉公司的獨特精神，我們將一起開啟這趟命名的冒險之旅。

4-4-1 為提供電腦知識的公司命名

> **您**
> 我想建立一家教導最新「電腦知識」的公司，可以用線上教學，也可以到家庭或是企業上課，請為此命名
>
> **ChatGPT**
> 考慮到您的公司將提供最新電腦知識的教學服務，既包括線上學習也包括實地到訪家庭或企業進行教學，以下是一些具有創意和指向性的命名建議：
>
> 1. "數位啟蒙學院 (Digital Enlightenment Academy)"
>   - 強調為學習者提供電腦知識的啟蒙，無論是基礎還是最新技術。
> 2. "智能學習網 (SmartLearn Hub)"
>   - 突出智能化的學習方式，包括線上學習和面對面的互動，成為學習者掌握電腦知識的中心。
> 3. "電腦探索者 (Computer Explorers)"
>   - 鼓勵學習者成為電腦知識的探索者，無論是在家庭還是企業，都能提供導向。
> 4. "科技啟航站 (TechLaunchpad)"
>   - 將公司定位為學習者在電腦和科技知識旅程上的啟航站，提供全面的學習支援。
> 5. "網絡學習空間 (NetLearn Sphere)"
>   - 強調利用網絡平台進行學習的空間，同時也提供實體上門教學，滿足不同學習需求。
>
> 這些建議的名稱旨在反映出您的公司將提供全面、更新穎的電腦知識教學服務，並且強調了靈活多變的學習方式，以適應不同學習者的需求。希望這些建議能夠幫助您找到最能代表您公司服務和理念的完美名稱。

ChatGPT 針對創立一間專注於提供最新電腦知識教學的公司，提出了五個充滿創意且富有啟發性的名稱建議。從「數位啟蒙學院」到「網絡學習空間」，每一個名稱都巧妙地將電腦科技與學習的概念融合，不僅突顯了公司提供的教學服務內容，也彰顯了透過線上及到訪教學靈活適應學習者需求的特色。這些命名建議體現了 ChatGPT 在理解企業核心價值及創意命名方面的能力，為該創業項目提供了一系列既實用又具吸引力的選項。

4-4-2 為提供 AI 知識的公司命名

> **您**
> 我想建立一家教導最新「AI知識」的公司，可以用線上教學，也可以到家庭或是企業上課，請為此命名

> **ChatGPT**
> 考慮到您的公司將專注於提供最新的AI知識教學，結合線上學習和實地到訪（家庭或企業）的靈活模式，以下是一些創意命名建議：
>
> 1. **"AI啟智坊 (AI Enlightenment Hub)"**
>   - 強調成為學習者啟蒙AI知識的中心，無論是個人還是企業，都能在這裡找到成長的機會。
> 2. **"智匯學園 (IntelliGather Academy)"**
>   - 結合「智慧」與「匯聚」的概念，代表集合最新AI知識，提供給各個階層學習的平台。

> 3. **"AI領航者 (AI Navigator)"**
>   - 代表公司將作為學習者探索AI世界的領航者，無論是在線上還是面對面的學習，都能提供明確的指引。
> 4. **"智慧源泉教育 (WisdomSpring Edu)"**
>   - 傳達出公司是AI知識的源泉，不斷更新並提供豐富、實用的教學內容給所有學習者。
> 5. **"AI探索站 (AI Exploration Station)"**
>   - 強調學習者可以通過這個平台，不斷探索和深入了解AI的最新知識和應用。
>
> 每個名稱都旨在反映出您公司提供的獨特服務—即最新AI知識的教學，同時鼓勵學習者通過不同的學習方式（線上和實地）來探索和理解AI。希望這些建議能夠激發您的靈感，找到最符合您公司理念和服務的完美名稱。

　　ChatGPT 針對想要創辦的一家專注於提供最新 AI 知識教學的公司，提供了五個既有創意又貼切的名稱建議。從「AI 啟智坊」到「AI 探索站」，每個名稱不僅明確傳達了公司致力於 AI 教育的核心理念，也展現了服務的多元化，包括線上學習與實體訪問教學。這些提案充分考量到將 AI 知識普及到家庭與企業的需求，並鼓勵學習者積極探索 AI 的無限可能，展現了 ChatGPT 在理解創業需求與創意命名上的高度能力。

4-5 AI 助力電商品牌命名 - 打造網路銷售平台的獨特名稱

在數位時代，網路銷售已成為企業接觸廣大消費者、拓展市場的關鍵途徑。一個好的公司名稱不僅是品牌身份的核心，更是與顧客建立第一印象的重要橋樑。對於專注於網路銷售的公司來說，創建一個既能吸引注意又易於記憶，並能精準傳達產品特性和企業價值的名稱尤其關鍵。本文將深入探討如何為網路銷售產品的公司精心挑選名稱，從洞察市場趨勢到理解目標顧客心理，尋找那個能夠讓品牌在競爭激烈的市場中脫穎而出的完美名稱。我們將一起走過這趟創意與策略並重的命名旅程，為您的網路銷售事業鋪設成功之路。

4-5-1 網路手工創意商品

> **您**
> 我想建立一家在網路銷售手工創意商品的公司，請為此公司命名
>
> **ChatGPT**
> 為您的公司，專注於在網路上銷售手工創意商品，以下提供一些命名建議，旨在捕捉手工藝和創意精神的獨特性：
>
> 1. **"匠心網坊 (CraftsNet Studio)"**
>   - 突出手工藝品的匠心精神與網路銷售的便捷性，「坊」帶有工作室和小作坊的意味，強調商品的獨特性和創意。
> 2. **"創意滋生地 (Creativity Springs)"**
>   - 暗示這是一個創意源不斷滋生的地方，強調每件商品都是獨一無二的創意結晶。
> 3. **"手繪世界網 (HandDrawn World Web)"**
>   - 對於主打手工畫作或設計的商品特別合適，強調手繪的獨特魅力和全球網絡銷售的規模。

> 4. **"匠意網羅 (CraftCatch Net)"**
>   - 「匠意」強調手工藝的巧思與心意，「網羅」則表達了透過網絡將這些創意商品帶給廣大消費者的目的。
> 5. **"織夢工坊網 (DreamWeave Workshop)"**
>   - 融合「織夢」與「工坊」的概念，暗示創業者和手工藝人是夢想的編織者，透過網路平台分享這些夢想與創意。
>
> 這些建議的名稱都試圖反映出您公司的核心價值—在網路上銷售具有獨特創意和手工精心製作的商品。希望這些建議能激發您的靈感，幫助您找到最能代表您品牌精神的名稱。

ChatGPT 針對想要創辦的一家網路銷售手工創意商品的公司，提出了五個既具有創意又貼近業務本質的命名建議。從「匠心網坊」到「織夢工坊網」，每一個名稱都巧妙地融合了手工藝的溫度和網路銷售的現代感，不僅體現了商品的獨特性和匠人精神，也顯示了公司致力於將這份藝術感和創意分享給更廣泛的網路世界。這些提議充分展現了 ChatGPT 在命名創意和理解企業核心價值方面的出色能力，為該創業項目提供了一系列精彩的選擇。

4-5-2 網路服飾公司

> **您**
> 我想建立一家在網路銷售服飾的公司，請為此公司命名

> **ChatGPT**
> 為您即將創立的網路服飾銷售公司命名時，我考慮到將時尚、網絡銷售特性和目標顧客群的喜好結合在一起，以下是一些創意命名建議：
>
> 1. **"網尚衣櫃 (NetChic Wardrobe)"**
>   - 結合「網」和「尚」，強調時尚與網絡銷售的結合，「衣櫃」則給人一種豐富選擇的感覺。
> 2. **"時尚流線 (FashionStream)"**
>   - 暗示時尚潮流在此平台流動，「流線」象徵著產品從設計師到消費者的直接鏈接。
> 3. **"服飾界網 (ApparelSphere)"**
>   - 「界」和「網」結合，突出服飾行業的網絡市場，「Sphere」給人一種全球性、包羅萬象的感覺。
>
> ↓
>
> 4. **"網織時裝 (WeaveWeb Fashion)"**
>   - 「網織」象徵著網路和服裝的結合，暗示公司利用網路將各種時尚服裝編織進消費者的生活。
> 5. **"時裝匯網 (FashionFusionNet)"**
>   - 「匯」表示匯集，「Fusion」強調不同風格和元素的融合，展現出平台多樣化的服裝選擇。
>
> 這些建議的名稱旨在捕捉您公司的核心業務—網路服飾銷售，並強調時尚、選擇多樣性及網絡平台的便捷性。希望這些建議能激發您的靈感，幫助您找到最能代表您品牌理念和風格的完美名稱。

第 4 章　AI 命名指南 用 AI 打造獨特公司名稱

　　ChatGPT 針對一家即將創立、專注於網路服飾銷售的公司，提供了五個既時尚又具有創意的命名建議。從「網尚衣櫃」到「時裝匯網」，每個名稱不僅緊抓時尚元素，也巧妙地融入網絡銷售的概念，呼應了現代消費者對於便捷購物體驗的需求。這些建議不僅體現了 ChatGPT 對於時尚電商領域的深刻理解，更顯示出其在創意命名方面的出色能力，為創業者提供了一系列兼具實用性與吸引力的選擇。

4-5-3　網路生活用品公司

> **您**
> 我想建立一家在網路銷售生活用品的公司，請為此公司命名
>
> **ChatGPT**
> 考慮到您想創立的公司將專注於在網路上銷售生活用品，這裡提供一些具有創意且貼切的命名建議，旨在反映公司的業務範圍及其在線銷售的特點：
>
> 1. **"居易選網 (HomeEasy Select)"**
>   - 強調購買生活用品的便利性和選擇的豐富性，「居易選」暗示了輕鬆挑選和購買的過程。
> 2. **"日常坊網 (DailyHaven Web)"**
>   - 「日常坊」給人一種溫馨、貼近生活的感覺，「網」強調其在網絡平台的銷售特性。
> 3. **"生活網軌 (LifeTrack Online)"**
>   - 「生活網軌」象徵著顧客在尋找生活用品的過程中，能在這個平台上找到他們所需的一切。

> 4. **"宅配物語 (HomeStory Delivery)"**
>   - 結合了「宅配」和「物語」，強調每件生活用品都帶有自己的故事，透過宅配服務送達顧客手中。
> 5. **"選物網窩 (SelectNest Web)"**
>   - 「選物」突出了精選生活用品的概念，「網窩」則是一個溫馨、舒適的網上購物空間。
>
> 這些建議的名稱旨在捕捉您公司的核心價值—提供便利、高質量的生活用品網上購物體驗。希望這些建議能激發您的靈感，幫助您找到最能代表您品牌精神的完美名稱。

ChatGPT 針對準備在網路上銷售生活用品的公司，提出了五個既實用又具有創意的命名建議。從「居易選網」到「選物網窩」，每一個名稱都巧妙地將生活用品的日常重要性與網路購物的便捷性結合起來，不僅易於記憶，也讓人一聽就能感受到品牌的溫馨與貼近生活的訴求。這些提案展示了 ChatGPT 在理解創業理念及市場定位方面的細膩度，提供給創業者一系列兼具創意與實用性的選項，幫助他們在激烈的市場競爭中脫穎而出。

第 4 章　AI 命名指南 用 AI 打造獨特公司名稱

第 5 章
AI 如何幫你打造響亮的公司與產品口號

5-1 　行銷高手指南 - AI 助你打造超吸引力的公司口號

5-2 　飲料界的創意爆發 - AI 如何為你的飲料店量身打造口號

5-3 　咖啡香中的創意語 - AI 幫你的咖啡館找到完美口號

5-4 　電商成功秘訣 - 用 AI 打造獨特的網路銷售平台口號

5-5 　AI 與品牌傳奇 - 如何創造下一個著名口號

5-6 　AI 賦能創意 - 打造產品口號的新時代

第 5 章　AI 如何幫你打造響亮的公司與產品口號

在當今競爭激烈的商業環境中,一個精煉、有力的公司口號不僅能夠彰顯企業的核心價值,更能深植人心,成為品牌辨識的重要標誌。隨著人工智慧技術的進步,AI 不再只是未來科技的代名詞,它現已成為創意過程中不可或缺的一環。透過 AI 的輔助,我們能夠從數據中發掘消費者的隱性需求,進而創造出既創新又具有吸引力的口號,這不僅能加強顧客與品牌之間的聯繫,也為企業打開了一扇通往成功的大門。在這章內容中,我們將探討如何運用 AI 技術,協助企業建立具有深遠影響力的公司口號。

5-1 行銷高手指南 - AI 助你打造超吸引力的公司口號

5-1-1 從行銷的角度看公司的口號

公司口號在行銷策略中擔任著不可或缺的角色,它不僅是品牌形象的簡練展現,更是企業與消費者之間溝通的橋樑。一個有效的口號能夠迅速傳達企業的核心價值觀和使命,幫助消費者在短時間內理解品牌的獨特之處,從而在競爭激烈的市場中脫穎而出。

從行銷的角度來看,公司口號的重要性體現在以下幾個方面:

- 品牌辨識度提升:一個響亮且易於記憶的口號,可以增強消費者對品牌的記憶,提升品牌的辨識度。當消費者在決策購買時,高辨識度的品牌往往能夠更容易被想起,從而增加銷售機會。

- 凝聚品牌形象:公司口號是品牌形象的濃縮,能夠反映企業的經營理念和文化。一句好的口號能夠在消費者心中建立起正面的品牌形象,促進品牌忠誠度的建立。

- 市場區隔:在同質化競爭日益激烈的市場環境中,一個獨特的公司口號有助於品牌從眾多競爭對手中脫穎而出,實現市場區隔,吸引目標客群。

- 溝通價值主張:公司口號是企業對外溝通的簡短而有力的工具,透過精煉的語言將品牌的價值主張傳達給消費者,有助於建立消費者的情感連結。

總結來說,一個好的公司口號不僅能提升品牌知名度,還能加深消費者對品牌的好感和忠誠度,是企業行銷策略中不可或缺的一環。在這個訊息爆炸的時代,一個簡潔、有力、易於記憶的口號,更是企業贏得市場的關鍵武器。

5-1-2 公司口號的特色

公司口號的特色在於其能夠緊湊、精煉地傳達品牌的核心精神和價值主張，同時擁有以下幾個關鍵特點：

- 簡潔明瞭：好的公司口號往往非常簡短，容易讀、易於記憶。它們用最少的字眼創造最大的影響，確保人們在第一時間就能理解和記住。
- 具有吸引力：口號應激起目標受眾的好奇心或情感，讓人們感到興趣並希望進一步了解品牌。這種吸引力可以透過智慧、幽默、感情或是創意的使用來實現。
- 易於傳播：隨著社交媒體和網絡平台的普及，口號需要具有易於分享的特性，使其能夠在不同的媒體和平台上迅速傳播，擴大品牌影響力。
- 鮮明的品牌形象：公司口號反映了品牌的獨特性和定位，幫助企業在競爭激烈的市場中脫穎而出。一個有力的口號能夠清晰地傳達品牌的個性和價值觀。
- 持久的印象：除了立即吸引目標受眾的注意，一個成功的口號還能夠在人們心中留下持久的印象。這種長期的記憶效果有助於建立品牌忠誠度和顧客基礎。
- 靈活適應：儘管口號本身是簡短的，但它應該具有足夠的靈活性，能夠隨著品牌的發展和市場的變化而進行調整，確保它隨時都能反映品牌的當前狀態和方向。

總結來說，一個好的公司口號不僅僅是幾個字的組合，它是品牌精神的集中體現，能夠在消費者心中留下深刻印象，並在品牌和消費者之間建立強烈的情感連結。

5-1-3 了解 AI 可以如何協助我們建立公司口號

> **您**
> 請說明你可以如何協助我建立公司口號
>
> **ChatGPT**
> 我可以透過以下幾個步驟，協助你建立一個具有影響力的公司口號：
>
> 1. **深入理解品牌核心價值：** **首先，我們需要一起探討並明確你的品牌核心價值和獨特賣點。這包括了解你的產品或服務、目標市場、企業文化和願景。這些信息將為創建口號提供基礎。
> 2. **目標受眾分析：** **了解你的目標受眾是誰，包括他們的需求、偏好和行為模式。這將幫助我們創造出能夠引起共鳴、激發情感連結的口號。
> 3. **競爭對手研究：** **分析競爭對手的口號和品牌訊息，了解市場趨勢，尋找差異化的空間。這一步驟將有助於我們創造出既獨特又具有競爭力的口號。

第 5 章　AI 如何幫你打造響亮的公司與產品口號

> 4. **創意發想：**基於上述收集到的信息，我將運用我的語言模型和創意生成能力，提供多個口號選項。這包括不同的語氣、風格和焦點，以滿足不同的品牌訴求。
> 5. **迭代與優化：**我們將一起評估這些口號選項，根據你的反饋進行調整和改進。這一步驟可能需要多次迭代，直到我們找到最能代表你品牌精神的那一句。
> 6. **應用與整合：**最終，我們將確定下來的口號與你的品牌形象和行銷材料整合，確保它在所有平台上的一致性和影響力。
>
> 透過這一系列的步驟，我能夠提供基於數據和創意的專業建議，幫助你創建出一個既有意義又具吸引力的公司口號。

　　ChatGPT 在回應中展示了對於協助建立公司口號的全面思考和方法論。透過明確界定品牌核心價值、深入分析目標受眾、競爭對手研究、創意發想，以及迭代與優化的步驟，ChatGPT 提供了一個結構化且具有針對性的策略框架。這不僅顯示出了其對品牌建立重要性的深刻理解，也彰顯了其能夠利用語言模型和創意生成能力，為企業創造具有吸引力且獨特的口號的能力。

　　進一步地，ChatGPT 強調了與客戶合作的重要性，透過持續的反饋和調整來達到最佳的口號創建結果。這種互動性和靈活性的工作方式，體現了 ChatGPT 不僅重視創意的產出，同時也重視過程中的溝通和客戶的參與度，這對於確保最終口號能夠準確反映品牌的精神和價值觀至關重要。

　　總之，ChatGPT 的回應不僅提供了實用的建議和方法，還展現了其在輔助品牌建立方面的專業能力，能夠為尋求創建或優化公司口號的企業提供有效的支持。

5-2　飲料界的創意爆發－AI 如何為你的飲料店量身打造口號

　　在當今飽和且競爭激烈的飲料市場中，一個獨特且有吸引力的口號不僅能夠幫助飲料店在眾多品牌中脫穎而出，更是建立顧客忠誠度、提升品牌形象的關鍵因素。一個好的口號應該簡潔明瞭，易於記憶，並且能夠精確地傳達品牌的核心價值和顧客的期待。它不僅是一句話那麼簡單，而是一個品牌故事的凝縮，一個情感連接的橋樑，能夠喚起顧客的情感共鳴。在創建口號的過程中，了解目標市場的需求、品牌定位以及如何與顧客建立情感聯繫是非常關鍵的。這一節將用實例探討，如何為飲料店創建一個既有創意又具有品牌特色的口號，幫助你的飲料店在激烈的市場競爭中獨樹一幟。

5-2-1　建立飲料店口號

> **您**
> 我想建立一個銷售水果或是茶類飲料的商店，請為我的商店建立口號，請用台灣用語建立5個範本

> **ChatGPT**
> 為了讓你的水果或茶類飲料商店在台灣市場中脫穎而出，這裡提供五個充滿台灣特色的口號範本：
>
> 1. **鮮甜滋味，一飲而盡** —— 強調飲料的新鮮與甜美，讓人一口接一口，難以抵擋。
> 2. **自然的味，心情好茶** —— 結合自然與茶的雙重意象，傳達飲品帶來的舒心好心情。
> 3. **味覺之旅，從此啟程** —— 提供一場透過品嘗水果與茶的味覺旅行，讓顧客期待探索更多。
> 4. **水果茶韻，每一口都是驚喜** —— 強調每一口飲品都能帶來新鮮與驚喜的感受。
> 5. **悅享自然，品味生活** —— 突出品牌對自然飲品的堅持，鼓勵消費者享受並品味美好生活。
>
> 這些口號旨在反映你商店的核心價值——提供新鮮、自然的水果和茶類飲料，同時也希望能夠引起顧客的共鳴，吸引他們走進商店，體驗不一樣的味覺之旅。

ChatGPT 針對創業者想要在台灣開設售賣水果與茶類飲料的商店需求，提供了五個充滿創意與在地特色的口號範本。這些口號不僅詮釋了產品的新鮮、自然，同時也巧妙融入了台灣的語境和文化，展現出對市場的細膩洞察。從「鮮甜滋味，一飲而盡」到「悅享自然，品味生活」，每一句都精準抓住消費者對健康飲食生活的追求，體現了 ChatGPT 在創意口號生成上的能力。

5-2-2　建立 24 小時飲料店口號

> **您**
> 我開的水果或茶類飲料商店想要24小時營業，請為此建立新的5個口號範本

> **ChatGPT**
> 為了配合你的24小時營業水果或茶類飲料商店,這裡為你提供五個新的口號範本:
>
> 1. 「全天候鮮享,時刻悅你心」—— 強調無論何時,都能為顧客提供鮮美的享受,滿足他們隨時的需求。
> 2. 「夜深茶香,日出果味」—— 描述了從夜晚到白天,你的商店都能提供相應的鮮美飲品,伴隨著顧客度過每一刻。
> 3. 「一天到晚,鮮味不斷」—— 突出24小時營業的特點,無論何時顧客光臨,總能找到新鮮的飲品選擇。
> 4. 「晨昏相伴,鮮果茶隨行」—— 透過晨昏兩個時段的描繪,強調你的商店是顧客日常生活中不可或缺的一部分。
> 5. 「時時刻刻,鮮香在口邊」—— 強調商店提供的水果和茶類飲料隨時都能給予顧客最佳的味覺享受。
>
> 這些口號旨在突出你的商店全天候營業的特色,不論是清晨開始的一天,還是深夜裡的小憩時刻,都能成為顧客心中的美味選擇。

　　ChatGPT 針對想要 24 小時營業的水果或茶類飲料商店提出五個創意口號,每一句都巧妙地結合了商店的全天候特色,從「全天候鮮享,時刻悅你心」到「時時刻刻,鮮香在口邊」,口號不僅鮮明展現了品牌隨時提供新鮮飲品的承諾,也強調了顧客無論何時都能享受到美好的味覺體驗。這些口號的創意和巧思展現了 ChatGPT 深刻理解台灣市場和消費者需求的能力。

5-2-3　建立 24 小時網路飲料店口號

> **您**
> 我開的水果或茶類飲料商店是網路或是App銷售,24小時營業,請為此建立新的5個口號範本

> **ChatGPT**
>
> 為你的24小時營業的網路或App水果或茶類飲料商店，以下是五個全新的口號範本：
>
> 1. 「隨時隨地，鮮味點擊」—— 突出顧客可以隨時隨地透過網路或App訂購新鮮飲品的便利性。
> 2. 「探索味蕾，一指流香」—— 強調以一次簡單的觸摸或點擊，顧客就能探索到各式各樣的水果和茶味。
> 3. 「夜深茶未眠，晨曦果喚醒」—— 描述無論是深夜還是清晨，你的商店都能滿足顧客對飲品的需求。
> 4. 「生活好滋味，App一下立即送達」—— 突出使用App訂購飲品的便捷，隨時送達生活中所需的好味道。
> 5. 「味道無界限，24小時不打烊」—— 強調商店24小時營業，無時間和地點的限制，隨時滿足顧客的需求。
>
> 這些口號專為網路或App銷售模式設計，強調便利性、即時性和滿足隨時可能出現的飲品需求，旨在吸引廣大的線上消費者。

　　針對網路或 App 營運的 24 小時水果與茶類飲料商店，ChatGPT 提供了五個創新且貼切的口號範本。從「隨時隨地，鮮味點擊」到「味道無界限，24 小時不打烊」，每個口號都巧妙融合了線上購物的便捷性與全天候服務的特點，完美地捕捉了目標顧客對於隨時可得的新鮮飲品的需求。這些口號不僅凸顯了品牌的核心價值，也展現了對市場趨勢和消費者習慣的深刻理解。

5-3　咖啡香中的創意語 - AI 幫你的咖啡館找到完美口號

　　在這個品牌故事與顧客體驗日益重要的時代，一個引人入勝且充滿特色的口號對於咖啡館而言，不僅是其品牌身份的象徵，也是吸引顧客踏入門檻的關鍵。好的口號應當簡潔而有力，能夠迅速傳達咖啡館的核心價值與獨特魅力，讓人一聽難忘。它不只是幾個字詞的組合，而是咖啡館靈魂的折射，能夠激起人們的情感共鳴，喚醒他們對咖啡文化的熱愛。此外，一個好的口號還能夠促進顧客與品牌之間的情感連結，進而提升品牌忠誠度。在創建口號的過程中，深入理解目標市場的需求、精確定位品牌

特色，以及如何有效地與顧客溝通，是至關重要的。這一節將用不同的情境實例，探討如何為咖啡館創建一個既有意義又能觸動人心的口號，幫助您的咖啡館在競爭激烈的市場中脫穎而出。

5-3-1 建立咖啡館口號

> **您**
> 我想建立一個咖啡館，請為我的咖啡館建立口號，請用台灣用語建立5個範本

> **ChatGPT**
> 為你即將開設的咖啡館，這裡提供五個帶有台灣風味的口號範本：
>
> 1. 「一杯好咖啡，溫暖你的每一天」—— 強調咖啡的溫暖與舒心，以及咖啡館希望成為顧客日常生活中的一部分。
> 2. 「從豆到杯，只為那一刻的完美」—— 突出咖啡製作過程的匠心獨運，強調對品質的堅持。
> 3. 「聚焦每一滴精采，啟動美好一天」—— 以咖啡為媒介，鼓勵顧客享受生活中的每一刻，迎接充滿活力的一天。
> 4. 「咖啡裡的故事，等你來細細品嘗」—— 強調每一杯咖啡都承載著故事和情感，邀請顧客來探索與體驗。
> 5. 「在這裡，每一口都是回家的味道」—— 創造一種家的感覺，無論是本地人還是遊客，都能在咖啡館中找到屬於自己的安心角落。
>
> 這些口號旨在傳達咖啡館不僅提供高品質的咖啡，還提供一個溫馨舒適的空間，讓人們在繁忙的生活中找到一片寧靜的樂土。

　　針對想在台灣開設咖啡館的業主，ChatGPT 巧妙地提出了五個貼近台灣在地文化及消費者情感的口號範本。從突顯咖啡溫暖人心的「一杯好咖啡，溫暖你的每一天」，到強調品質和故事性的「從豆到杯，只為那一刻的完美」和「咖啡裡的故事，等你來細細品嘗」，每個口號都細膩地捕捉了咖啡文化的精髓。這些口號不僅能夠吸引顧客的注意，更能在激烈的市場競爭中為咖啡館創造獨特的品牌形象，讓人期待踏入這個小小的咖啡世界，體驗屬於自己的那份寧靜與溫暖。

5-3-2 不同情境的咖啡館口號

> **您**
> 我想建立一個咖啡館，白天適合辦公族洽談公務，晚上適合朋友談心，請為我的咖啡館建立口號，請用台灣用語建立5個範本

> **ChatGPT**
> 針對你想要創建的這種日間適合辦公族洽談公務，夜間適合朋友談心的咖啡館，以下是五個符合台灣用語的口號範本：
>
> 1. 「日做夢想起航，夜話心情釋放」—— 突出咖啡館白天是夢想啟航的場所，夜晚則是心靈釋放的港灣。
> 2. 「一杯雙享，工作談心兩相宜」—— 強調咖啡館能夠滿足不同時段的需求，無論是工作還是閒聊。
> 3. 「從晨光到夜色，咖啡共你時刻相伴」—— 象徵咖啡館從早到晚都是顧客最佳的陪伴。
> 4. 「專注與放鬆，只需一杯之隔」—— 表達咖啡館能同時提供專業工作與輕鬆交流的環境。
> 5. 「白日商談，夜晚心語，一處好所在」—— 概括咖啡館日夜不同的氛圍，是商務和休閒的理想場所。
>
> 這些口號旨在凸顯你的咖啡館擁有靈活多變的使用場景，不僅能滿足顧客在不同時間的需求，也能為不同目的的聚會提供⬇ 的場地選擇。

　　ChatGPT 針對一家日間適合辦公族洽談公務、夜間適合朋友談心的咖啡館提供了五個充滿創意的台灣用語口號範本。從「日做夢想起航，夜話心情釋放」到「白日商談，夜晚心語，一處好所在」，每一句口號都巧妙地捕捉了這家咖啡館獨特的日夜轉換氛圍，既展現了其作為一個專業工作空間的功能，同時也強調了作為夜間放鬆交流場所的魅力。這些口號不僅貼合台灣在地文化，也巧妙地滿足了顧客在不同時間段的需求，展現了對目標市場的細膩理解和巧思。

5-3-3 24小時營業網路銷售的咖啡館口號

> **您**
> 我開的咖啡館是網路或是App銷售，24小時營業，請為此建立新的5個口號範本

5-9

> **ChatGPT**
>
> 針對你提到的網路或App銷售、24小時營業的咖啡館,以下是五個口號範本,旨在凸顯其便利性和全天候服務:
>
> 1. 「隨時隨地,咖啡好時光」—— 強調無論何時何地,顧客都能享受到咖啡帶來的美好時光。
> 2. 「一指流香,夜深情未眠」—— 突出在深夜時分,也能透過一次點擊享受到香醇的咖啡。
> 3. 「味覺的旅行,24小時不打烊」—— 表達顧客可以隨時開啟一段咖啡味覺之旅,享受不間斷的服務。
> 4. 「喚醒清晨,伴你夜未央」—— 描述咖啡館陪伴顧客度過每一個清晨和夜晚的時刻。
> 5. 「咖啡不打烊,精彩隨時上線」—— 強調咖啡館24小時營業,隨時準備提供精彩給每一位顧客。
>
> 這些口號旨在突出你的咖啡館能夠提供的方便快捷的線上服務以及全天候不間斷的咖啡享受,滿足現代生活快節奏和隨時需求的消費者。

ChatGPT 為一間結合網路、App 銷售且 24 小時營業的咖啡館設計了五個口號範本,這些口號巧妙地捕捉了現代消費者對於便利與即時服務的需求。從「隨時隨地,咖啡好時光」到「咖啡不打烊,精彩隨時上線」,每一句都展現了無論日夜,顧客都能透過幾個簡單的點擊享受到香醇咖啡的承諾。這些口號不僅體現了咖啡館對提供全天候服務的決心,也反映了對於迎合現代生活節奏的深刻理解,讓人感受到無論何時都有一杯好咖啡相伴的溫馨。

5-4 電商成功秘訣 - 用 AI 打造獨特的網路銷售平台口號

在快速演變的電子商務世界中,一個精準且具有吸引力的口號不僅能夠幫助品牌在眾多競爭者中脫穎而出,更能深植人心,建立品牌形象,並與消費者建立情感連結。一個好的口號應該簡潔明瞭,同時充滿力量,能夠凝練地表達公司的核心價值、使命以及提供給顧客的獨特價值主張。對於專注於網路銷售的產品公司來說,創造一個既

符合品牌定位又能觸動目標顧客的口號尤為關鍵。下列各小節將探索如何為網路銷售產品的公司設計一個具有影響力的口號,從捕捉品牌精髓到激發顧客共鳴,我們將一步步說明創造令人難忘口號的秘訣,讓您的品牌聲音在數位海洋中響亮發聲。

5-4-1 網路服飾公司

在數位時代,網路銷售服飾的公司正面臨前所未有的競爭壓力。一個響亮且富有創意的口號,不僅能夠幫助品牌在繁雜的市場中脫穎而出,更能在消費者心中留下深刻印象,建立獨特的品牌識別。良好的口號應該簡短精煉,易於記憶,且能夠迅速傳達公司的核心價值或提供的獨特服務。這一節內容旨在探討如何為網路銷售服飾的公司創建一個充滿吸引力的口號,讓品牌在激烈的競爭中穩固立足。

❑ **休閒服飾**

> 您
> 請為網路銷售休閒服飾的公司建立5個口號範本

> ChatGPT
> 為了讓你的網路銷售休閒服飾公司更加吸引人,這裡提供五個口號範本,旨在突出品牌的獨特性和顧客的生活方式:
>
> 1. 「舒適隨行,時尚由你定義」——強調顧客在日常生活中,能夠自由地表達自己的時尚觀,同時享受到無與倫比的舒適感。
> 2. 「穿出真我,時尚無界限」——鼓勵顧客透過服裝來展現自己的個性,強調品牌提供的多樣化選擇能滿足不同的時尚需求。
> 3. 「每一刻,都值得最佳打扮」——突出即使是在家中或進行日常活動,每個人都值得擁有最佳的裝扮和舒適感。
> 4. 「輕鬆穿搭,自在生活」——強調品牌服裝的輕便舒適,以及它們如何幫助顧客輕鬆應對日常生活的挑戰。
> 5. 「你的風格,我們的承諾」——表達品牌對提供符合顧客個人風格和需求的服裝的承諾,突出顧客個性化的重要性。
>
> 這些口號旨在強調品牌的休閒服飾不僅時尚多樣,更加注重舒適與個性表達,讓每位顧客都能找到符合自己生活方式的完美選擇。

第 5 章　AI 如何幫你打造響亮的公司與產品口號

　　針對網路銷售休閒服飾的公司，ChatGPT 提供了五個充滿創意的口號範本，每一句都巧妙地捕捉了品牌想要傳達的核心理念，「舒適」、「時尚」與「個性」的完美結合。從「舒適隨行，時尚由你定義」到「你的風格，我們的承諾」，這些口號不僅強調了穿著者的個性化需求和生活方式，還突出了品牌對於提供高質感與自在穿搭體驗的重視。這樣的口號設計，無疑能夠幫助品牌在競爭激烈的市場中吸引目標顧客，建立獨特的品牌形象。

❑　上班服飾

> **您**
> 請為網路銷售上班服飾的公司建立5個口號範本
>
> **ChatGPT**
> 為了突出你的網路銷售上班服飾公司的特色，這裡提供五個口號範本，旨在彰顯專業形象與時尚感的結合：
>
> 1. 「專業之選，風格盡顯」—— 強調選擇你的品牌服飾，即是選擇了展現專業形象與個人風格的最佳途徑。
> 2. 「每一天，都是舞台」—— 提醒顧客，每天上班不僅是工作的開始，也是展示個人風采的機會。
> 3. 「職場風尚，由你主導」—— 鼓勵顧客透過穿著，成為職場上的時尚引領者。
> 4. 「專注細節，優雅不費力」—— 突出品牌服裝在細節上的精緻處理，讓顧客輕鬆展現優雅氣質。
> 5. 「打造專屬於你的職場風格」—— 強調品牌提供的不僅僅是服裝，更是一種讓顧客能夠打造並表達個人職場風格的方式。
>
> 這些口號旨在凸顯你的品牌不僅關注服裝的時尚性和品質，更重視服裝如何幫助顧客在職場中建立自信和專業的形象。

　　ChatGPT 針對網路銷售上班服飾的公司，提供了五個精心設計的口號範本，旨在強化品牌的專業形象與時尚感。從「專業之選，風格盡顯」到「打造專屬於你的職場風格」，每一句口號都巧妙地結合了專業與個性，不僅鼓勵消費者在職場上展現自我風采，同時也傳達出品牌對細節的關注和對品質的堅持。這些口號反映出品牌理解現代職場人對於服裝不僅是外表的打扮，更是個人品味和職業態度的體現，成功地捕捉了目標顧客的心理需求。

5-4-2　網路美容保養品公司

在當今的美容保養品市場，一句具有吸引力的口號對於網路銷售保養品的公司來說至關重要。它不僅能夠幫助品牌在競爭激烈的線上市場中脫穎而出，還能深刻地與消費者建立情感連結，傳達品牌的核心價值和承諾。一個好的口號應該簡潔明瞭、易於記憶，並能夠激發消費者的興趣，引導他們進一步探索品牌和產品。本文將探索如何創建一個既有創意又能夠準確反映品牌精神的口號，為網路銷售保養品的公司打造獨特的品牌聲音。

❑ **男性美容保養品**

> 🧑 您
> 請為網路銷售男性上班族美容保養品的公司建立5個口號範本

> 🤖 ChatGPT
> 針對專注於網路銷售針對男性上班族的美容保養品公司，以下是五個口號範本，旨在強調專業形象、效率與自信的提升：
>
> 1. 「**專業男士，日夜光彩**」—— 強調無論是日間工作還是夜晚社交，男性都能保持最佳狀態。
> 2. 「**煥新每一天，自信從此刻開始**」—— 突出每日使用保養品能為男性帶來的自信與活力。
> 3. 「**為成功加冕，從肌膚開始**」—— 將保養肌膚與職業成功聯繫起來，突出外在形象的重要性。
> 4. 「**精英之選，完美細節**」—— 強調產品為追求完美細節的職場精英所設計。
> 5. 「**高效保養，非凡表現**」—— 突出產品的高效性能，幫助男性在職場上展現非凡實力。
>
> 這些口號旨在傳達公司產品能夠滿足男性上班族在忙碌生活中對效率和效果的高要求，同時幫助他們提升自信和專業形

ChatGPT針對專門為男性上班族銷售美容保養品的網路公司提出了五個口號範本。這些口號巧妙地將男性的職場形象與日常保養聯繫起來，從「專業男士，日夜光彩」到「高效保養，非凡表現」，每個口號都凸顯了保持良好外觀對於職業成功的重要性。透過這些創意的口號，不僅能激勵男性消費者關注自己的外在形象和肌膚健康，也彰

顯了品牌理解現代職場男性的需求和挑戰,體現出品牌的專業度和對目標顧客深刻的理解。

❏ 女性美容保養品

> **您**
> 請為網路銷售女性上班族美容保養品的公司建立5個口號範本
>
> **ChatGPT**
> 針對專注於網路銷售針對女性上班族的美容保養品公司,這裡提供五個口號範本,旨在強調美麗、自信以及職場女性的獨立精神:
>
> 1. **「每日煥采,專為她而生」** —— 強調產品專為滿足職場女性每日美容保養需求而設計,強化她們的自然美。
> 2. **「自信光芒,從肌膚綻放」** —— 突出美容保養品能夠提升女性的自信心,讓她們從內而外散發光彩。
> 3. **「美麗事業,雙線並進」** —— 鼓勵女性不僅在職場上取得成功,也要照顧自己的外在和內在美。
> 4. **「忙碌中的自我寵愛」** —— 強調即使在忙碌的工作生活中,也要找到時間好好保養自己,愛惜自我。
> 5. **「為美麗加分,為夢想助力」** —— 表達美容保養品不僅讓女性更加美麗,也為她們追求夢想提供支持。
>
> 這些口號旨在傳達品牌理解職場女性追求職業成功與個人保養之間尋找平衡的需求,並提供解決方案,幫助她們展現最佳自我。

ChatGPT 針對專為女性上班族設計的網路美容保養品公司提出五個口號範本,這些口號巧妙地捕捉了現代職場女性的精神,在追求職業成就的同時,也不忘關注自己的美麗與自我保養。從「每日煥采,專為她而生」到「為美麗加分,為夢想助力」,每一個口號都體現了對女性自信、獨立以及美麗多面性的理解和支持。這些口號不僅展現了品牌的獨到見解,也成功地與目標顧客,「追求高品質生活和職業發展的女性上班族」,建立情感連結。

5-4-3　網路生活用品與辦公室文具公司

在當今快節奏的生活與工作環境中，人們越來越追求高效與便捷，而網路銷售的生活用品與辦公室文具用品公司正好滿足了這一需求。一個精彩的口號能夠幫助這樣的公司在激烈的市場競爭中突出重圍，建立獨特的品牌形象。良好的口號不僅需要簡短易記，還要能夠精確傳達品牌的核心價值和顧客期望的解決方案。這一節將探索如何創建具有吸引力和實用性的口號，幫助網路銷售生活與辦公室文具用品的公司吸引更多顧客，提升品牌知名度。

❑ **生活用品**

> **您**
> 請為網路銷售生活用品的公司建立5個口號範本

> **ChatGPT**
> 針對專注於網路銷售生活用品的公司，以下五個口號範本旨在強調便利性、品質與生活美學：
>
> 1. 「生活美學，一點點都不難」—— 突出公司產品能輕易為日常生活帶來美學提升。
> 2. 「家的每一角，品味由你定義」—— 強調消費者可以透過選擇公司的生活用品來展現個人品味。
> 3. 「便利你的每一天，美化你的每一刻」—— 突顯公司產品不僅提供便利，還能美化消費者的生活。
> 4. 「從家到辦公室，生活品質我們關注」—— 強調公司關注消費者從家庭到工作場所的每一處生活品質。
> 5. 「簡單生活，不簡單的選擇」—— 表達即使是追求簡單生活的人，也能在公司的產品中找到高品質的選擇。
>
> 這些口號旨在強調品牌致力於提升消費者的生活品質，透過便利的網路購物體驗和優質的產品選擇，讓每個人的生活都能因為品牌的存在而更加豐富多彩。

ChatGPT 為專注於網路銷售生活用品的公司提供了五個口號範本，每一句都巧妙地融合了便利性、生活品質和美學的概念。從「生活美學，一點點都不難」到「簡單生活，不簡單的選擇」，這些口號不僅展現了品牌希望為消費者帶來的生活方式提升，也反映出品牌對於提高消費者日常生活品質的承諾。這些口號簡潔有力，易於記憶，非常適合用來建立品牌形象，吸引目標顧客，顯示出 ChatGPT 對於市場趨勢和消費者需求的敏感度和理解。

❑ 辦公室文具

> **您**
> 請為網路銷售辦公室文具的公司建立5個口號範本

> **ChatGPT**
> 專注於網路銷售辦公室文具的公司可以通過以下五個口號範本，來凸顯其品牌的特色和承諾，增強顧客的認同感：
>
> 1. 「書寫你的成功故事」—— 強調公司提供的文具不僅是工作工具，也是顧客職業成就的見證。
> 2. 「創意無限，紙上展開」—— 鼓勵顧客透過高品質的文具來激發和記錄他們的創意和想法。
> 3. 「辦公室的藝術家，文具由你主宰」—— 將選擇文具的過程比喻為創作藝術，提升文具選擇的個人化和創造性。
> 4. 「效率與美感並存，從文具開始」—— 突出公司文具產品不僅能提高工作效率，同時也能美化辦公環境。
> 5. 「每一筆，都是進步的開始」—— 強調即使是最小的文具用品，也能對工作和個人發展產生重要影響。
>
> 這些口號旨在突出文具不僅是辦公必需品，更是激發創意、效率和個人品味的工具。通過這樣的口號，公司能夠與追求高↓辦公生活的顧客建立深層次的連接。

ChatGPT 為專注於網路銷售辦公室文具的公司提出了五個口號範本，巧妙地將文具與創意、效率、進步緊密連結起來。從「書寫你的成功故事」到「每一筆，都是進步的開始」，這些口號不僅凸顯了辦公文具在職場上的重要角色，也鼓舞人們透過高品質的文具來提升工作效率和個人創造力。這些口號體現了對現代辦公需求的深刻理解，且易於記憶，有助於品牌在競爭激烈的市場中建立獨特形象，吸引追求高效和美感的專業人士。

5-5 AI 與品牌傳奇 - 如何創造下一個著名口號

在這個品牌訊息爆炸的時代，一些口號因其獨特的魅力和深入人心的影響力而成為了時代的記憶。這些著名的口號不僅反映了品牌的精神，也成為了文化的一部分，朗朗上口，被大眾所熟知。這一節旨在探索這些經典口號的創新應用，透過對這些口

號的重新詮釋和創意運用，我們將發掘它們在當今社會中新的價值和意義。不僅是對過去的一種致敬，更是在現代背景下賦予它們全新的生命力和啟發，從而激發出更多創新思考和可能性。

5-5-1　全家便利商店口號 - 全家就是你家

在品牌傳播中，一個深入人心的口號能夠快速建立品牌形象並與消費者建立情感聯繫。全家便利商店的口號「全家就是你家」便是這樣的經典之作，它不僅傳遞了溫馨舒適的購物體驗，也讓人感受到如家一般的親切。這一節將探討如何將這一經典口號創意地應用於咖啡館品牌建立之中，為咖啡館創造出同樣讓顧客感到溫暖和歸屬感的口號，從而在競爭激烈的市場中脫穎而出，吸引更多顧客的目光。

❏　一般咖啡館

> **您**
> 我想要開一家咖啡館，請用全家便利商店著名口號「全家就是你家」為基礎，幫我的咖啡館想5個口號範本

> **ChatGPT**
> 基於全家便利商店的口號「全家就是你家」，這裡為你的咖啡館設計的口號範本強調溫馨、親切和居家的氛圍：
>
> 1. 「咖啡館，你的第二個家」—— 強調咖啡館作為顧客心靈的避風港，提供了一個像家一樣舒適的場所。
> 2. 「在這裡，每一杯都像回家」—— 突出每一杯咖啡都能給顧客帶來家的溫暖和安慰。
> 3. 「你家的味道，我們的咖啡」—— 將咖啡館的咖啡與家中熟悉的味道聯繫起來，強調親切和溫馨。
> 4. 「讓每次光臨，都像回家一樣」—— 強化咖啡館為顧客提供的熟悉與舒適感，讓顧客每次光臨都有回家的感覺。
> 5. 「你家的客廳，我們的咖啡館」—— 描述咖啡館是一個開放的空間，就像顧客自己家的客廳一樣，他們可以在這裡放鬆和享受。
>
> 這些口號旨在創建一個親切和溫馨的品牌形象，讓顧客感受到咖啡館就如同他們的第二個家一般。

5-17

第 5 章　AI 如何幫你打造響亮的公司與產品口號

　　ChatGPT 為這家即將開張的咖啡館提供了五個溫馨且引人入勝的口號範本，巧妙地將「全家就是你家」這個概念轉化應用，創造出獨具特色的咖啡館品牌形象。從「咖啡館，你的第二個家」到「你家的客廳，我們的咖啡館」，這些口號不僅讓人感受到如同回到家一般的舒適與溫暖，還成功地傳達了咖啡館想成為每位顧客心靈避風港的願景。這樣的創意和思考展現了對市場和消費者情感需求的深刻理解，無疑將為咖啡館吸引一大批忠實顧客。

☐ 筆情咖啡角

> **您**
> 我開咖啡館名稱是「筆情咖啡角」，請用全家便利商店著名口號「全家就是你家」為基礎，幫我的咖啡館想5個口號範本

> **ChatGPT**
> 為你的「筆情咖啡角」，結合全家便利商店的口號「全家就是你家」，這裡提供五個具有創意和溫馨感的口號範本：
>
> 1. 「筆情咖啡角，寫意就如家」—— 強調咖啡館如同家一樣的舒適和溫馨，同時也是靈感迸發的地方。
> 2. 「你的創意港灣，我們的溫馨角落」—— 突出「筆情咖啡角」是顧客放鬆心情、激發創意的最佳去處。
> 3. 「在筆尖流淌的情感，咖啡中品味家的溫暖」—— 將書寫與咖啡連結，強調這裡是體驗家的溫暖和書寫情感的理想場所。
> 4. 「每一杯咖啡，都是回家的味道」—— 強化「筆情咖啡角」提供的咖啡就像家一樣的熟悉與舒心。
> 5. 「筆下故事，咖啡旁共鳴，如家般安定」—— 突出在這個空間，顧客可以在書寫和享受咖啡的同時感受到如同家一般的安心與寧靜。
>
> 這些口號不僅強調了「筆情咖啡角」作為一個溫馨、靈感充沛的場所，也展現了它如家一般讓人放鬆的獨特魅力。

　　針對「筆情咖啡角」這家咖啡館，ChatGPT 巧妙地結合了全家便利商店的經典口號「全家就是你家」，創造出五個既有創意又溫馨的口號範本。從「筆情咖啡角，寫意就如家」到「筆下故事，咖啡旁共鳴，如家般安定」，每一句口號都深刻表達了這家咖啡館提供給顧客的不僅是一杯咖啡，更是一個能夠激發靈感、感受情感共鳴的溫馨空間。這些口號不僅展現了對顧客需求的深刻理解，也成功地將「筆情咖啡角」定位為一個像家一樣讓人放鬆與舒適的地方。

5-5-2 華碩口號 – 華碩品質堅若磐石

在今日快速變化的出版業中,建立一個既有說服力又易於記憶的品牌口號,對於吸引讀者和樹立品牌形象至關重要。華碩公司的口號「華碩品質,堅若磐石」不僅體現了其產品的高品質和可靠性,也成功地傳達了品牌的核心價值。這一節探討如何將這種堅固和品質的概念轉化應用於出版社的品牌建設中,創造出既符合出版社特色又能深入人心的口號,幫助出版社在競爭激烈的市場中脫穎而出。

❑ 一般電腦書籍出版社

> **您**
> 我想要開一家電腦書籍的出版社,請用華碩公司著名口號「華碩品質,堅若磐石」為基礎,幫我的出版社想5個口號範本

> **ChatGPT**
> 基於華碩公司的著名口號「華碩品質,堅若磐石」,以下是為你的電腦書籍出版社設計的五個口號範本,旨在強調出版社的品質和信賴度:
>
> 1. 「**知識堅實,書海無崖**」—— 強調出版社提供的電腦書籍深度與廣度,如同堅實無崖的知識海洋。
> 2. 「**品質如磐,智慧無界**」—— 突出出版社書籍的高品質保證,以及它們帶來的無限智慧和學習機會。
> 3. 「**堅若磐石,讓知識流傳**」—— 強調出版社對於知識傳承的承諾,以及其堅定不移的品質保證。
> 4. 「**深耕電腦,品質見證**」—— 突顯出版社在電腦領域深耕細作,通過高品質的書籍展現專業。
> 5. 「**學無止境,品質先行**」—— 體現出版社推崇學習無界限的理念,並將品質放在首位,保證讀者獲得最佳學習體驗。
>
> 這些口號旨在強調你的出版社對品質的堅持以及對知識傳播的貢獻,展現出對未來科技發展和學習的前瞻性承諾。

ChatGPT 針對即將開張的電腦書籍出版社,創造性地應用了華碩公司的經典口號「華碩品質,堅若磐石」,提出了五個既有創意又具實質內涵的口號範本。從「知識堅實,書海無崖」到「學無止境,品質先行」,這些口號不僅凸顯了出版社對於提供高品質電腦書籍的堅持,同時也傳達了對知識傳承與學習無界限的重視。透過這些精

第 5 章　AI 如何幫你打造響亮的公司與產品口號

心設計的口號，出版社的品牌形象將更加鮮明，展現其在電腦知識傳播領域的專業與熱忱。

❏ 深智數位

> **您**
> 我開的電腦書籍出版社名稱是「深智數位」，請用華碩公司著名口號「華碩品質，堅若磐石」為基礎，幫我的出版社想5個口號範本

> **ChatGPT**
> 以「深智數位」這個電腦書籍出版社的名稱和華碩公司的著名口號「華碩品質，堅若磐石」為靈感，這裡提供五個口號範本：
>
> 1. 「**深智品質，知識如磐**」 —— 突出「深智數位」出版的書籍品質堅固可靠，為讀者提供深入且穩固的知識基石。
> 2. 「**鑄就數位智慧，深智堅若磐石**」 —— 強調「深智數位」在數位知識領域的深厚基礎和堅不可摧的品質。
> 3. 「**深入智慧心，品質見證力**」 —— 融合深度與智慧，展現出版社對於提供高品質學習資源的承諾。
> 4. 「**智慧深處，品質始終如一**」 —— 強調無論探索多深的知識，「深智數位」始終保持最高的出版品質。
> 5. 「**深智啟航，磐石般的信賴**」 —— 將「深智數位」比喻為知識的啟航點，提供讀者堅如磐石的信賴與支持。
>
> 這些口號旨在強化「深智數位」在電腦書籍出版領域的專業形象，突出其對高品質和深度知識的追求。

　　ChatGPT 針對「深智數位」這家專注於電腦書籍的出版社，提出了五個具有創意且貼切的口號範本。這些口號不僅巧妙地融合了出版社的核心價值和華碩的著名口號「華碩品質，堅若磐石」，還成功地傳達了「深智數位」對於提供高品質和深入知識的承諾。從「深智品質，知識如磐」到「深智啟航，磐石般的信賴」，每一個口號都展現了出版社致力於成為讀者可靠的知識來源，並強調了其在數位時代教育和學習中的重要角色。這些精心設計的口號有助於建立「深智數位」的品牌形象，吸引廣大讀者群。

5-20

5-6 AI 輔助產品口號

在當今品牌競爭日益激烈的市場環境中，一個精煉、有力的口號可以為產品賦予獨一無二的身份，並在消費者心中留下難以磨滅的印象。利用 ChatGPT 來生成針對特定產品的口號，不僅展示了人工智慧在創意行銷領域的應用潛力，也開啟了一條高效、創新的路徑來捕捉和表達品牌的精髓。這一節將探索如何利用 ChatGPT 的先進技術，為各式產品量身打造引人注目的口號，從而強化品牌訊息，提升市場競爭力，並深化消費者的品牌認同感。透過這一過程，我們將見證人工智慧如何在激發創意和增強品牌溝通效果方面發揮關鍵作用。

> **註** 以下實例在生成產品口號時，增加 Emoji 符號，讀者也可以不要此符號，然後比較兩者的差異。

❑ **玉山牌天然護膚品**

錦魁 您
你是行銷文案專家，請以「玉山牌天然護膚品」為例，生成5個含Emoji符號的廣告口號

ChatGPT
1. 🌿💧 "玉山牌，自然之選，肌膚之愛" 🏞️❤️ - 突出產品的天然成分和對肌膚的溫柔呵護。
2. 🏞️🌸 "由玉山啟發，為肌膚帶來花般純淨" 🌿🌺 - 強調產品靈感來自自然美景，為肌膚帶來最純淨的護理。
3. 🌱💖 "讓玉山的清新，綻放你的肌膚" 🌿🌱 - 形容使用玉山牌天然護膚品，讓肌膚如自然般清新。
4. 🏔️💧 "玉山精粹，涓涓細流護膚心" 💙💧 - 比喻產品含有玉山的精華，為肌膚帶來細膩的呵護。
5. 🌱🌈 "玉山牌，讓自然的饋贈成為你的美麗秘密" 👀🌟 - 提醒消費者，玉山牌天然護膚品是美麗的秘密武器。

ChatGPT 針對「玉山牌天然護膚品」提供了五個創意十足且含 Emoji 符號的廣告口號。透過精心選擇的 Emoji 和文字，這些口號不僅生動地傳達了產品的天然精髓和護

膚效果，也巧妙地引入了台灣美麗山巒的形象，增加了文案的親切感和吸引力。從「由玉山啟發，為肌膚帶來花般純淨」到「玉山牌，讓自然的饋贈成為你的美麗秘密」，每一句口號都讓人感受到品牌對於自然美和健康肌膚的追求。ChatGPT 的這些回應展示了其對於如何利用視覺符號和語言創造引人注目的行銷文案的深刻理解。

❏ **太陽牌衛星手機**

> **您**
> 你是行銷文案專家，請以「太陽牌衛星手機」為例，生成5個含Emoji符號的廣告口號
>
> **ChatGPT**
> 1. 🌊📱 "超越界限，太陽牌衛星手機，連接無限可能" 🌌✨ - 突出衛星手機突破傳統通訊限制，提供更廣闊的連接。
> 2. 😎📡 "由太陽啟發，衛星技術，照亮每一次通話" 🌞💬 - 強調產品的創新技術，如太陽般強大而可靠。
> 3. 🚀📱 "太陽牌衛星手機，讓通訊不再遙遠" 🌍🔗 - 形容該手機能夠消除地理上的障礙，使通訊更加便捷。
> 4. 🏞️🌊 "探索未知，太陽牌在手，世界在眼前" 🌎👀 - 鼓勵用戶利用衛星手機探索世界的每一個角落。
> 5. 📱💫 "與星同行，太陽牌衛星手機，引領未來通訊" 🌤️🌈 - 強調產品作為通訊領域的先鋒，開啟未來新篇章。

ChatGPT 為「太陽牌衛星手機」設計的五個廣告口號，巧妙結合了 Emoji 符號，生動地展現了產品的核心特點和價值。從超越通訊界限的「超越界限，連接無限可能」，到強調技術創新的「由太陽啟發，衛星技術，照亮每一次通話」，每一句口號都精準抓住了太陽牌衛星手機突破傳統，提供無與倫比連接體驗的精神。透過這些具創意且富有象徵意義的口號，ChatGPT 不僅強化了品牌形象，也成功吸引了目標消費者的注意，展現了其深刻的市場洞察和文案創造力。

❑ 台灣玉荷包

> **您**
> 你是行銷專家,請以「台灣玉荷包」為例,生成5個含Emoji符號的廣告口號
>
> **ChatGPT**
> 1. 🌟🍇 "台灣之光,玉荷包盛放" tw ✨ - 突出台灣玉荷包葡萄的優質與地域特色。
> 2. 🍇❤️ "每一顆玉荷包,滿載愛與甜蜜" ❤️🍷 - 強調每顆葡萄都是用心栽培,帶來滿滿的愛與甜美。
> 3. 🍇🍇 "品味台灣,玉荷包之美" 🌈🌿 - 以玉荷包葡萄作為代表,邀請消費者品味台灣的自然美好。
> 4. 😊🍇 "陽光下的恩賜,台灣玉荷包" ☀️💧 - 形容玉荷包葡萄是在陽光和水分滋養下成長的美味果實。
> 5. 🍇🎉 "慶祝每一刻,與玉荷包共醉" 🎊🍾 - 將台灣玉荷包葡萄與慶祝快樂時刻的美好情感結合。

　　ChatGPT 以創意十足的方式為「台灣玉荷包」葡萄生成了五個含 Emoji 符號的廣告口號,每一句都巧妙地結合了視覺元素和文字,生動地展現了玉荷包的獨特魅力和台灣的豐富文化。從突顯其地域特色、愛與甜蜜,到陽光和自然恩賜的美好,再到與快樂時刻的聯繫,這些口號不僅增加了對台灣玉荷包的吸引力,也讓人感受到台灣農產的純樸與豐富。ChatGPT 的這些回應展現了其對於營銷策略的理解,以及利用 Emoji 在短短幾字中傳達豐富情感和訊息的能力。

第 5 章　AI 如何幫你打造響亮的公司與產品口號

第 6 章
AI 如何塑造品牌的故事

6-1　品牌心靈故事的力量 - 為什麼故事對品牌至關重要

6-2　AI 編織品牌故事的秘訣 - 企業必知的注意事項

6-3　從阿婆飲料到品牌傳奇 - AI 如何講述故事

6-4　「日夜咖啡酒館」- AI 重現咖啡文化的品牌旅程

6-5　線上購物的溫情故事 - AI 打造「顧客來網路商店」品牌傳奇

6-6　「台光牌」創新之旅 - AI 述說太陽能衛星手機的故事

6-7　「深智數位」的創新軌跡 - AI 如何塑造科技企業的品牌傳奇

第 6 章　AI 如何塑造品牌的故事

　　在數位時代，AI 不僅是技術革新的代表，也成為創造與講述品牌故事的新工具。當 AI 遇上品牌故事，一場關於數據、創意與情感交織的奇妙旅程隨即展開。透過 AI 的眼睛，我們得以從一個嶄新的視角解讀品牌的精神與價值，重新定義與消費者之間的溝通方式。這一章將探討 AI 如何描繪出品牌的過去、現在與未來，以及這一切對於品牌建立深刻且持久的連結意味著什麼。進入 AI 與品牌故事的交匯點，讓我們一同見證這場敘事革命。

6-1　品牌心靈故事的力量 - 為什麼故事對品牌至關重要

　　品牌故事（Brand Story）是一種將品牌的理念、歷史、價值觀、願景以及與顧客的關係融合在一起，透過故事形式傳達出來的營銷策略。這種故事不僅包括品牌創立的背景、發展過程中的重要事件，還涵蓋品牌如何影響顧客和社會的故事。

　　品牌故事對於一個品牌來講，它的重要性就像是人的身分證一樣，是品牌獨一無二的身份象徵。它不單單只是一段敘述，更是品牌與消費者之間溝通的橋樑，能夠讓消費者了解品牌的核心價值、創始背景、發展歷程，以及品牌所追求的目標和夢想。

- **提升品牌認同感**：好的品牌故事能夠引起消費者的共鳴，讓消費者在心理上產生認同感，進而產生情感上的連結。當消費者對品牌有了情感上的依賴，他們更可能成為忠實顧客。

- **與消費者建立情感連結**：透過故事傳達品牌的人性化面貌，讓消費者感受到品牌背後的溫度，而不是冰冷的商業機器。這種情感上的連結有助於增強消費者對品牌的好感度。

- **區隔競爭對手**：在眾多品牌中脫穎而出，品牌故事是一個有效的方法。它可以展現品牌的獨特性和創新性，讓消費者在眾多選擇中更容易記住並選擇你的品牌。

- **傳達品牌價值**：品牌故事可以清晰地傳達品牌的核心價值觀，讓消費者了解品牌不僅僅是追求利潤，更致力於社會責任、環境保護等更深層次的價值追求。

- **增加品牌深度**：一個有深度的品牌故事能夠讓消費者看到品牌背後的努力和堅持，增加品牌的吸引力，讓消費者在購買時感到更有意義。

總而言之，品牌故事不僅是品牌行銷的重要工具，更是建立與消費者深層次連結的關鍵。一個深入人心的品牌故事，能夠讓品牌在競爭激烈的市場中站穩腳跟，並持續發展。

6-2　AI 編織品牌故事的秘訣 - 企業必知的注意事項

描述品牌故事時，有幾個關鍵點需要特別注意，以確保故事不僅能夠吸引目標受眾，還能夠準確地傳達品牌的核心價值和理念：

- 真實性：品牌故事必須建立在真實的基礎上，誠實地反映品牌的歷史、價值觀及使命。這種真實性能夠建立品牌的信任感，與消費者建立真正的情感連結。
- 獨特性：品牌故事需要凸顯出品牌的獨特性，這包括品牌的創立背景、發展過程、面臨的挑戰以及如何克服這些挑戰的故事。獨特的品牌故事有助於品牌在競爭激烈的市場中脫穎而出。
- 關聯性：故事應該與目標受眾產生共鳴，解決他們的需求或問題，或者與他們的生活經驗、價值觀和情感產生連結。當受眾能在故事中看到自己的反映時，更容易產生情感上的投入。
- 簡潔性：雖然詳細的背景很重要，但故事的表達需要簡潔明瞭，避免不必要的複雜性或冗長，以免失去受眾的注意力。
- 啟發性：好的品牌故事應該具有啟發性，能激勵和鼓舞人心。無論是透過展示創辦人的堅持不懈，還是展現品牌如何對社會產生正面影響，故事都應該傳達出正能量和希望。
- 一致性：品牌故事需要在不同的媒介和渠道上保持一致性，無論是在網站上、社交媒體還是廣告中，都應該傳達相同的核心訊息和價值觀。
- 演變性：品牌故事不是一成不變的，它應該隨著品牌的成長和市場的變化而演進。保持故事的更新和發展，可以保持品牌的活力和相關性。

透過這些原則，品牌可以創建一個強有力的故事，不僅能夠吸引消費者，還能夠在市場上建立一個獨特和持久的品牌形象。

6-3　從阿婆飲料到品牌傳奇 - AI 如何講述故事

在一條熱鬧街道的角落，「阿婆的飲料店」佇立著，它不僅是一家店，更是一段溫馨的記憶和傳承。數十年來，這家店以一位親切阿婆的名義經營，她的手調飲料不只是消暑良方，也是連結人心的甘露。每一杯飲料背後，都是阿婆對生活的熱愛與對家庭的思念。這一節將帶領讀者走進「阿婆的飲料店」的世界，探索它如何成為社區不可或缺的一部分，並見證一個小店如何用愛和堅持，釀造出滋養心靈的故事。

在請 AI 撰寫品牌故事時，我們資料給的更完整，可以獲得更完整的結果。

6-3-1　AI 發揮創意編撰「阿婆的飲料店」的品牌故事

這一節筆者只給少許的資料，讓 AI 發揮想像力，自行編撰。

> **您**
> 阿婆的飲料店座落在台北市的士林老街，成立已經60年了，請為此撰寫品牌故事。
>
> **ChatGPT**
> 在台北市的士林老街，有一家名叫「阿婆的飲料店」的小店，這家店已經成立60年了，是許多當地人和遊客的記憶所在。創始人是一位慈祥的老婦人，大家親切地稱她為「阿婆」。60年前，阿婆決定用她對飲料的熱情，開設一家小店，為熙熙攘攘的士林老街增添一抹清涼。
>
> 阿婆的飲料店特別之處，在於每一杯飲料都蘊含著阿婆對生活的理解和對顧客的關愛。從傳統台灣茶飲，到創新的果汁混合，阿婆的手藝結合了傳統與創新，創造出一杯杯令人回味無窮的飲品。更重要的是，阿婆總是以溫暖的微笑迎接每一位顧客，讓人感受到家的溫馨。

> 隨著時間的流逝，阿婆的飲料店見證了士林老街的變遷與發展，從簡陋的小攤位發展成為具有歷史意義的地標。阿婆的堅持不僅僅是對飲料品質的堅持，更是對生活態度的展現。她相信，無論時代如何變遷，人與人之間的情感連結和對美好生活的追求是不變的。
>
> 今天，阿婆的飲料店已經由阿婆的孫子接手經營，雖然阿婆已經不再親自站在櫃台後，但她的精神和熱情仍然滲透在店裡的每一個角落。新一代的經營者在保留傳統風味的同時，也不斷創新，引入新的飲料種類，滿足現代消費者的口味，同時傳承阿婆的精神；用心製作每一杯飲料，用愛連結每一位顧客。
>
> 「阿婆的飲料店」不僅是一家飲料店，它是士林老街上的一份記憶，一個時代的見證，更是一個關於家、愛與傳承的故事。在這裡，每一位走進店內的顧客，都能夠找到一杯屬於自己的故事，並在品嚐的同時，感受到阿婆對生活的熱愛和對每一位顧客的關懷。

　　ChatGPT 對於「阿婆的飲料店」品牌故事的描述相當生動細膩，它巧妙地將店家的歷史背景、阿婆的創業精神，以及飲料店對於社區的影響融合在一起。透過細緻的敘述，ChatGPT 不只重現了阿婆對飲料製作的熱情和堅持，也讓人感受到這家店與顧客間深厚的情感連結。這段描述不僅展現了台灣傳統小店的溫馨與人情味，也成功傳達了品牌故事對於建立顧客關係重要性的觀點。

6-3-2　AI 融入故事情節編撰「阿婆的飲料店」的品牌故事

　　這一節筆者提供比較多的資料，讓 ChatGPT 可以有更多依據撰寫品牌故事。

> **您**
> 阿婆的飲料店座落在台北市的士林老街，此店的特色如下，
> 阿婆的飲料店1961年成立，早期阿婆推著攤販車在士林地區銷售酸梅汁
> 1991年開始有了店面，同時銷售綠茶和紅茶
> 60多年來為了照顧學生，憑學生證可打對折
> 65歲老年人，憑身分證可以獲得免費飲料一杯
> 請為此撰寫品牌故事。
>
> **ChatGPT**
> 在台北巾的士林老街，藏著一個不僅以飲料聞名，更以愛心與溫暖擄獲人心的小店——「阿婆的飲料店」，從1961年開始，阿婆便推著攤販車，於士林地區賣起了她招牌的酸梅汁。那時，她的酸梅汁不僅為熱浪中的人們帶來一絲涼意，更用她的微笑和關懷，為社區注入了一股溫暖的力量。

第 6 章　AI 如何塑造品牌的故事

> 隨著年月流逝，阿婆的小攤漸漸成為了士林老街上的一個標誌。到了 1991 年，阿婆終於有了自己的店面，並開始銷售綠茶和紅茶，讓她的愛與關懷通過更多種類的飲料傳遞給每一位顧客。但阿婆從未忘記初心，她堅持為社區做出更多貢獻。為了照顧學生，她提供憑學生證打對折的優惠；為了尊重與疼愛年長者，65 歲以上的老年人憑身分證就可以獲得免費飲料一杯。
>
> 這些年來，「阿婆的飲料店」不僅是一家店，更是士林社區的一部分，是一個溫馨的集合點，讓人們在這裡找到慰藉、找到回憶、找到家的味道。阿婆的故事和她的飲料店，成為了當地居民與遊客口中傳頌的佳話，一杯杯飲料背後，是阿婆對這個社區無條件的愛和付出。
>
> 隨著時間的推移，「阿婆的飲料店」可能會經歷更多變遷，但阿婆的精神——那份對社區的愛、對每一位顧客的關懷——將永遠是這家店最珍貴的品牌故事。

ChatGPT 將「阿婆的飲料店」的品牌故事講得活靈活現，從阿婆早期推攤賣酸梅汁的辛苦歲月，到後來店面成立，再到對學生和老年人的關懷，每一步都體現了濃厚的人情味和社區責任感。透過這段描述，不僅讓人感受到了台灣小店的溫馨與親切，還凸顯了這家店與社區間深厚的情感連結，真實呈現了台灣社會對於溫情與互助的高度重視。

6-4 「日夜咖啡酒館」- AI 重現咖啡文化的品牌旅程

在繁忙都市的一角，有一間特別的店「日夜咖啡酒館」，隨著天色的變化，它也悄悄地變換著自己的身份。這裡白天是充滿陽光的咖啡館，晚上則轉身成為溫馨的酒館。成立於 30 年前，它不僅見證了周遭社區的變遷，也成為了當地居民生活中不可或缺的一部分。創辦人用心打造這個獨特的空間，希望提供一個既能享受安靜咖啡時光，又能品嚐精釀啤酒和調酒的地方。隨著時間的推移，「日夜咖啡酒館」已經成為一個故事豐富、情感連結深厚的場所，不僅是一間店，更是一個有著豐富歷史和故事的社區中心。

6-4-1　AI 發揮創意編撰「日夜咖啡酒館」的品牌故事

> **您**
> 「日夜咖啡酒館」位於台北市天母，成立已經30多年了，這是一間白天是咖啡館、晚上是酒館的商店，請為此撰寫品牌故事。

> **ChatGPT**
> 在台北市天母的一條安靜街道上，「日夜咖啡酒館」靜靜地佇立，它是這個城市中一個獨特的存在。這家店由一對夢想家夫婦在30多年前創立，他們想要創建一個既能享受日光下的悠閒時光，又能在月光下品味生活的空間。因此，「日夜咖啡酒館」應運而生，白天它是一間氣氛輕鬆的咖啡館，提供新鮮烘焙的咖啡和手工甜點；到了晚上，它變身為一間充滿情調的酒館，供應各式精釀啤酒和創意調酒。

隨著時間的流逝，「日夜咖啡酒館」不僅成為天母居民的日常去處，也吸引了來自各地的遊客。它見證了無數個故事的發生：朋友的重逢、戀人的約會、家人的慶祝……每一刻都充滿了溫馨和喜悅。

創辦人夫婦始終堅持高品質的原則，無論是選擇咖啡豆、調配飲品還是設計店內的每一個角落，都透露著他們對細節的關注和對品質的堅持。他們希望「日夜咖啡酒館」不僅是一個消費的場所，更是一個能讓人放慢腳步，感受生活美好的空間。

如今，「日夜咖啡酒館」已經成為天母的一個地標，不僅因為它獨特的經營理念，更因為它承載了這麼多年來顧客的回憶和情感。這裡不僅是一間咖啡酒館，更是一個溫暖人心的故事集合，持續著與這座城市和每一位顧客的美好對話。

ChatGPT 對「日夜咖啡酒館」的描述相當有感情，從創業的初心到成為天母地區一個重要的社交場所，每一句話都透露出對這間店濃濃的情感與記憶。透過 ChatGPT 的描述，不僅讓人感受到了店裡溫馨舒適的氛圍，也能體會到創辦人對品質的堅持與對顧客的關懷。這段故事不單是在講述一間咖啡酒館的歷史，更是在傳達一種對生活的熱愛與享受。

第 6 章　AI 如何塑造品牌的故事

6-4-2　AI 融入故事情節編撰「日夜咖啡酒館」的品牌故事

> **您**
> 「日夜咖啡酒館」位於台北天母，此商店的特色如下：
> 1992年成立台北天母創始店
> 這是一家白天是咖啡館，晚上是酒館的商店，就像The Page Turner一樣
> 2000年開始在新竹、台中、台南和高雄各有一間分店
> 2010年起公司以「白天嚐咖啡香醇，夜晚品酒的微醺。」為商店口號
> 請為此撰寫品牌故事。

> **ChatGPT**
> 在1992年的某個清晨，台北天母區迎來了一個全新的開始——「日夜咖啡酒館」在這裡揭開了它的序幕。就像一本精彩的書籍，這家店白天和晚上呈現出截然不同的章節。白天，它是一間充滿陽光與咖啡香的咖啡館；到了夜晚，則轉身成為一間氣氛溫馨、燈光柔和的酒館。這樣獨特的經營模式，讓「日夜咖啡酒館」迅速成為人們談論的焦點。

隨著時間的推移，「日夜咖啡酒館」的魅力不僅限於台北。到了2000年，新竹、台中、台南和高雄也相繼開設了分店，將這種獨特的生活方式帶給了更多的人。不論是忙碌的上班族尋找一處安靜的午後休憩地，還是朋友間想要享受夜晚聚會的溫馨場所，「日夜咖啡酒館」都成為了他們的首選。

2010年，「日夜咖啡酒館」推出了新的口號——「白天嚐咖啡香醇，夜晚品酒的微醺。」這不僅凝練了店鋪的核心精神，也進一步強調了它在顧客心中獨一無二的地位。這家店不僅提供美味的飲品，更是提供了一個可以讓人暫時放慢腳步，享受生活每一個瞬間的場所。

「日夜咖啡酒館」的故事，就像它的名字一樣，承載著日與夜的變化與豐富。從1992年至今，無數的日夜更迭中，它見證了無數的相遇與告別，成為了一個時代的記憶，一個關於時間、關於生活、關於享受當下的美好故事。

　　ChatGPT 對「日夜咖啡酒館」的描述真是既溫馨又深具意義，將這間特色店面的發展歷程與它獨到的經營理念娓娓道來。從 1992 年創立於台北天母，到後來在全台擴展分店，這故事不只是在講述一間店的成長，更彰顯了這家店如何成為人們生活中不可或缺的一部分。口號「白天嚐咖啡香醇，夜晚品酒的微醺」更是巧妙地概括了「日夜咖啡酒館」給顧客的獨特體驗，展現了它在日常生活中扮演的角色。

6-5 線上購物的溫情故事 - AI 打造「顧客來網路商店」品牌傳奇

在數位浪潮迅猛發展的今天,「顧客來網路商店」悄悄地在虛擬世界的一角落,落地生根,開始了它獨特的旅程。創辦人憑著對電子商務無限的熱情和對顧客深刻的理解,建立了這個平台,旨在提供一個更加便捷、個性化的購物體驗。從最初的幾樣商品到如今豐富的產品線,每一步成長都凝聚了團隊的創新與努力。這不僅僅是一個購物網站的故事,更是關於如何在數位時代中,持續創造價值,並與顧客建立真正意義上的連結的故事。

6-5-1 AI 發揮創意編撰「顧客來網路商店」的品牌故事

> **您**
> 「顧客來網路商店」成立已經25年了,在網路剛開始興起時,創辦人「洪星宇」先生創建此新的網路公司,請為此撰寫品牌故事。

> **ChatGPT**
> 在網際網路剛開始為人所知的年代,一位具有遠見的創業者,洪星宇先生,憑藉著他對未來的洞察與對技術的熱情,創立了「顧客來網路商店」。這不僅是一個商業的冒險,更是對新時代的一次大膽預測。當時,電子商務還是一片未被開墾的荒地,洪星宇先生卻堅信網路將重新定義購物方式,他想要創建一個平台,讓購物變得無遠弗屆,任何人只需一台電腦,便能享受購物的樂趣。
>
> 創業初期,「顧客來網路商店」面臨諸多挑戰。技術限制、消費者信任度低、物流配送問題一度讓這個初生之犢步履蹣跚。但洪星宇先生和他的團隊沒有放棄,他們不斷創新,從提高網站安全性到優化用戶體驗,從搭建完善的物流系統到引入多樣化的商品,每一步都為「顧客來網路商店」的成長打下堅實的基礎。
>
> 25年過去了,「顧客來網路商店」已從一個小型創業項目成長為電子商務領域的佼佼者。它不僅見證了網路技術的飛速發展,更成為了數百萬消費者日常生活中不可或缺的一部分。洪星宇先生始終堅持的核心理念——以顧客為中心,不斷創新——已成為公司文化的一部分,引導著「顧客來網路商店」持續前進。
>
> 今天的「顧客來網路商店」不僅是一個購物平台,它是一個連接人與商品、過去與未來的橋樑,一個關於堅持、創新和願景實現的故事。在這個數位時代,「顧客來網路商店」仍然繼續著它的使命,將更多的可能帶給每一位顧客,不斷探索電子商務的無限潛能。

第 6 章　AI 如何塑造品牌的故事

　　ChatGPT 對於「顧客來網路商店」的品牌故事描述得宜，從洪星宇先生創業的初衷，到網店面對的挑戰與克服過程，再到成為電子商務領域的重要玩家，每一步都寫得清楚明白。透過這段描述，不僅展示了網路商店從無到有的奮鬥歷程，也強調了創新與顧客為本的核心價值，讓人感受到創辦人對夢想的堅持和對未來的美好願景。這故事不單是關於商業成功，更是關於夢想與堅持的勵志故事。

6-5-2　AI 融入故事情節編撰「顧客來網路商店」的品牌故事

> **您**
> 「顧客來網路商店」是網路興起時在台北市以車庫當倉庫的網路公司，此公司的特色如下：
> 創辦人是「洪星宇」先生
> 1998年成立，早期在網路上銷售書籍
> 2001年開始建立物流，與便利商店合作，讓消費者可以以最快速方式取件
> 2010年開始增加銷售3C週邊商品
> 2018年開始成為全方位的網路商店
> 2020年起公司以「省錢又省時，就到顧客來」為企業口號
> 請為此撰寫品牌故事。

> **ChatGPT**
> 在網路剛開始興起的時代，一個小小的創意正在台北市的一間車庫中萌芽。洪星宇先生，一位對未來充滿期待的年輕人，決定把這個創意變成現實。於是，在1998年，「顧客來網路商店」應運而生，最初只是一個專門銷售書籍的網路平台。

6-10

> 洪先生很快意識到，要讓「顧客來」脫穎而出，必須提供更多元的服務。於是在2001年，他開始搭建物流系統，與便利商店合作，實現了讓消費者能夠快速方便地取件的夢想。這一創新舉措，不僅提升了顧客的購物體驗，也為「顧客來」贏得了市場的認可。
>
> 隨著時間的推進，洪先生沒有停止腳步。2010年，「顧客來」開始擴展其商品範圍，增加了3C週邊商品的銷售，進一步滿足了消費者的需求。到了2018年，「顧客來」已經成長為一家全方位的網路商店，無論是日用品、服飾，還是最新的電子產品，「顧客來」都能一一滿足顧客的需求。
>
> 2020年，隨著「省錢又省時，就到顧客來」成為企業的口號，「顧客來網路商店」的品牌形象更加深入人心。這不僅是一個商業口號，更是洪先生和他的團隊對顧客承諾的體現——不斷追求更高效的物流，更優質的產品，更貼心的服務。
>
> 從一間車庫開始的小店，到成為眾多消費者信賴的網路購物平台，「顧客來網路商店」的故事，是關於創新、堅持和夢想成真的故事。在這個快速變化的數位時代，「顧客來」證明了只要有遠見和不懈 ↓ 努力，每一個小小的夢想都有成為現實的可能。

ChatGPT 對「顧客來網路商店」的品牌故事描述得宜，從洪星宇先生在車庫創業的點點滴滴，到網店逐步成長為全方位網路商店的過程，每一階段都詳細呈現。透過這段描述，讓人感受到創辦人的堅持與創新精神，以及團隊對提升顧客購物體驗的不斷追求。這故事不僅展現了企業的成長歷程，更體現了「顧客來」對顧客承諾的實踐，深深植根於人們心中。

6-6 「台光牌」創新之旅 - AI 述說太陽能衛星手機的故事

在科技快速發展的今日，一家名為「台光牌」的公司，在 20 年前開啟了其創新之旅，致力於打破傳統通訊的界限。他們近期推出了一款革命性產品，「太陽能衛星手機」，這支手機不僅能透過太陽能進行充電，還能利用衛星通信技術，實現在世界任何角落通話無死角的夢想。這項創新不僅解決了傳統手機在偏遠地區信號接收的問題，也為環保出一份力，推動可持續發展的理念。透過「台光牌」的不懈努力與持續創新，

第 6 章　AI 如何塑造品牌的故事

太陽能衛星手機開創了移動通訊的新紀元，為全球的用戶提供了前所未有的便利與連接性，成為了遠足探險、海上航行、災害應急中不可或缺的通訊工具。

6-6-1　AI 發揮創意編撰「台光牌太陽能衛星手機」的品牌故事

> **錦魁　您**
> 「台光牌公司」，成立已經20年了，初期是一家開發一般手機的公司，2025年這家公司開發了創世代的產品「太陽能衛星手機」，產品特色是可以用太陽能充電、增加衛星導引通話功能，請為此撰寫品牌故事。

> **ChatGPT**
> 在科技飛速發展的時代裡，「台光牌公司」憑藉著前瞻性的思維和不斷創新的精神，在過去的20年中穩步成長。從一家專注於開發一般手機的小公司，到成為科技領域中的一顆閃亮之星，「台光牌」的每一步都凝聚著團隊的汗水與智慧。

> 2025年，「台光牌」推出了其里程碑式的產品——「太陽能衛星手機」，這不僅是公司技術革新的體現，也是對未來通訊方式的一大突破。這款手機的最大特色在於它能夠利用太陽能進行充電，不再依賴傳統的電源供應，極大地增加了使用的靈活性與便利性。此外，結合了衛星導引通話功能，使得用戶在地球上任何一個角落都能夠保持暢通無阻的通訊，從偏遠地區的探險者到海上航行的船員，都能在緊急情況下及時求助。
>
> 「台光牌」的這一創新不僅解決了人們在特定情境下的通訊需求，更開啟了一個全新的可持續發展通訊時代。這款太陽能衛星手機的問世，不僅體現了「台光牌」對於科技與環境保護雙重責任的承擔，也展現了它對於探索無限可能的不懈追求。
>
> 隨著「太陽能衛星手機」的推出，「台光牌公司」再次證明了其在科技創新領域的領導地位。這款產品不僅是一部手機，更是一個時代的象徵，一個對未來充滿無限憧憬與期待的夢想。在未來，「台光牌」將繼續以其創新的精神和技術，為世界帶來更多令人驚艷的產品，為人類的生活方式帶來革命性的改變。

　　ChatGPT 將「台光牌公司」的創新之旅描述得生動有趣，從一開始專注於開發一般手機，到 2025 年推出具有里程碑意義的「太陽能衛星手機」，每個階段都細膩呈現。這段敘述不僅展現了「台光牌」如何透過持續創新，在科技領域中鶴立雞群，也強調了該公司對環保的重視及對未來通訊方式的前瞻性思考。透過這個故事，讓人看到「台光牌」不僅追求科技進步，更承載著對社會責任和環境保護的深刻認知。

6-6-2　AI 融入故事情節編撰「台光牌太陽能衛星手機」的品牌故事

> **您**
> 「台光牌」公司位於台北,此公司發展歷程如下:
> 2002年在台北成立,初期開發傳統手機。
> 2010年手機轉型成3G智慧型手機。
> 2015年進入4G智慧型手機,開始行銷全球。
> 2019年克服技術發表5G系統與太陽能手機充電功能。
> 2020年起公司以「陽光無限、電力無限」為產品口號。
> 2025年公司發表了旗艦版的「太陽能衛星手機」,從此通話無死角,公司同時將口號升級為「陽光無限、通訊無界」,立即成為全球最暢銷的手機。
> 請為此撰寫品牌故事。

> **ChatGPT**
> 在2002年,台北的一個創意火花點燃了「台光牌」公司的誕生。最初,它只是一家專注於開發傳統手機的本土公司。隨著科技的演進和市場的需求變化,「台光牌」開始踏上轉型之路,從3G智慧型手機到進軍4G市場,並最終在2019年引領5G科技潮流,成功結合太陽能充電技術,創造了一款具有里程碑意義的產品。

2020年,「台光牌」以「陽光無限、電力無限」為口號,向世界宣告它的願景——一個能夠自給自足,隨時隨地接入通訊網絡的未來。這一願景在2025年達到了高峰,「台光牌」發表了其旗艦產品——太陽能衛星手機,這款手機不僅擁有自我充電的能力,更通過衛星技術實現了全球通話無死角的突破,徹底顛覆了人們對移動通訊的認知。

隨著「陽光無限、通訊無界」的口號升級,「台光牌」的太陽能衛星手機迅速成為全球市場的焦點,不僅因其革命性的技術,更因其背後的理念——利用無窮的太陽能,打破地理和能源的限制,讓全世界的人都能享受自由無阻的溝通。

「台光牌」的故事是一個從小到大、從地方走向世界的故事。它不僅展示了一個品牌如何隨著科技進步而不斷自我超越,更體現了一種持續創新、勇於夢想的精神。從台北到全球,「台光牌」用它的創新和堅持,為世界帶來了更加光明和無限的可能。

ChatGPT 將「台光牌」公司的發展歷程描述得宜,從 2002 年起步,逐步轉型升級,到推出創新的太陽能衛星手機,每一步都見證了科技與夢想的進步。尤其是從 3G 到 5G 的演進,再到太陽能充電和衛星通訊的突破,彰顯了「台光牌」在科技領域的前

第 6 章　AI 如何塑造品牌的故事

瞻性和創新精神。透過這段故事，不僅能感受到「台光牌」對未來通訊的遠見，也能體會到該公司對於連結世界、實現「陽光無限、通訊無界」願景的堅定承諾。

6-7 「深智數位」的創新軌跡 - AI 如何塑造科技企業的品牌傳奇

在這個資訊爆炸、科技日新月異的年代，要怎麼讓自己不被時代淘汰，成了許多人心中的疑問。深智公司就是在這樣的時代背景下誕生的，它不只是一家出版社，更像是一盞指引方向的燈塔。深智堅持提供「淺顯易懂」且「深入淺出」的電腦科技書籍，幫助每一位讀者在科技的海洋裡穩健航行。從最基礎的電腦操作到前沿的技術探索，深智都能給你最貼心的指南，讓學習不再是負擔，而是一場愉快的旅程。

6-7-1　AI 發揮創意編撰「深智數位公司」的品牌故事

> 您
> 「深智數位公司」是一家出版電腦圖書的出版社，成立於2019年，宗旨是提供最新的電腦資訊給讀者，所出版的書籍特色是「淺顯易懂」兼具「深入淺出」，請為深智數位公司撰寫品牌故事

> **ChatGPT**
> 在科技快速演進的今天，保持知識的更新成為了每個人不可或缺的需求。正是基於這樣的認識，「深智數位公司」於2019年在台灣成立，立志成為一座連接讀者與最新電腦科技知識的橋樑。創立之初，深智數位就確立了一個清晰的宗旨：讓每一位對電腦科技感興趣的讀者都能夠輕鬆獲取、理解並應用最前沿的知識。

深智數位堅持出版「淺顯易懂」且「深入淺出」的書籍。這不僅是一種出版策略，更是對知識普及的一種責任。在深智的書架上，讀者可以找到從基礎電腦操作到複雜程式設計，從人工智慧到大數據分析的各類圖書。每一本書都是由領域內的專家撰寫，經過嚴格的審稿與校對，確保提供給讀者的每一個知識點都是準確無誤、最新最全的。

「深智數位公司」的成立，不僅僅填補了市場上對於高品質、易懂電腦圖書的需求，更啟發了人們對於學習與探索科技的熱情。隨著公司的不斷成長，深智數位已經成為了台灣乃至於全球讀者信賴的知識來源。在未來，深智數位將繼續秉承其宗旨，不斷探索和創新，為讀者提供更多的學習資源，讓知識的力量在每一個角落綻放光芒。

ChatGPT 對「深智數位公司」的品牌故事描述得相當到位，從成立的初衷、宗旨到所提供的書籍特色，每一點都清楚表達了深智數位想要達到的目標和理想。透過「淺顯易懂」且「深入淺出」的書籍，深智數位不只是提供了一個學習平台，更像是在科技與讀者之間架起了一座溝通的橋樑。這份努力不僅讓讀者能夠輕鬆吸收新知，也讓深智數位成為了大家信賴的知識夥伴。

6-7-2　AI 融入故事情節編撰「深智數位公司」的品牌故事

> **您**
> 「深智數位」公司位於台北，公司發展歷程如下：
> 2019年在台北成立。
> 出版書籍的特色是「淺顯易懂」、「不賣弄學問」。
> 2020年至2023年間，深智公司作者「洪錦魁」著作的書，每年進入國內暢銷排行榜前10名。
> 2023年深智公司作者「洪錦魁」獲選博客來10大華文暢銷作家。
> 深智公司每年出版約80本紙本書籍，同時出版約30本電子版書籍。
> 公司網站是「https://deepwisdom.com.tw」。
> 請為此撰寫品牌故事。

> **ChatGPT**
> 在台北的一角，「深智數位」公司於2019年悄然誕生，帶著一個簡單卻強大的信念：在這個快速發展的數位時代中，以最「淺顯易懂」的方式普及電腦和科技知識。從創立之初，深智就致力於打破科技書籍晦澀難懂的刻板印象，推崇「不賣弄學問」的精神，讓每一位讀者都能輕鬆地從書頁中獲得知識與啟發。

這樣的堅持很快獲得了市場的認可。特別是公司的旗艦作者「洪錦魁」，他的著作不僅連續幾年躍居國內暢銷排行榜前10名，更在2023年被博客來評選為10大華文暢銷作家之一，成為科技與文學交匯的亮點。

隨著每年約80本紙本書籍和30本電子書的穩定出版，「深智數位」已經成為台灣乃至全球讀者信賴的知識來源。通過官方網站「https://deepwisdom.com.tw」，深智不僅提供了一個學習和購買平台，更創造了一個互動和分享的社群，讓知識的火花在讀者之間迸發，共同成長。

「深智數位」的故事，是關於如何在資訊洪流中把握知識的故事，更是一個關於熱情、堅持與創新的品牌旅程。在未來，深智將繼續與時俱進，不斷探索新的知識領域，為讀者帶來更多高品質、易於理解的科技書籍，繼續在知識的道路上引領前行。

第 6 章　AI 如何塑造品牌的故事

　　ChatGPT 對於「深智數位」公司的描述相當精準，從 2019 年成立開始，就強調了其「淺顯易懂」與「不賣弄學問」的出版特色。特別提到「洪錦魁」作家的成就，不僅展現了深智數位在業界的影響力，也突顯了其對提升讀者科技素養的貢獻。透過每年穩定的書籍出版量和互動式的官網平台，深智數位不只是出版社，更是個知識分享的社群，幫助讀者在科技的海洋裡穩健航行。

第 7 章
AI 如何重新定義撰寫行銷文案的規則

7-1　行銷文案新紀元 - 探索 AI 撰寫在行銷中的優勢
7-2　「太陽牌衛星手機」行銷秘笈 - AI 如何為科技產品撰文
7-3　飲料店行銷革新 - AI 如何撰寫打動人心的文案
7-4　網路商店行銷策略升級 - AI 助力撰寫吸引客流的文案
7-5　精準攻心 - AI 如何撰寫以目標客戶為導向的行銷文案
7-6　商品魅力全開 - AI 如何撰寫商品導向行銷文案
7-7　社交媒體行銷祕籍 - AI 如何撰寫引爆網友互動的貼文
7-8　電子報行銷新策略 - 利用 AI 撰寫吸引讀者的文案
7-9　E-mail 行銷革命 - AI 如何幫品牌贏得客戶心
7-10　開幕盛典必勝秘笈 - AI 如何為新商場撰寫迷人文案

第 7 章　AI 如何重新定義撰寫行銷文案的規則

在當今數位化的浪潮中，人工智慧（AI）已成為推動行銷創新的強大力量。隨著技術的進步，AI 不僅能夠分析消費者數據、預測市場趨勢，更突破性地進入了文案創作的領域。這一章將探討 AI 如何撰寫行銷文案，從而為品牌塑造說服力強、引人入勝的敘事。我們將深入了解 AI 在文案創作中的應用，探討其對於傳統創意工作的影響，以及它如何成為行銷人員不可或缺的工具。在這個由數據驅動的時代，AI 寫作不僅是一種創新，更是對於效率與創造力的一次重大飛躍。

7-1 行銷文案新紀元 - 探索 AI 撰寫在行銷中的優勢

7-1-1 行銷文案的範圍

企業行銷文案的應用範圍廣泛，覆蓋了從傳統媒體到數位平台的多個領域。有效的行銷文案能夠提高品牌認知度、促進產品銷售、增強客戶關係，並最終驅動業務增長。以下是企業行銷文案的一些主要應用：

- 廣告文案：包括電視、廣播、印刷（如雜誌、報紙）和戶外廣告（如看板、交通廣告）等傳統媒體，以及網路廣告、社交媒體廣告等數位平台的創意文案。
- 社交媒體內容：針對不同的社交平台（如 Facebook、Instagram、Twitter、LinkedIn 等）創作吸引人的貼文和更新，旨在提高參與度和社交分享。
- 內容行銷：包括 FB 文章、白皮書、電子書、案例研究、影片腳本等，用於吸引目標客戶、提供價值，並建立品牌作為行業領導者的地位。
- 網站內容：包括首頁、關於我們頁面、產品/服務描述、常見問題解答等，這些文案旨在提供關於企業和其產品/服務的關鍵信息，並促使訪客採取行動（如購買、訂閱）。
- 電子郵件行銷：包括促銷郵件、通訊、感謝信、交易郵件等，用於直接與現有客戶和潛在客戶溝通，推廣產品/服務，並保持關係。
- 產品包裝和說明：產品包裝上的文案和使用說明，不僅提供必要的產品訊息和指南，也是傳達品牌形象和價值的重要媒介。
- 報告和簡報文案：企業用於內部溝通、投資者關係和業務的報告和簡報的文案，旨在清楚傳達業務績效、戰略目標和市場機會。

- 客戶服務溝通：包括客服郵件、聊天機器人腳本、常見問題解答等，旨在提供優質的客戶服務和支持。

這些應用顯示了行銷文案在企業傳達品牌信息、吸引和保留客戶以及推動業務增長中的關鍵作用。有效的行銷文案需要深入理解目標客戶，並能夠以創意和吸引人的方式傳達企業的核心訊息和價值主張。

7-1-2　AI 如何協助我們撰寫行銷文案

ChatGPT 可以在撰寫企業行銷文案的過程中發揮多方面的作用，幫助企業提升內容的創造力、效率和個性化程度。以下是 ChatGPT 可以提供的一些具體協助：

- 產生創意和初稿：ChatGPT 可以快速生成文案初稿，包括廣告文案、社交媒體貼文等。它還能提供創意構想，幫助團隊拓展思路。
- 個性化內容建議：會依據特定目標客戶的描述，ChatGPT 可以幫助設計針對性強的個性化文案，從而提高參與度和轉化率。
- 語言風格和語調的調整：ChatGPT 能夠根據指定的語言風格和語調要求（如正式、非正式、專業或活潑）來撰寫或調整文案，保持品牌溝通的一致性。
- 內容優化和重新寫作：針對現有的文案，ChatGPT 可以提供改寫建議，幫助提高清晰度、吸引力或 SEO 表現。
- 答疑和客戶互動文案：對於客戶服務相關的文案需求，ChatGPT 可以幫助撰寫 FAQ、自動回覆模板或聊天機器人對話，提升客戶體驗。
- 多語言內容創作：ChatGPT 支持多種語言，可以幫助企業快速創建或翻譯成不同語言的行銷文案，擴大其國際影響力。
- 內容策略和行銷建議：ChatGPT 可以提供內容策略的建議，包括內容類型、發布頻率和最佳實踐等，幫助企業優化其行銷效果。
- 學習和培訓資源：對於企業內部團隊，ChatGPT 可以提供有關行銷策略、寫作技巧和最新行銷趨勢的學習資源，支持團隊能力的提升。

使用 ChatGPT 撰寫企業行銷文案時，重要的是結合人類的專業判斷和創意思考，確保生成的內容既達到了高質量的標準，又真正符合企業的品牌形象和市場目標。

7-1-3　AI 撰寫文案的優點

ChatGPT 在協助撰寫行銷文案方面提供了多項優勢，這些優勢可以幫助企業提高內容創作的效率、質量和創新性。以下是 ChatGPT 撰寫行銷文案的主要優點：

- 效率提升：ChatGPT 可以在幾秒鐘內生成文案初稿或提供創意點子，大大提高內容創作的速度，特別是對於需要大量內容產出的行銷活動。
- 成本效益：透過自動化文案創作過程，企業可以節省人力成本，尤其是在初稿創作、常規內容更新或大規模內容生產方面。
- 靈活性和可擴展性：ChatGPT 能夠根據不同的需求和條件（如目標客戶、產品特性、行銷目標）快速調整文案風格和內容，支援各種行銷活動和策略的靈活運用。
- 創意激發：提供新的文案創意和表達方式，有助於打破思維定勢，激發團隊的創意潛力，從而創造出更有吸引力的行銷文案。
- 語言多樣性：支持多種語言的文案創作，使企業能夠輕鬆地為不同地區和語言的目標客戶創建或翻譯內容，擴大其市場覆蓋範圍。
- 內容質量和一致性：透過學習大量的語料庫，ChatGPT 可以生成符合語言學規則的高質量文案，並確保文案風格和語調與企業的品牌語言保持一致。
- 個性化和客製化：能夠根據特定的用戶輸入和指令產生高度個性化的文案，滿足不同行銷場景和目標客戶的需求。
- 即時反饋和迭代：在文案創作過程中，ChatGPT 能提供即時反饋和修改建議，使內容能夠迅速迭代和改進，提高工作效率。

儘管 ChatGPT 提供了這些優勢，但最佳實踐是將其作為一種輔助工具，與人類的專業知識和創意思考相結合，以確保最終的行銷文案不僅高效和創新，而且真正符合品牌的目標和價值觀。

7-2 「太陽牌衛星手機」行銷秘笈 - AI 如何為科技產品撰文

7-2-1 生成一般的行銷文案

如果我們沒有給予詳細的產品資料，所產生的文案是一般性的行銷文案。建議要求 ChatGPT 寫行銷文案時，最好提供產品特色、功能、優點，甚至用實際例子，越詳細越好。

> **您**
> 你是行銷與SEO的專家，請撰寫推銷「衛星手機」的行銷文案

> **ChatGPT**
> 當然，作為行銷與SEO的專家，我會將重點放在衛星手機的獨特賣點上，同時兼顧關鍵詞的優化，以便提高在搜索引擎中的可見度。以下是一段針對衛星手機的行銷文案：

探索無界限，衛星手機引領通訊新時代

在追求自由與探險的道路上，**衛星手機**為您打開了一扇通往未知世界的大門。無論是偏遠的山川湖海，還是廣袤無垠的沙漠荒野，衛星手機都能確保您與世界的每一次連接都清晰可靠，讓通訊的界限變得無遠弗屆。

- **全球連接，無所不在**：利用先進的衛星通信技術，我們的衛星手機在全球範圍內提供無縫的通訊服務。現在，您的冒險無需受到信號限制，真正做到地球任何角落都能溝通無礙。
- **極限環境，堅若磐石**：專為極端條件設計，衛星手機具備出色的耐用性能，確保在嚴酷環境下也能正常工作。從酷熱的沙漠到寒冷的高山，衛星手機都是您可靠的夥伴。
- **智慧科技，一手掌握**：結合智慧操作系統，衛星手機不僅能進行衛星通話，還能享受快速互聯網、多媒體娛樂和豐富的應用生態，科技與自然完美融合。

第 7 章　AI 如何重新定義撰寫行銷文案的規則

> - **綠色節能，共護地球**：我們承諾，衛星手機在提供強大功能的同時，也極力減少對環境的影響。採用環保材料和節能技術，讓探險之旅更加綠色。
>
> **立即體驗衛星手機，開啟您的全球探險之旅。** 在這個無限可能的時代，讓我們一起突破地平線，探索未知，發現生活中的無限精彩。
>
> 這段文案不僅突出了衛星手機的主要功能和優勢，同時也融入了適合 SEO 的關鍵詞，如 "衛星手機"、"全球連接"、"極限環境" 等，旨在提高搜索引擎的排名，吸引目標用戶的注意。

　　ChatGPT 在撰寫「衛星手機」行銷文案方面，雖然是通用的行銷文案，仍具有廣泛吸引力，展現了相當程度的理解力和創造力。它能夠針對產品的獨特賣點—即在全球任何地方都能提供通訊服務的能力—進行精準的捕捉與表述。透過明確的列點和情境設定，ChatGPT 有效地傳達了衛星手機超越傳統通訊限制的主要優勢。

　　從台灣用戶的視角來看，ChatGPT 的輸出在語言表達上足夠清晰，容易理解，且能夠引起目標客戶的共鳴。它巧妙地將技術細節與用戶可能的情感需求結合起來，不僅介紹了產品功能，還塑造了一種探索未知、自由無界的生活方式形象。

　　總的來說，ChatGPT 在「衛星手機」行銷文案的撰寫上表現出了不俗的能力，能夠為企業提供一定的參考價值。

7-2-2　生成包含產品特色的行銷文案

　　下列是筆者增加「衛星手機特色」，同時說明是推廣「太陽牌衛星手機」，所產生的文案。

7-2 「太陽牌衛星手機」行銷秘笈 - AI 如何為科技產品撰文

> **您**
> 你是行銷與SEO的專家，使用台灣用語，請撰寫銷售「太陽牌衛星手機」的行銷文案，「太陽牌衛星手機」具有「太陽能充電、9600萬畫素解析度、全球無死角、耐摔、耐熱、耐寒」特色』。

> **ChatGPT**
> 在這個資訊爆炸的時代，「太陽牌衛星手機」來了，給想要冒險、想要探索、想要保持連線的你，一個全新的選擇。不管是爬山涉水，還是走到世界的另一端，太陽牌都陪你每一步，讓我們一起看看這款手機的獨家優勢：
>
> - **太陽能充電**：走到哪充到哪，只要有陽光的地方，就不怕沒電。環保又便利，支持你的探險之旅從日出到日落。
> - **9600萬畫素超高解析度**：每一次的風景，每一次的笑臉，太陽牌都能幫你記錄得清清楚楚、美美的。9600萬畫素，讓你的每一張照片都能成為回憶中的高清寫真。
> - **全球無死角**：不管你在世界的哪個角落，太陽牌衛星手機都能保持通訊暢通無阻。從城市的喧囂到自然的寧靜，太陽牌都是你最可靠的夥伴。
> - **耐摔、耐熱、耐寒**：設計堅固，不畏惡劣環境。無論是酷熱的沙漠還是凍結的雪地，太陽牌衛星手機都能穩定運作，陪你走過每一次冒險。
>
> **太陽牌衛星手機**，不僅僅是一部手機，它是你探索世界的夥伴，是你記錄生活的工具，更是你在每一次旅途中可靠的守護者。現在就讓太陽牌衛星手機，成為你生活中不可或缺的一部分，開啟你的全球探險之旅吧！
>
> 立刻行動，全新視界等你開啟。太陽牌衛星手機，陪你一起，走向世界的每一個角落。

　　ChatGPT 在撰寫「太陽牌衛星手機」的行銷文案方面展現了相當的能力，特別是在把握產品特色和目標客戶需求上做得很到位。透過生動的描述和細節的展現，成功地凸顯了太陽牌衛星手機的多項優勢，如太陽能充電、高畫質攝影、全球通訊能力以及優秀的耐用性能。

　　使用台灣的用語風格，文案傳達了一種親切和熱忱感，能夠有效吸引台灣消費者的注意。例如，用「走到哪充到哪」來形容太陽能充電功能，既形象又貼近日常生活，讓人一聽就明白其便利性。

7-7

第 7 章 AI 如何重新定義撰寫行銷文案的規則

此外，文案中融入了探險和冒險的元素，成功地塑造了太陽牌衛星手機作為探索世界不可或缺伙伴的形象，這不僅激發了目標消費者的好奇心，也勾勒出了產品使用的理想場景，增強了消費者的購買欲望。

總之，ChatGPT 在這次的行銷文案輸出中展現出了強大的語言組織和創意表達能力，很好地捕捉了產品賣點及其對目標客戶的吸引力，是一篇能夠有效促進產品銷售的優質文案。

7-2-3　與 AI 互動 - 生成行銷文案

前一小節所生成的行銷文案已經很好了，然而，為了進一步貼近台灣市場，文案或許還可以加入更多具體的生活情境或是台灣消費者可能感興趣的應用場景，這樣可以使產品特色與消費者的日常生活連結得更緊密，從而提高產品的吸引力。

讀者需要留意的是，AI 生成的文案也許一開始無法滿足我們的需要，這時可以用互動方式生成我們想要的文案。下列是實例說明：

> 您
> 你是行銷與SEO的專家，使用台灣用語，請撰寫銷售「太陽牌衛星手機」的行銷文案，「太陽牌衛星手機」特色是具有「太陽能充電、9600萬畫素解析度、全球無死角、耐摔、耐熱、耐寒」特色」。你寫的行銷文案，需同時包含下列內容：
> 1：描述在台灣特定的節日（如端午節、中秋節）或活動（如夜市探索、登山健行）中，太陽牌衛星手機如何成為參與者的最佳夥伴。
> 2：提及在台灣知名地標或自然景觀（如台北101、日月潭、阿里山）旅遊時，衛星手機的太陽能充電和高畫質相機如何增加旅行的便利和樂趣。
> 3：闡述在台灣常見的極端氣候條件（如颱風季節的強風雨、東部海岸的炎熱夏季）下，衛星手機的耐摔、耐熱、耐寒特性如何提供額外的安全保障。
>
> ChatGPT
> 在台灣，每一個節日和每一次的活動都充滿了探索與發現的樂趣。從端午節的划龍舟到中秋節的戶外烤肉，從城市的夜市探索到自然的登山健行，「太陽牌衛星手機」隨時準備成為你的冒險夥伴，無論是記錄精彩瞬間還是保持通訊暢通，太陽牌都能幫到你。
> ↓

7-2 「太陽牌衛星手機」行銷秘笈 - AI 如何為科技產品撰文

> 走在台北101的觀景台上,眺望這座城市的繁華;或是在日月潭輕舟中感受那份寧靜,又或是在阿里山追逐那第一縷曙光,「太陽牌衛星手機」的9600萬畫素高解析度相機讓每一張照片都成為珍貴的回憶。而其太陽能充電的功能,則意味著在這些美麗景點的探索過程中,即使遠離城市,也不必擔心手機會沒電。
>
> 在台灣,颱風季帶來的不僅是風和雨,還有對手機耐用性的考驗。夏日的東部海岸炎熱酷暑,冬天的高山寒冷刺骨,「太陽牌衛星手機」憑藉其耐摔、耐熱、耐寒的特性,確保在這些極端氣候條件下,你仍能保持與世界的聯繫。無論是颱風中的急雨或是高山上的低溫,太陽牌衛星手機都是你可靠的伴侶。
>
> 「太陽牌衛星手機」,不只是一部手機,它是你在台灣節慶活動、旅遊探索,以及面對極端氣候挑戰時的最佳夥伴。它讓每一次的出行都充滿了可能,每一次的記錄都變得更加美好。帶上太陽牌衛星手機,開始你的探索之旅,讓生活每一刻都精彩無限。

上述 ChatGPT 生成的文案已經有台灣的元素了,可是缺點是少了前一小節產品特色的行銷標題與重點,下列實例是請 ChatGPT 應該包含前面的產品特色。

您
你的回應缺點是少了行銷標題與重點

ChatGPT
了解,讓我加入行銷標題與重點,使整體文案更加完整:

太陽牌衛星手機:探索無界,記錄每一刻精彩

在這片美麗的寶島台灣,無論是激情澎湃的端午節划龍舟、溫馨團聚的中秋節烤肉,或是漫步於夜市與山林間的每一次探索與冒險,「太陽牌衛星手機」始終是你最佳的伙伴。讓我們來看看太陽牌衛星手機如何在各種場合中成為你不可或缺的夥伴:

- **特定節日與活動中的最佳夥伴**:端午節的划龍舟、中秋節的戶外烤肉,或是城市夜市的探索、山林的登山健行,太陽牌衛星手機讓你記錄每一刻的快樂與精彩。

第 7 章　AI 如何重新定義撰寫行銷文案的規則

- **旅遊攝影的理想選擇**：在台北101的高處俯瞰城市風光、日月潭的湖光山色中漫遊，或阿里山上迎接第一線曙光，9600萬畫素的高解析度相機捕捉下每一幕的美好。
- **極端氣候下的堅固伴侶**：面對台灣多變的氣候，從颱風季節的狂風暴雨到東部海岸的高溫炎熱，太陽牌衛星手機憑藉其耐摔、耐熱、耐寒特性，確保你在任何條件下都能保持暢通的聯絡。

「太陽牌衛星手機」不僅僅是一款手機，它是你探索世界、記錄生活的強大工具。太陽能充電讓你遠離電量焦慮，9600萬畫素相機記錄每一刻的美好，全球無死角的連接讓你隨時分享生活的精彩。選擇太陽牌衛星手機，讓我們一起走遍台灣每一個角落，探索更多未知，記錄更多精彩！

透過這樣的行銷標題與重點整理，我們期望能更好地抓住潛在消費者的注意力，並清晰展現「太陽牌衛星手機」的獨特賣點與應用場景。

上述行銷文案內容非常好，但是少了「太陽能充電」的特色，筆者請 ChatGPT 補上這個特色。

您
這一篇文案少了說明「太陽能充電」的特色

ChatGPT
讓我來完善文案，加入「太陽能充電」的特色說明：

7-2 「太陽牌衛星手機」行銷秘笈 - AI 如何為科技產品撰文

> **太陽牌衛星手機：陪你探索台灣，記錄精彩每一刻**
>
> 台灣這塊美麗的寶島，每一個節日和活動都蘊藏著無限的樂趣和探索的可能。從端午節的激情划龍舟、中秋節的溫馨團聚烤肉，到夜市的繁華探索和山林間的清新健行，「太陽牌衛星手機」隨時準備成為你的冒險伙伴，無論是記錄每一分精彩還是保持通訊暢通無阻，太陽牌都能幫到你。
>
> - **自由充電，探索無界限**：「太陽牌衛星手機」的太陽能充電功能讓你在享受台灣美景時更加自在。無論是在日月潭畔等待日出，還是在阿里山上追逐雲海，只要有陽光，你的手機就能獲得源源不斷的能量。這個特色讓你在遠足或探險時不再擔心電力不足，自由地記錄每一個美好瞬間。
> - **捕捉每一瞬間的美**：旅途中的每一個畫面都值得被記錄。9600萬畫素高解析度相機讓你的每一張照片都充滿生命力，無論是台北101的城市天際線，還是阿里山的晨曦美景，太陽牌衛星手機都能完美捕捉。
> - **堅固可靠，陪你冒險**：在台灣這樣多變的氣候中，無論是面對颱風季節的強風暴雨，還是東部海岸的炎熱夏日，太陽牌衛星手機的耐摔、耐熱、耐寒特性保障了在各種極端條件下的使用不受影響，讓⬇的溝通無障礙。

> 「太陽牌衛星手機」不僅僅是一款手機，它是你在台灣每一次節日慶典、每一趟旅行探索中的可靠伴侶。太陽能充電讓你的探索無憂無慮，高畫質相機記錄下生活中的每一刻美好，耐用的特性讓你在任何天氣條件下都能保持聯絡。帶上太陽牌衛星手機，開始你的探索之旅，讓生活的每一刻都精彩無限。
>
> 透過這樣的行銷文案，我們希望能夠更全面地展現「太陽牌衛星手機」的核心特色，特別是太陽能充電的便利性，並吸引更多對探索和冒險有著無限熱情的消費者。

ChatGPT 在撰寫關於「太陽牌衛星手機」的行銷文案上，明顯展現出了對台灣文化和特定活動深刻的理解與尊重。透過精心挑選的場景，例如端午節的划龍舟和中秋節的戶外烤肉，成功捕捉到台灣節慶活動中的家庭和朋友團聚的溫馨氛圍，並巧妙地將太陽牌衛星手機融入這些情境中，強調其在這些活動中的實用性和便利性。

特別是提到太陽能充電功能，ChatGPT 充分考慮到台灣戶外活動頻繁的生活方式，尤其是在日月潭或阿里山這類自然景觀豐富的地區，太陽能充電不僅提供了無限的電

7-11

力支持,也體現了對環保的關懷。這種功能在台灣這樣一個兼顧科技與自然美景的地方,顯得尤為貼切。

同時,對於台灣多變的氣候條件,如颱風季節的強風暴雨和東部海岸的高溫,ChatGPT 也很好地突出了太陽牌衛星手機耐摔、耐熱、耐寒的特點,這讓消費者對產品的耐用性有了更深的信心。

總的來說,ChatGPT 的這篇輸出非常貼近台灣消費者的生活方式和需求,展現出了產品的獨特賣點和實際應用場景。

7-2-4　加上 Emoji 的行銷文案

> **您**
> 你剛才寫的含「太陽能充電」的特色說明文案,可不可以增加Emoji圖案
>
> **ChatGPT**
> 當然,讓我們給原有的文案增添一些Emoji圖案,使其更加生動有趣:
>
> **太陽牌衛星手機:陪你探索台灣,記錄精彩每一刻** 🏞️
>
> 台灣這塊美麗的寶島,無論是激情澎湃的端午節划龍舟 🚣、中秋節下的溫馨烤肉 🍖 時光,到夜市的繁華探索 🏮 和山林間的清新健行 🌲,「太陽牌衛星手機」始終準備成為你的冒險夥伴。無論是記錄每一分精彩 📸 還是保持通訊暢通無阻 📶,太陽牌都能幫到你。

- **自由充電，探索無界限** 🌞🔋：「太陽牌衛星手機」的太陽能充電功能讓你在享受台灣美景時更加自在。無論是在日月潭畔等待日出🌅，還是在阿里山上追逐雲海☁️，只要有陽光，你的手機就能獲得源源不斷的能量。這個特色讓你在遠足或探險時不再擔心電力不足，自由地記錄每一個美好瞬間。
- **捕捉每一瞬間的美**：旅途中的每一個畫面都值得被記錄。9600萬畫素高解析度相機讓你的每一張照片都充滿生命力，無論是台北101的城市天際線🌆，還是阿里山的晨曦美景🏞️，太陽牌衛星手機都能完美捕捉。
- **堅固可靠，陪你冒險** 💪：在台灣這樣多變的氣候中，無論是面對颱風季節的強風暴雨🌧️，還是東部海岸的高溫炎熱☀️，太陽牌衛星手機的耐摔、耐熱、耐寒特性保障了在各種極端條件下的使用不受影響，讓你的溝通無障礙。

「太陽牌衛星手機」不僅是一款手機，它是你在台灣每一次節日慶典、每一趟旅行探索中的可靠伴侶👫。太陽能充電讓你的探索無憂無慮，高畫質相機記錄下生活中的每一刻美好，耐用的特性讓你在任何天氣條件下都能保持聯絡。帶上太陽牌衛星手機，開始你的探索之旅，讓生活的每一刻都精彩無限✨。

加入 Emoji 圖案後的文案，更加生動和吸引人，能夠更好地抓住讀者的注意力，並在視覺上提供更加豐富的閱讀體驗。

　　ChatGPT 這次的文案輸出，利用 Emoji 圖案讓內容更加生動有趣，成功抓住讀者的眼球。透過具體節日、活動和知名景點的描述，展現了太陽牌衛星手機的多項特色，如太陽能充電、高畫質相機，以及適應台灣多變氣候的堅固耐用性，讓人一目了然。這樣的文案不僅貼近台灣的生活文化，也讓人感受到產品帶來的便利與實用性，相當適合推廣於台灣市場。

7-3 飲料店行銷革新 - AI 如何撰寫打動人心的文案

　　在這個快節奏的都市生活中，一杯好飲料不僅能提神醒腦，更是心靈的小憩站。每一家飲料店都有著自己的故事和特色，從古早味的古早茶、清新自然的手搖飲，到創新的融合飲品，它們不僅滿足了人們對味覺的追求，更成為了都市風景中不可或缺的一部分。在競爭激烈的市場中，一篇精彩的行銷文案，就像是飲料店的靈魂，不僅

能吸引消費者的目光,更能讓人們記住這杯飲料背後的故事和情感。讓我們一起探索如何透過文字,為飲料店編織獨特的品牌故事,創造出與眾不同的市場印象。

7-3-1 「阿婆的飲料店」行銷文案

> **您**
> 請為「阿婆的飲料店」撰寫含Emoji符號的行銷文案,飲料店的特色是:
> 專賣酸梅汁、紅茶與綠茶
> 外帶杯半價
> 學生憑證件半價
> 滿65歲年長者半價,同時免費續杯

> **ChatGPT**
> 來到「阿婆的飲料店」,品嚐經典的滋味,感受家的溫暖。這裡,每一杯飲料都承載著阿婆的愛與用心 👵 💖。
>
> - 尋找純粹的味覺享受?來杯獨家酸梅汁 🍹、清新紅茶 🍵 或是香醇綠茶 🌱,每一口都是自然的味道。
> - 「外帶杯半價」優惠 🥤,讓你享受美味的同時也能感到小確幸!
> - 學生朋友們,只要出示學生證,所有飲料半價優惠 🎓 📚!快來享受專屬於你們的甜蜜時光。
> - 尊敬的年長者 👴 👵,我們特別提供滿65歲半價優惠,並且還能享受免費續杯的貼心服務。這是我們對您的一點心意,希望能讓您的日子更加甜美。
>
> 在「阿婆的飲料店」,我們不只賣飲料,更傳遞一份關懷與愛心。無論你是誰,這裡總有一杯專屬於你的飲料,等待與你相遇。來吧!一起來享受那份被時間調和出的美好滋味吧! ☀️ 🌿

　　ChatGPT 這次的行銷文案巧妙運用 Emoji,成功為「阿婆的飲料店」創造出溫馨又親切的形象。特別突顯了店裡的酸梅汁、紅茶和綠茶,以及針對不同客群的優惠措施,像是外帶半價、學生證半價和 65 歲以上年長者的特別福利,這些細節讓人感受到店家的貼心與用心。整體來說,這段文案非常符合台灣的市場氛圍,溫暖且具吸引力。

7-14

7-3-2 「日夜咖啡酒館」行銷文案

> **您**
> 請為「日夜咖啡酒館」撰寫含Emoji符號的行銷文案，此咖啡酒館的特色是：
> 18:00以前銷售新鮮烘培咖啡，適合辦公洽談與閱讀
> 18:00以後銷售各類創意調酒，適合朋友或戀人聚會
> 慶祝開幕，本月銷售打8折
> 20:00後有鋼琴現場表演

> **ChatGPT**
> 🌞 ➡️ 🌙 日夜咖啡酒館：你的全日型態休憩所 ☕ 🍹
>
> 在「日夜咖啡酒館」，我們隨時準備迎接你的每一種心情與需求。
>
> 🕘 **18:00前，咖啡時光** ☕
> 白日裡，我們提供新鮮烘培的咖啡，無論是辦公洽談還是安靜閱讀，這裡都是你的最佳選擇。每一杯咖啡，都是我們對品質的堅持和對您的關懷。
>
> 🕕 **18:00後，酒館模式開啟** 🍸
> 夜幕降臨，我們轉換為悠閒的酒館，提供各式各樣的創意調酒。無論是朋友歡聚還是戀人約會，這裡都將是你們美好夜晚的起點。
>
> 🎉 **開幕慶典，全月特惠** 🎊
> 為慶祝開幕，本月內所有銷售一律打8折！這是我們對每一位顧客的小小心意，期待你們的蒞臨。
>
> 🎹 **20:00後，鋼琴現場表演** 🎵
> 每晚20:00，「日夜咖啡酒館」還有鋼琴現場表演，讓美妙的音樂陪伴你度過難忘的夜晚。
>
> 在「日夜咖啡酒館」，我們期待與你共享日與夜的不同韻味。從早到晚，這裡都是你尋找美味與悠閒的理想場所。走過路過，千萬不要錯過！

ChatGPT 這次的輸出巧妙地運用 Emoji，成功為「日夜咖啡酒館」勾勒出一天中不同時間段的特色氛圍。白天的專業咖啡時光轉變為夜晚的浪漫調酒時刻，加上開幕折扣與鋼琴表演的信息，讓人一眼就能感受到這間咖啡酒館的獨特魅力與多元化體驗。整體來說，文案簡潔又吸引人，很適合用於社群媒體推廣，能有效激發潛在顧客的好奇心與參訪意願。

7-4 網路商店行銷策略升級 – AI 助力撰寫吸引客流的文案

在這個數位化的時代，網路商店不僅僅是購物的新選擇，它代表著一種全新的生活方式。隨著科技的進步和消費者習慣的轉變，網路商店已成為連接產品與消費者之間最直接、最便捷的橋樑。從家居必需品到時尚配飾，從日常雜貨到專業設備，每一次點擊和每一次購買都在塑造著我們的生活與選擇。在這一節的行銷文案中，我們將探索如何透過創意和策略，使你的網路商店在眾多競爭者中脫穎而出，建立獨特的品牌形象，並吸引更多顧客的目光。進入這個虛擬的購物天堂，讓我們一起開啟成功的第一步。

7-4-1 「青春密碼公司」行銷文案

> **您**
> 請為「青春密碼公司」撰寫含 Emoji 符號的行銷文案，這是專門銷售保養品的公司，銷售產品特色是：
> 「天然美」、「有機保養」、「植物萃取」。
> 「抗老」、「美白」、「保濕」。
> 男性與女性皆適宜。

> **ChatGPT**
> 🌱 解鎖自然的秘密，與「青春密碼公司」一起綻放你的天然美 🌟
>
> 在「青春密碼公司」，我們相信真正的美麗源自於大自然。我們專注於為男性和女性提供 🌿 **「天然美」、🍃「有機保養」以及 🌺「植物萃取」**的保養產品，讓你的皮膚回歸最純淨的狀態。

> - **抗老化的魔法**✨：我們的產品富含自然抗氧化劑，幫助對抗歲月留痕，讓你的肌膚重獲青春活力。
> - **閃耀美白**💫：蘊含天然美白成分，為你打造均勻透亮的膚色，讓每一寸肌膚都散發自然光澤。
> - **深層保濕**💧：來自大自然的植物萃取，為肌膚補充水分，持久鎖水，讓肌膚每一天都水潤飽滿。
>
> 無論男性或女性，「青春密碼公司」都是你追求健康美麗生活的最佳選擇。🚻 讓我們一起，尊重自然、愛護地球🌍，在每一個小細節上展現對美的執著。
>
> 現在就開始你的有機保養之旅，與「青春密碼公司」一起，解鎖屬於你的天然美麗秘密！

　　ChatGPT 這次的行銷文案成功捕捉到「青春密碼公司」的核心價值：天然、有機與植物萃取，並巧妙地融合了抗老、美白與保濕的產品特色，讓人一目了然。透過 Emoji 的運用，文案不僅讀起來親切有趣，更增添了幾分生動與活力。適合男女皆宜的訊息也傳遞得恰到好處，顯示出品牌的包容性。整體而言，這篇文案相當適合用於社群媒體，能有效吸引目標顧客的注意。

7-4-2　「生活魔法公司」行銷文案

> 您
> 請為「生活魔法公司」撰寫含Emoji符號的行銷文案，這是專門銷售生活用品的公司，銷售產品特色是：
> 「您生活的百寶箱」、
> 「生活魔法信用卡打8折」。

第 7 章　AI 如何重新定義撰寫行銷文案的規則

> **ChatGPT**
>
> ✨🏠 歡迎來到「生活魔法公司」- 您生活中的百寶箱！🎁
>
> 在「生活魔法公司」，我們相信每一件生活用品都能帶給您無限驚喜和便利。從廚房小幫手🔍到客廳裝飾🛋️，從衛浴精品🛁到臥室必備🛏️，每一件商品都是精心挑選，旨在讓您的日常生活更加色彩繽紛。
>
> 🌟 特別優惠：現在，只要持有「生活魔法信用卡」，全館商品享受8折優惠！💳 這是我們對顧客的一份小小心意，希望能讓您在享受生活的魔法時，也感受到更多的幸福和滿足。
>
> 讓「生活魔法公司」成為您探索生活美好的夥伴，一起打造出屬於您的理想生活空間。無論是簡約現代，還是復古風情，您都能在這裡找到心儀的寶貝。
>
> 🔓 現在就來探索，解鎖您生活中的每一道魔法！生活不僅需要便利，更應該充滿樂趣和驚喜。在「生活魔法公司」，讓我們一起體驗生活的無限可能！

　　ChatGPT 這次的行銷文案巧妙運用 Emoji，成功為「生活魔法公司」營造出一種生活用品帶來便利與樂趣的形象。透過強調「您生活的百寶箱」這一概念，讓人期待探索公司提供的各種商品。再加上「生活魔法信用卡打 8 折」的優惠訊息，有效吸引顧客的興趣，增加購買的誘因。整體而言，文案簡潔明瞭，充滿誘惑力，很適合透過社群媒體等平台推廣。

7-5　精準攻心 - AI 如何撰寫以目標客戶為導向的行銷文案

　　在當今多元化的市場中，瞭解並精準定位特定消費族群已成為成功行銷的關鍵。不同的消費者有著不同的需求和偏好，從熱衷於最新科技的潮人，到追求自然健康生活方式的綠色消費者，再到忠於傳統價值的保守派，每一個族群都代表著一種獨特的生活態度和消費行為。這一節將探討如何透過創意行銷策略和溝通方式，與特定消費族群建立聯繫，提供他們真正需要和渴望的產品與服務。藉由洞察其核心價值和生活方式，我們可以創造更有針對性的行銷內容，引發共鳴，贏得他們的心。

7-5 精準攻心 - AI 如何撰寫以目標客戶為導向的行銷文案

> **註** 同樣的商品，AI 可以針對不同客戶生成不一樣內容的行銷文案，更多細節實例會在 7-7 節說明。

7-5-1 玉山牌天然護膚品 – 目標客戶是男性

> **您**
> 你是行銷高手與SEO專家，我的公司生產了「玉山牌天然護膚品」，請針對男性客戶需求撰寫含Emoji符號的行銷文案

> **ChatGPT**
> 當然，使用Emoji可以讓行銷文案更加生動有趣，吸引受眾的注意。以下是一段針對「玉山牌天然護膚品」並結合Emoji的行銷文案：

🌿 **發現自然的力量，展現男性魅力** 🌿

在玉山牌，我們相信每位男士都值得擁有最純淨、最自然的護膚體驗。🏞️ 我們的天然護膚品系列，專為追求簡約而不失精致生活的你設計。

🔍 **【天然成分，專為男性設計】**

從深山精華到海洋之息，我們精選自然界最優質的成分，為你的皮膚帶來無與倫比的護理。🌱 無論是抗老保濕、日常清潔，還是剃鬚後護理，玉山牌都能滿足你的所有需求。

💼 **【為忙碌的現代男性而生】**

我們知道你的時間寶貴。因此，玉山牌的護膚產品不僅效果卓越，使用簡便，還能輕鬆融入你繁忙的日程。🕒 現在，維持健康的膚色和活力，只需幾分鐘。

第 7 章　AI 如何重新定義撰寫行銷文案的規則

> 🌞 【全方位護理，自信隨時展現】
>
> 不論是對抗紫外線的防曬乳、舒緩剃鬚刺激的修護膏，還是提供全日保濕的面霜，玉山牌讓你在任何場合都自信滿滿。🛡️
>
> 🌟 專屬優惠等你來探索！
>
> 加入我們，開啟你的天然護膚之旅。現在就來體驗玉山牌，讓你的皮膚感受到前所未有的純淨與活力。🚀
>
>
> 此段文案結合了Emoji符號，旨在以視覺吸引的方式，強化信息傳遞，使品牌信息更加生動且易於理解，從而吸引男性客戶對「玉山牌天然護膚品」的興趣。

　　ChatGPT 為「玉山牌天然護膚品」撰寫的行銷文案巧妙融合了 Emoji 符號，使內容生動且吸引人。這種策略不僅強調了產品的天然成分和男性專屬設計，還以視覺化的方式提高了閱讀體驗，使文案更易於被客戶接受和記住。透過突出忙碌現代男性的護膚需求，文案有效傳達了品牌訊息，增強了目標客戶的共鳴，展現了專業的行銷和 SEO 技巧。

7-5-2　青春密碼天然護膚品 – 目標客戶是女性

> 錦魁
> 你是行銷高手與SEO專家，我的公司生產「青春密碼天然護膚品」，請針對女性客戶需求撰寫含Emoji符號的行銷文案
>
> ChatGPT
> ✨🌸 青春密碼天然護膚品 - 喚醒您肌膚的自然光采 🌿💧
>
> 在「青春密碼天然護膚品」，我們深知每一位女性都渴望擁有健康、自然且充滿光澤的肌膚。我們的產品系列，致力於滿足這一需求，為您的美麗護膚旅程帶來革命性的天然解決方案。

> - 🌱 **全天然成分**：精選來自大自然的純淨原料，遠離化學添加，讓您的肌膚呼吸自然之美。
> - 💧 **深層保濕**：給予肌膚深層滋潤，解決乾燥問題，恢復肌膚水嫩彈性。
> - 😊 **抗老美白**：自然萃取精華，有效對抗肌膚老化，同時提亮膚色，讓您擁有透亮年輕的肌膚。
>
> 為了慶祝女性的自然之美，我們特別推出限時優惠，讓您在享受「青春密碼天然護膚品」的同時，也能感受到來自我們的關愛與尊重。
>
> 🎁 **特別促銷**：現在下單，即享專屬折扣，讓您輕鬆擁抱自然美肌。
>
> 在「青春密碼天然護膚品」，我們相信，每一位女性都應該自信地展現自己最真實、最健康的美。立即加入我們，開啟您的自然美肌之旅吧！💖✨

ChatGPT 這次的行銷文案針對「青春密碼天然護膚品」非常貼心地考量到女性客戶的需求，成功地運用 Emoji 符號增添了閱讀的趣味性。文案不僅突出了產品的天然、保濕和美白抗老等特點，更透過限時優惠的方式吸引顧客的注意，顯示出對目標客群的深刻理解與關懷。整體來說，這篇文案既溫暖又具說服力，很適合作為社群媒體的推廣內容。

7-6 商品魅力全開 - AI 如何撰寫商品導向行銷文案

在當代市場的浩瀚海洋中，每一件商品都承載著一個獨特的故事和它獨有的魅力。無論是日常生活的小物，還是改變生活方式的創新產品，背後都有著對美好生活的追求和對細節的堅持。這一節的行銷文案將帶您深入了解特定商品，探索它如何在眾多競品中脫穎而出，滿足消費者的需求，甚至超越期待。我們將從商品的獨特賣點、設計理念、以及它帶給顧客的獨特價值和體驗出發，精心構建一場引人入勝的敘事之旅，揭示這款商品如何在市場中獨樹一幟，成為人們生活中不可或缺的一部分。

7-2 節筆者介紹了，「太陽牌衛星手機」的行銷文案，其實就是以商品為導向的行銷內容，這一節將講解更多這方面的實例。

7-6-1　水果商店的行銷文案

這一小節的行銷文案的特色是，筆者沒有特別指出使用 Emoji 符號，而是告訴 ChatGPT 使用圖文方式撰寫行銷文案。

> 銷魁　您
> 我的商店銷售「葡萄」、「芒果」、「玉荷包」，請以適合的 圖文方式 撰寫推廣文

> ChatGPT
> 🍇 探索葡萄的甜蜜滋味 🍇
> 沉浸在每一顆精選葡萄所帶來的甜美與多汁之中。從藤上精心摘下的每一顆，都是大自然賜予的禮物，為你的味蕾帶來無與倫比的享受。
>
> 🥭 熱帶風情的呼喚—芒果 🥭
> 我們的芒果，每一口都充滿了熱帶的陽光與活力。它們不僅色澤誘人，香氣四溢，更是夏日消暑的最佳選擇，讓你的每一天都充滿陽光與甜蜜。
>
> 🍍 玉荷包—夏日的清新選擇 🍍
> 玉荷包以其獨特的甜味和清脆的口感，成為眾多水果愛好者的心頭好。每一口都是對品質的堅持，讓你在炎炎夏日中找到清涼的慰藉。
>
> 在我們的商店，每一款水果都經過嚴格選擇，只為帶給您最高品質的享受。來自遠方的甜蜜，等你來品嚐。立即選購，開啟你的甜蜜水果之旅！

ChatGPT 這次的推廣文針對商店銷售的「葡萄」、「芒果」、「玉荷包」進行了生動的描述，透過精緻的文字與 Emoji 符號的搭配，成功地捕捉了每種水果獨特的魅力與風味。文案不僅展現了水果的新鮮與美味，也傳達出一種熱情與邀請，讓人忍不住想要一嚐這些自然的美好。整體來說，這段文案富有吸引力，適合在台灣市場上吸引消費者的目光。

7-6-2　3C 家電的行銷文案

> 您
> 我的商店銷售「家電」、「手機」、「筆電」、「週邊」，請以Emoji符號的方式撰寫推廣文

> ChatGPT
> 🌟 探索科技新境界，一站式購齊家電與數碼產品 🌟
>
> 📺 **家電新選擇** 🏠
> 打造理想生活，從選擇完美家電開始。從智能電視到高效冰箱，每一款家電都讓你的生活更加便利與舒適。
>
> 📱 **最新手機，觸手可及** 🌈
> 追蹤最新趨勢，我們提供各式各樣的手機選擇。無論是功能全面的旗艦機型，還是實用的經濟型手機，滿足你所有需求。
>
> 💻 **筆電，攜帶輕便的高效能** 💼
> 無論是工作還是娛樂，我們的筆電選擇讓你隨時隨地高效運作。強大的處理能力與持久的電池壽命，讓工作與遊戲無縫切換。
>
> 🎮 **週邊配件，提升使用體驗** 🖱
> 從遊戲手柄到無線耳機，從鍵盤到滑鼠，精選週邊配件讓你的數碼生活更加完美。
>
> 在我們的商店，「家電」、「手機」、「筆電」、「週邊」應有盡有，讓你輕鬆選購，享受科技帶來的便捷與樂趣。來 ⬇ 開啟你的智慧生活之旅！🚀

　　ChatGPT 這次的推廣文巧妙地利用 Emoji 符號，為「家電」、「手機」、「筆電」和「週邊」這四大類產品做了生動的介紹。文案清晰地劃分了各類商品的特點，用簡潔有力的語言和符號，成功地傳達出每類產品的魅力和用途，讓人一目了然。這樣的文案不僅訊息量豐富，而且易於閱讀，非常適合在台灣的社群媒體上推廣，吸引消費者的注意。

7-7 社交媒體行銷祕籍 – AI 如何撰寫引爆網友互動的貼文

在今日這個資訊爆炸的時代，社交媒體不僅是人們交流的橋樑，也成為品牌與消費者溝通的關鍵平台。一篇精心設計的社交媒體推文，能夠在瞬間觸達成千上萬的讀者，引發廣泛的討論與分享。然而，要讓貼文脫穎而出，不僅需要創意的內容，更需精確的策略與深入的用戶理解。本節將帶你深入探索社交媒體貼文的藝術，從撰寫技巧、視覺設計到互動促進，一步步揭示如何製作引人注目、價值連城的推文，讓你的訊息在網絡世界裡發光發熱。

7-7-1 認識社交媒體

社交媒體是一種基於網際網路的通訊平台，允許用戶創建內容、分享資訊、交流想法並參與社群互動。它改變了人們溝通、消費資訊的方式，使得分享生活瞬間、傳播新聞、進行品牌推廣變得前所未有地快速和廣泛。常見的社交媒體包括 Facebook、Instagram、Twitter 和 LinkedIn，這些平台各具特色，服務於不同的目標客戶和用途，從個人日常分享到專業網絡擴展，社交媒體已成為現代生活不可或缺的一部分。

同一個社交媒體，會有許多不同的族群，我們可以讓 AI 根據不同的族群生成不同的行銷文案。

7-7-2 社交媒體貼文的特色

社交媒體貼文的文章特色通常包含以下幾個關鍵點，以吸引讀者的注意並增加互動：

- 簡潔有力：社交媒體上的讀者通常偏好快速獲取訊息。因此，文章應該直接了當，避免冗長的敘述。
- 視覺吸引：使用圖片、影片或 Emoji 等視覺元素，可以顯著增加貼文的吸引力，人們往往會被有趣或美觀的視覺內容所吸引。
- 互動性：鼓勵讀者留言、分享或點讚。這不僅增加了貼文的可見度，也提升了用戶與品牌之間的互動。
- 時效性：即時發布與當下熱門話題或事件相關的內容，可以吸引更多關注和參與。

- **個性化和人性化**：展示品牌的個性和人性化面貌，可以讓讀者感受到更加親切和真實的交流體驗。
- **清晰的呼籲行動**：明確告訴讀者你希望他們採取什麼行動，無論是訪問網站、參與活動還是購買產品。
- **適合目標客戶**：了解你的目標客戶，並根據他們的興趣和偏好來定制內容。

透過結合這些特色，社交媒體貼文可以更有效地達到行銷目的，無論是增加品牌曝光度、提升用戶參與度還是促進銷售。

7-7-3 金融 App 實例

這一節將針對同一款產品，不同的目標客戶，讓 AI 生成不同的社群文案。

❏ **AI 金融 App**

筆者想設計一款名為「AI 金融 App」，此款 App 具有下列功能。

- **即時股市數據**：提供即時的股票價格、市場動態、成交量等關鍵訊息。
- **技術分析工具**：包括各種圖表（如 K 線圖）、技術指標（如移動平均線、相對強弱指數 RSI、MACD 等）和繪圖工具，幫助用戶進行市場趨勢分析。
- **基本面分析資訊**：提供公司財報、行業新聞、經濟指標等，幫助用戶進行從公司基本面的投資決策。
- **市場預測與分析報告**：利用先進的算法和數據分析技術，提供市場趨勢預測和專家分析報告。
- **個性化推薦**：根據用戶的投資偏好和歷史行為，提供個性化的股票或投資產品推薦。

這些功能結合起來，能夠為用戶提供一個全面、便捷且深入的股市分析與投資決策支持工具，幫助他們在複雜多變的市場中做出更加明智的投資選擇。

❏ **目標客戶分析**

下一步我們可以找出社群中哪些族群對此款 App 感興趣，例如：下列社群的讀者可能是我們的客戶。

第 7 章　AI 如何重新定義撰寫行銷文案的規則

- **股票投資者**：尋求更多訊息和工具來優化他們的投資組合，特別是那些對技術分析和市場趨勢有需求的人。
- **金融分析師**：專業人士，需要深入的市場分析和預測來撰寫報告或建議客戶。
- **經濟學學生與教授**：學術界的人士，對市場分析工具感興趣，可能用於研究或教學。
- **基金管理者**：尋求在股市投資以保值增值的退休人士或計畫退休的人士。

❑ **依據目標客戶 (股票投資者) - 撰寫行銷文案**

> 錦魁
> 有一款「AI金融App」具有「即時股市數據」、「技術分析工具」、「基本面分析資訊」、「市場預測與分析報告」、「個性化推薦」功能，目標客戶是「股票投資者」，請為此App寫社群行銷貼文。

> ChatGPT
> 🚀 發現股市的無限可能 — 探索「AI金融App」 📈

股票投資者們，準備好讓你的投資之旅升級了嗎？「AI金融App」結合最新的AI技術，為你的每一次投資決策提供科學的支持和深度的洞察。

- 📊 **即時股市數據**：追蹤市場的每一次波動，讓你在變化莫測的股市中始終保持領先。
- 🔍 **技術分析工具**：精準的圖表分析和指標，幫助你洞察趨勢，掌握交易時機。
- 📗 **基本面分析資訊**：深入公司財報、行業新聞，為你的長期投資提供堅實的基礎。
- 🌐 **市場預測與分析報告**：AI驅動的分析，洞悉市場未來走勢，讓你的投資步步為營。
- 💡 **個性化推薦**：根據你的投資風格和歷史表現，為你量身打造投資建議。

「AI金融App」是專為股票投資者設計的，無論你是股市新手還是經驗豐富的投資者，都能在這裡找到屬於你的投資道路。現在就加入我們，開啟你的智能投資之旅，掌握股市脈動，實現財富增長的夢想！

👉 馬上下載「AI金融App」，讓我們一起解鎖投資的無限潛力！

7-7 社交媒體行銷祕籍 - AI 如何撰寫引爆網友互動的貼文

ChatGPT 這次針對「AI 金融 App」的社群行銷貼文非常到位，成功利用吸引人的語言和 Emoji 符號，將 App 的核心功能和價值主張清晰呈現給目標客戶「股票投資者」。文中不僅突出了即時股市數據、技術分析工具等功能，更加入了市場預測與個性化推薦，讓讀者能夠一目了然地瞭解這款 App 如何協助他們在股市投資中做出更精準的決策。整體來說，這篇貼文內容豐富、直觀易懂，非常適合在社群媒體上吸引台灣股票投資者的注意。

❏ 依據目標客戶 (經濟學學生與教授) - 撰寫行銷文案

> **您**
> 有一款「AI金融App」具有「即時股市數據」、「技術分析工具」、「基本面分析資訊」、「市場預測與分析報告」、「個性化推薦」功能，目標客戶是「經濟學學生與教授」，請為此App寫社群行銷貼文。

> **ChatGPT**
> 🎓 探索金融的未來 ―「AI金融App」為經濟學學生與教授而生 📘
>
> 經濟學的學生與教授們，是否尋找著一款能夠深入股市洞察、並提供豐富學習資源的工具？「AI金融App」應運而生，旨在將最先進的AI技術應用於金融市場分析，開啟學術研究的新篇章。
>
> - 📈 **即時股市數據**：提供最新的市場動態，讓學術研究與市場現狀緊密相連。
> - 🔧 **技術分析工具**：豐富的圖表與分析工具，支持深入研究市場趨勢。
> - 📋 **基本面分析資訊**：綜合公司財報、行業動態，為經濟理論提供實證基礎。
> - 🚀 **市場預測與分析報告**：AI驅動的深度分析，開拓學術視野，啟發新思維。
> - 🌟 **個性化推薦**：根據研究興趣提供定製內容，豐富學術資料庫。
>
> 「AI金融App」不僅是金融分析的利器，更是學術探索的良伴。無論是撰寫論文、教學互動，還是進行市場研究，這裡都有你需要的資源。📚
>
> 👨‍🏫 👩‍🏫 加入我們，讓「AI金融App」成為你研究金融、深化學習的得力助手，一起揭開經濟學的無限可能！

ChatGPT 這次為「AI 金融 App」撰寫的社群行銷貼文，針對「經濟學學生與教授」這個特定目標群體，精準地介紹了 App 的關鍵功能，如即時股市數據、技術與基本面分析工具，以及 AI 驅動的市場預測等。文案不僅突出了這款 App 在學術研究上的應用

7-27

價值，也巧妙地激發了讀者對深入探索金融市場的興趣。整體而言，這段文案既專業又具啟發性，非常適合在台灣的學術社群中推廣，引起學生與教授的關注和討論。

7-7-4 健身 App 實例

有一款「健身 App」，現在已知道可以在「瑜伽愛好者」與「跑步愛好者」社群貼文，下列是讓 ChatGPT 生成的社群貼文實例。

❑ AI 為「瑜伽愛好者」生成社群貼文

> 您
> 有一款「健身App」，目標客戶是「瑜伽愛好者」，請為此App寫包含Emoji符號的社群行銷貼文。

> ChatGPT
> 🧘 ✨ 迎接身心的和諧 — 專為瑜伽愛好者打造的健身App! 🌿 🧘‍♀️
>
> 瑜伽愛好者們，是時候將你的練習提升到一個新的層次了！我們的健身App特別為熱愛瑜伽的你設計，無論你是剛開始探索瑜伽之路，還是希望深化你的練習，這裡都有你需要的一切。
>
> - 📗 **精選瑜伽課程**：從基礎到高級，全面覆蓋各種風格，讓你在家也能享受專業指導。
> - 🧘 **個性化訓練計劃**：根據你的練習水平和目標，提供個人化的瑜伽練習計劃。
> - 📈 **進步追蹤**：實時追蹤你的練習進度和身體變化，見證自己的成長。
> - 🌸 **身心靈放鬆**：特別設計的冥想和放鬆課程，幫助你釋放壓力，達到身心和諧。
>
> 加入我們，開啟你的瑜伽之旅，讓身體和心靈一起舞動，探索更多可能！ 🌸
>
> 👉 現在就下載，開始在瑜伽的道路上自我探索和提升，與「健身App」一起練習，迎接更健康、更平衡的生活方式！ 🧘 ⬇

ChatGPT 這次為針對瑜伽愛好者的健身 App 撰寫的社群行銷貼文相當吸引人，成功利用 Emoji 符號增添文案的趣味性與視覺吸引力。文案不僅清晰介紹了 App 的主要功能，如精選課程、個性化訓練計劃以及進步追蹤，還強調了身心靈放鬆的重要性，非常符合瑜伽愛好者追求身心和諧的核心價值。整體而言，這段文案具有很高的誘惑力，能夠有效激起目標客群的興趣。

7-7 社交媒體行銷祕籍 - AI 如何撰寫引爆網友互動的貼文

❑ **AI 為「跑步愛好者」生成社群貼文**

> **您**
> 有一款「健身App」，目標客戶是「跑步愛好者」，請為此App寫包含Emoji符號的社群行銷貼文。

> **ChatGPT**
> 🏃 🌐 跑進新紀元 - 專為跑步愛好者設計的健身App！ 🌟 👟
>
> 跑步愛好者們，準備好讓你的跑步旅程更上一層樓了嗎？我們的健身App是你的完美夥伴，無論你是初學者還是馬拉松高手，這裡都有你需要的一切。
>
> - 🏆 **量身訂做的跑步計劃**：根據你的目標設定個人化的訓練計劃，從5K到全馬，應有盡有。
> - 📊 **進步追蹤**：實時追蹤你的速度、里程和心率，看見自己的每一次進步。
> - 🎧 **動力音樂播放**：精選跑步音樂列表，讓你在每一次奔跑中都充滿能量。
> - 👥 **跑步社群**：加入我們的跑步社群，分享你的成就，從其他跑者那裡獲得靈感和支持。
>
> 跟我們一起，把每一次跑步都變成一次探險！ 🌈
>
> 👉 現在就下載「健身App」，無論是提高成績、減輕體重，還是增強體質，讓我們成為你跑步旅程中的忠實夥伴！一起 ⬇️ 包吧！ 🏃 ❤️

ChatGPT 針對跑步愛好者的健身 App 撰寫的社群行銷貼文，運用了生動的 Emoji 符號，成功吸引目標客群的注意。透過介紹量身訂做的訓練計劃、進步追蹤、動力音樂和跑步社群等功能，清晰傳達了這款 App 如何滿足跑步愛好者的各種需求，從而提升他們的跑步體驗。整篇文案既富有激勵性，又充滿實用價值，非常適合透過社群媒體推廣，激發潛在用戶的興趣。

7-8 電子報行銷新策略 – 利用 AI 撰寫吸引讀者的文案

電子報文案具有以下特色：

- **專業而詳盡**：電子報文案多半著重於提供詳細的產品訊息或專業知識，語氣通常較為正式，像是「我們的最新產品具備先進的太陽能技術，能在各種環境下穩定運作，無論是高山或是海邊。」
- **結構清晰**：電子報文案會有清晰的結構，例如開頭介紹、主要內容和結束的呼籲行動，方便讀者一目了然，像是「親愛的朋友，本期電子報將介紹 ...」
- **個性化元素**：電子報文案常常加入一些個性化元素，以與讀者建立聯繫，例如使用親切的稱呼「親愛的朋友」或根據節慶添加特別內容。
- **呼籲行動**：通常會在文末加入明確的呼籲行動（Call to Action），鼓勵讀者採取行動，例如「立即訂購，享受早鳥優惠！」。
- **適度的行銷語言**：雖然重點放在訊息傳遞，但也會巧妙融入行銷語言，增加產品或服務的吸引力，例如「掌握最新市場動態，帶領您的業務邁向新高度。」

這些特色使得電子報文案既具有專業性又不失親和力，能夠有效地與目標讀者溝通。

錦魁　您

有一個「綠色生活品牌」推出系列環保產品，從可重複使用的購物袋、牙籤、到天然材料製成的家居用品，請為此撰寫含 Emoji 符號的文案，此文案將在電子報上刊載。

ChatGPT

🌱 **綠色生活品牌：迎接環保新生活** 🌍

親愛的地球守護者，

在這個需要我們共同守護環境的時刻，「綠色生活品牌」為您帶來一系列既時尚又環保的生活選擇！🌿

> - 🛍️ **可重複使用購物袋**：說再見給一次性塑料，選擇我們的購物袋，為您的每次購物增添綠意。
> - 🪥 **環保牙籤**：由天然可持續材料製成，讓您的日常清潔更加環保。
> - 🏠 **天然材料家居用品**：從廚房到臥室，我們的產品讓您的家更接近自然。
>
> 🌟 **特別推廣**：為了讓更多人加入我們的環保行列，現在購買任何產品，都將享有特別優惠！使用優惠碼「LOVEEARTH」享受全場9折。
>
> 讓我們攜手共創更美好、更綠色的地球家園。一個小小的改變，就是對未來的巨大投資。現在就加入我們，開始您的環保生活之旅吧！🌈
>
> 綠色生活，從我做起，
> 「綠色生活品牌」團隊敬上

ChatGPT 針對「綠色生活品牌」系列環保產品的電子報文案，運用了豐富的 Emoji 符號，成功為這系列產品增添了活潑與吸引力。文案不僅詳細介紹了可重複使用的購物袋、環保牙籤和天然材料製成的家居用品，還提供了一個優惠促銷，鼓勵讀者參與和購買。整體來說，這份文案簡潔明瞭，有效傳達了綠色生活品牌推廣環保理念的同時，也展現了產品的實用性和美觀，很適合透過電子報方式推廣給對環保有興趣的讀者。

7-9 E-mail 行銷革命 - AI 如何幫品牌贏得客戶心

使用電子郵件內容行銷時，重點是要提高開信率 (Open Rate, OR) 和點擊率 (Click-Through Rate, CTR)，您可以採取以下策略：

- 吸引人的主旨行：撰寫簡潔有力、能引起好奇心的郵件主旨，刺激收件人開啟郵件。
- 個性化內容：使用收件人的名字和針對其興趣或行為的個性化內容，讓郵件更具吸引力。
- 清晰的呼籲行動 (Call To Action, CTA)：設計明確的 CTA 按鈕或鏈接，引導收件人進行下一步動作。
- 價值主張：在郵件開頭清楚地展示郵件能為收件人帶來的價值或好處。

第 7 章　AI 如何重新定義撰寫行銷文案的規則

- **簡潔的內容**：避免冗長的文字，使用短句和清單，使內容易於掃讀。
- **視覺吸引**：適當使用圖像、色彩和格式設計來增加郵件的吸引力。
- **測試與優化**：透過 A/B 測試不同的主旨行和內容，找出最有效的方法。

記得在發送之前進行測試，確保郵件在各種設備和郵件客戶端上都顯示正常。

您
你是行銷高手，請寫一篇可以提高開信率與點擊率，適合行銷「玉山牌天然護膚品」的電子郵件。

ChatGPT
當然，以下是一封旨在提高開信率與點擊率的電子郵件範例，用於行銷「玉山牌天然護膚品」：

主旨：【揭秘】玉山牌護膚——自然美肌的秘密武器 🌿

親愛的 [姓名]，

讓我們一起迎接春天，用玉山牌天然護膚品為您的肌膚帶來一次自然的覺醒。🌱

限時驚喜：
只要今天訂閱，您將獲得我們熱銷的有機護膚精油試用裝——完全免費！✨

[立即體驗] (這裡是連結)

想知道為什麼眾多客戶選擇我們的產品？

7-32

> 想知道為什麼眾多客戶選擇我們的產品?
>
> - 純植物提煉,無化學添加
> - 專為敏感肌設計
> - 台灣在地手工製作
>
> 您的肌膚值得最純淨的呵護。現在就點擊下方,開始您的自然護膚之旅吧!
>
> [發現玉山牌的力量](這裡是連結)
>
> 期待您的加入,
> [您的名字]
> 玉山牌天然護膚品團隊

> 這封郵件的主旨線直接並引起好奇心,開頭立即提供價值,CTA清晰明確,並簡要介紹了產品的獨特賣點。

ChatGPT 以專業的角度,有效地針對「玉山牌天然護膚品」創作了一封電子郵件行銷文案。文案巧妙地利用吸引人的主旨、個性化訊息及清晰的行動呼籲,展現出旨在提升開信率與點擊率的潛力。

7-10 開幕盛典必勝秘笈 - AI 如何為新商場撰寫迷人文案

在這個數位化日益進步的時代,AI 的崛起為各行各業帶來了前所未有的轉變和便利,特別是在創造性的內容製作上。對於商店開幕這樣的重要時刻,一篇吸引人的文案不僅能夠提升品牌形象,也能夠有效吸引潛在顧客的注意。利用 AI 協助撰寫開幕文案,不僅能夠節省時間和資源,更能透過數據分析和學習,創造出更貼合目標受眾的內容,為商店開幕增添一抹亮色。

7-10-1　綠色生活家居商店開幕文宣

> **您**
> 有一個「綠色生活家居商店」開幕，請為此撰寫含Emoji符號的開幕文宣。
>
> **ChatGPT**
> 🎉 🌿 「綠色生活家居商店」盛大開幕！ 🏠 💚
>
> 親愛的環保愛好者，
>
> 歡迎來到「綠色生活家居商店」——您尋找綠色、可持續生活方式的終極目的地！我們誠摯邀請您參加我們的開幕慶祝活動，一起探索如何讓生活更加環保！
>
> 📅 開幕日期：即日起
> 📍 地點：[商店地址，虛擬填寫]
>
> **為什麼選擇我們？**
>
> - 🛍️ 從廚房用品到臥室裝飾，我們提供全方位的環保家居產品，全都由天然材料製成。
> - 🌱 信仰綠色生活的你，將找到無數方式來裝點你的家，同時照顧我們共同的地球。
> - 🎁 開幕期間，前100名顧客將獲得精美環保禮品，每筆消費還可享有開幕特別折扣！
>
> 🌟 **特別活動：**
>
> - 綠色生活工作坊
> - 環保產品知識分享會
> - 現場綠色裝飾示範
>
> 讓「綠色生活家居商店」成為您實踐環保理念的夥伴。我們期待在開幕日見到您的光臨，一起為促進可持續生活出一份力！
>
> 🌞 加入我們，一起創造綠色未來！ 💖
> ⬇
> 「綠色生活家居商店」團隊敬上

　　ChatGPT 針對「綠色生活家居商店」開幕的文宣，成功運用了 Emoji 符號增加文案的親和力和吸引力，清楚傳達了開幕活動的細節、商店提供的環保產品種類，以及

開幕特別活動和優惠。文案簡潔明瞭，有效吸引目標顧客群——環保愛好者的注意，並鼓勵他們參與開幕活動，展現了對綠色生活理念的支持和推廣。整體而言，這篇文宣適合在社群媒體等平台上發布，吸引顧客前往探索。

7-10-2　萬客來水果店開幕文宣

> 🧑 **您**
> 有一個「萬客來水果店」開幕，請為此撰寫含Emoji符號的開幕文宣。
>
> 🤖 **ChatGPT**
> 🎉 🍇 歡迎來到「萬客來水果店」- 新鮮的開始！🍉 🎈
>
> 親愛的果蜜們，
>
> 「萬客來水果店」盛大開幕啦！我們自豪地為您帶來最新鮮、最多樣的水果選擇，從甜美多汁的 🍉 西瓜到營養豐富的 🍇 葡萄，應有盡有，全都來自精心挑選的最佳產地。
>
> 📅 **開幕日期**：即日起
> 📍 **地點**：[店鋪地址，虛擬填寫]

> **開幕特惠**：
> 為慶祝開幕，前100名顧客將享有精選水果「買一送一」的獨家優惠！🎁 此外，凡購買任何水果，均可參加抽獎，有機會贏取一年份的免費水果供應！🍏🍊
>
> 我們的承諾是提供給您最高品質和最新鮮的水果，讓您和家人享受健康美味的生活。來「萬客來水果店」，發現更多驚喜，讓我們一起品嚐大自然的禮物！
>
> 🌈 加入我們的開幕慶典，享受健康美味的新鮮水果，讓「萬客來水果店」成為您生活中的甜蜜選擇！
>
> 期待在「萬客來水果店」與您相見，一起迎接新鮮的開始！🍊🍌

ChatGPT 為「萬客來水果店」開幕撰寫的文宣巧妙地結合了各式各樣的 Emoji，生動地展現了店內豐富的水果種類和開幕特惠活動。文案不僅內容豐富，引人入勝，還通過提供開幕優惠和抽獎活動，有效地吸引潛在顧客的注意，增加他們參與開幕慶典的興趣。整體來說，這段文宣非常適合在社群媒體上推廣，預期能夠成功吸引大量顧客前來品嚐新鮮水果。

第 7 章　AI 如何重新定義撰寫行銷文案的規則

7-10-3　文具小舖網路商店開幕文宣

> 🧑 **您**
> 有一個「文具小舖網路商店」開幕，這是在網路上專賣辦公文具的商店，請為此撰寫含Emoji符號的開幕文宣。

> 🤖 **ChatGPT**
> 🎉 🖊️「文具小舖網路商店」隆重開幕！ 📚 📎
>
> 筆迷們，準備好迎接一場精彩的文具探索之旅了嗎？「文具小舖網路商店」現已開幕，專為愛好辦公文具的您量身打造！我們提供從經典到創意，各式各樣的辦公文具，滿足您所有的需求。
>
> 🖊️ 探索我們的產品：
> - 精選筆記本 📓、彩色筆 🖍️、橡皮擦、訂書機等，每一件都是挑選精品。
> - 創意文具 🌈，讓您的辦公或學習生活更加多彩。
>
> 🎁 開幕特別優惠：
> 為慶祝開幕，現在下單即享全場9折，並且前100名顧客將獲得精美文具禮包一份！
>
> 💻 購物便利：
> 無論您在哪裡，只需幾次點擊，心儀的文具就能直達您的手中。快來探索「文具小舖網路商店」，發現更多令人驚喜的文具寶藏！
>
> ❤️ 加入我們，開啟您的文具收藏之旅，讓「文具小舖網路商店」為您的辦公和學習生活增添無限樂趣！
>
> 期待您的蒞臨，一起慶祝這個特別的開始！ 🌟 📦

ChatGPT 為「文具小舖網路商店」的開幕撰寫了一篇充滿活力與創意的文宣，成功利用 Emoji 符號增加了文案的趣味性與視覺吸引力。文案中不僅介紹了商店的特色產品和環保理念，還巧妙融入了開幕特惠訊息，有效激發潛在顧客的興趣。整體而言，這段文宣結構清晰，訊息明確，非常適合透過電子郵件或社群媒體平台推廣，吸引台灣地區的文具愛好者前來探索與購買。

第 8 章
企業如何運用 AI 規劃行銷活動

8-1　產品行銷的關鍵 - 為什麼品牌需要精確的行銷規劃
8-2　實體店開幕大作戰 - AI 如何為商家策畫成功的行銷活動
8-3　網路商店開幕引爆流量 - AI 的行銷策略讓電商門庭若市
8-4　新產品上市必勝關鍵 - AI 如何為創新品牌制定行銷藍圖
8-5　季節行銷的新浪潮 - AI 如何為品牌策畫節慶行銷活動
8-6　扭轉乾坤 - AI 為企業在業績低迷時期規劃突破性行銷策略

第 8 章　企業如何運用 AI 規劃行銷活動

在當今快節奏且競爭激烈的商業環境中，人工智慧（AI）已經成為企業執行行銷規劃的強大工具。AI 技術的進步不僅為行銷人員提供了前所未有的數據洞察力，也帶來了能夠預測市場趨勢、自動化複雜任務並創建個性化客戶體驗的能力。隨著 AI 的幫助，企業能夠更加精確地定位目標受眾，優化廣告投放效果，並提升整體行銷策略的效率和成效。

8-1　產品行銷的關鍵 - 為什麼品牌需要精確的行銷規劃

8-1-1　認識產品行銷規劃的重要性

關於產品行銷規劃的重要性：

- **明確定位**：行銷規劃幫助企業清楚地定義自己的市場定位，瞭解其產品或服務對特定目標客群的吸引力。
- **策略指導**：企業能夠制定出有效的策略來達成其業務目標，包括有效利用資源、選擇正確的行銷渠道和與目標客群的溝通方式。
- **預算有效分配**：行銷規劃允許企業有系統地分配預算至不同的行銷活動，確保資金被投入到最有可能帶來回報的地方。
- **風險管理**：透過事先規劃，企業可以預測可能的風險並制定應對策略，減少未來可能遇到的挑戰。
- **持續優化**：行銷計畫不是一成不變的，它讓企業根據市場反應和客戶回饋進行調整，確保策略隨時間進化並保持有效性。
- **測量成效**：透過設定清晰的目標和 KPIs，企業能夠追蹤行銷活動的成效，並根據實際成果進行調整，確保最大化投資回報。
- **提升競爭力**：周全的行銷計畫幫助企業更有效地溝通其獨特賣點，從而在競爭激烈的市場中脫穎而出。

透過這些要點，我們可以看到產品行銷規劃對於企業成功在市場上推廣其產品或服務的重要性。它不僅幫助企業明確方向和策略，也是持續成長和提升市場競爭力的基石。

8-1-2　了解產品行銷的時機

規劃產品行銷是企業戰略中的關鍵一環，而選擇合適的時機開始這一過程對於確保成功尤為重要。以下是一些特定場合，這些時刻被視為規劃產品行銷的好時機：

- 新產品上市前或是新門市開張：新產品(或是新門市)上市前的行銷規劃對確定市場定位、建立品牌認知、測試市場反應及策略整合至關重要，能有效降低風險、最大化市場影響力，確保產品成功推出。

- 季節的行銷活動：季節行銷活動利用消費者的季節性購買習慣，提升品牌曝光和銷售。它鼓勵節日購物，增強顧客忠誠度，並創造情感聯繫，使品牌在競爭激烈的市場中脫穎而出。

- 市場需求變化時：當市場研究顯示消費者需求出現重大變化，或新的趨勢正在形成時，這是重新評估和調整行銷策略的理想時機。這可以幫助企業抓住新機會或避免潛在的市場風險。

- 競爭環境變化時：新競爭者的進入或現有競爭對手策略的改變都可能影響市場格局。在這種情況下，更新產品行銷計劃以更好地定位自己，對抗競爭壓力是關鍵。

- 產品生命周期的不同階段：每個產品生命周期的階段(引入、成長、成熟和衰退)都需要不同的行銷策略。識別這些階段並在轉折點上規劃行銷活動，可以最大化產品的市場潛力。

- 業績低迷時：當產品銷售或市場份額不如預期，這可能是重新審視和創新行銷策略的信號。透過調整行銷計劃來重新吸引目標客戶或開拓新市場。

- 技術進步時：技術的快速發展可能會創造新的行銷渠道或工具(例如：社交媒體、AI 輔助分析等)。企業應該利用這些新技術來優化其行銷策略，提高效率和效果。

選擇合適的時機進行產品行銷規劃，可以幫助企業更好地應對市場變化，利用新機會，並有效提升產品的市場表現。

8-1-3 認識新品上市前行銷規劃的重要

新產品上市前是規劃產品行銷的絕佳時機，這個階段的行銷規劃對於確保產品成功推向市場至關重要，這時進行行銷規劃有多重好處：

- 確定市場定位：在產品上市前，透過市場研究確定目標客戶群體和產品的市場定位，可以幫助制定更有效的行銷策略，確保產品與消費者的需求和期望相匹配。
- 建立品牌意識：提前規劃行銷活動可以幫助在產品上市前就開始建立品牌意識和產品預期。這包括透過社交媒體、廣告、公關活動等手段提升目標市場對產品的認知。
- 測試市場反應：在正式上市前進行小範圍的市場測試或推出試用活動，可以幫助企業收集反饋，優化產品和行銷策略，從而降低市場風險。
- 策略整合：上市前的行銷規劃階段也是整合各種行銷渠道和策略（如內容行銷、電子郵件行銷、社交媒體行銷等）的好時機，確保上市時能夠發揮最大效果。
- 預算分配：透過事先規劃，企業可以更有效地分配行銷預算，確保資源被投入到最有可能帶來回報的活動上。
- 制定上市計劃：確定產品上市的具體時間表和活動安排，包括上市發布會、推廣活動和初期的市場推廣策略，以確保順利推出。
- 應對競爭：了解競爭對手的動態並預先規劃如何在市場上脫穎而出，可以幫助新產品在競爭激烈的市場中佔有一席之地。

總的來說，新產品上市前的行銷規劃是確保產品成功、最大化市場影響力和回報的關鍵步驟。通過精心規劃和執行，企業可以為新產品創造強有力的市場推出基礎。

8-1-4 新商店開幕也是行銷的好時機

新商店開幕絕對是規劃產品行銷的好時機，這個階段是建立商店品牌、吸引顧客、並確立市場地位的關鍵時刻。以下是幾個原因說明為何開幕期間是進行產品行銷的絕佳機會：

- **品牌曝光**：開幕活動提供了一個獨特機會來增加品牌曝光度。透過有效的行銷策略，如社交媒體宣傳、地方媒體報導，甚至是口碑推薦，可以讓更多潛在顧客認識新商店。
- **建立顧客基礎**：開幕期間透過特別優惠、開幕典禮和其他吸引人的活動來吸引顧客，這有助於快速建立一個忠實的顧客基礎。這些初期顧客不僅可能成為重複購買者，而且還可能透過口碑為商店帶來新顧客。
- **市場測試**：新商店開幕也是一個進行市場測試的好機會，可以收集顧客對產品或服務的反饋。這種即時反饋對於優化產品線和改進顧客體驗是非常有價值的。
- **競爭優勢**：透過獨特和創新的開幕行銷活動，新商店可以在開業初期就確立自己的市場地位，尤其是在競爭激烈的市場環境中。這有助於區別於其他競爭對手，吸引顧客關注。
- **社區參與**：開幕活動也是加強與當地社區聯繫的絕佳方式，透過參與地方活動、慈善事業或合作，新商店可以增加其在社區中的知名度和受歡迎程度。

因此，新商店開幕不僅是展示產品和服務的絕佳機會，也是透過精心規劃的行銷活動來建立品牌形象、吸引顧客並開始建立長期客戶關係的關鍵時刻。

8-2 實體店開幕大作戰 - AI 如何為商家策畫成功的行銷活動

在數位化浪潮席捲全球的今日，人工智慧（AI）的創新應用正在重新定義零售業的遊戲規則。特別是在商店開幕活動的規劃上，AI 技術不僅能夠提供數據驅動的見解，助力目標市場分析，還能創造個性化的顧客體驗。這一節旨在探索 AI 如何轉化傳統的商店開幕策略，從客戶洞察、活動規劃到實時反饋收集，展現 AI 在提升品牌吸引力、增強顧客參與度方面的無限潛力。隨著 AI 技術的融入，商店開幕活動正迎來前所未有的創新與效率。

8-2-1 「綠色居家生活傢俱」商店開幕的行銷活動

> 您
> 「綠色居家生活傢俱」商店即將在8月1日上市，請為此商店開幕規劃含Emoji符號的行銷活動

> ChatGPT
> 為了慶祝「綠色居家生活傢俱」商店的開幕，以下是一個包含Emoji符號的行銷活動規劃草案，旨在吸引目標顧客的注意力，並激發他們對綠色生活方式的興趣：
>
> 🌱「綠色居家生活傢俱」盛大開幕！🎉
>
> 📅 日期：8月1日
> 📍 地點：環保路1號，綠色生活商圈
>
> 加入我們，一起迎接更綠色、更健康⬇️活方式！首200位顧客將獲得專屬環保禮品包🎁，內含可持續生活精選好物！

> 🌱 開幕當天精彩活動：
> - **10:00 AM**：綠色生活工作坊，學習如何打造環保家居🏡
> - **2:00 PM**：綠色居家設計大師講座，尋找綠色靈感💡
> - **4:00 PM**：環保生活市集，探索可持續商品🛍️
>
> 🎈 特別優惠：
> - 開幕日全店享受9折優惠
> - 購買指定環保傢俱系列，額外贈送綠色植物一盆🌱
>
> 🌟 為什麼選擇我們？
> - 環保材質：所有產品均採用可持續材料，愛護地球🌍
> - 健康生活：為您和家人打造一個無毒、安全的居家環境👨‍👩‍👧
> - 時尚設計：綠色也能時尚，我們的設計證明了這一點💚

8-2 實體店開幕大作戰 - AI 如何為商家策畫成功的行銷活動

> 💌 **保持聯繫：**
> - 跟隨我們的社交媒體，獲取最新資訊和獨家優惠
> - 參與我們的#綠色居家挑戰，分享您的綠色生活照片，贏取驚喜禮物！
>
> 👉 別忘了標記我們 @綠色居家生活傢俱
> 📞 預約參觀或咨詢，請撥打：**1234-5678**
>
> 期待在開幕日與您共襄盛舉，一起邁向綠色居家生活的新紀元！
>
> ---
>
> 這個行銷活動草案旨在通過結合 Emoji 符號來吸引關注，並通過一系列精彩活動和特別優惠來吸引顧客參與。使用Emoji不僅使信息更加生動有趣，也有助於強調環保和綠色生活的主題。

　　ChatGPT 提供的「綠色居家生活傢俱」開幕行銷活動規劃，展現了其對目標市場的深刻理解和創意思維。透過精選 Emoji 的巧妙運用，成功吸引目標族群的注意力，並藉由環保生活工作坊、大師講座等活動，強化綠色生活訊息的傳遞。此外，特別優惠和綠色居家挑戰等互動元素，有效提升顧客參與度和品牌忠誠感。整體而言，ChatGPT 展現出能夠結合趨勢和創新，為品牌創造具吸引力的行銷策略的能力。

8-2-2　「萬客來水果」商店開幕的行銷活動

> **您**
> 「萬客來水果」商店即將在8月1日上市，請為此商店開幕規劃含Emoji符號的行銷活動，此活動包含下列項目：
> 開幕當天消費滿100元，贈送香蕉一斤。
> 消費滿1000元贈送釋迦3顆。
>
> **ChatGPT**
> 🍇🍉 「萬客來水果」盛大開幕慶典！🍍🍌
>
> 🎈 一起迎接水果界的新星閃耀登場！🎉
>
> 📅 開幕日期：8月1日
> 📍 地點：果香大道168號
>
> 來「萬客來水果」，開啟您的味蕾之旅！新鮮直送、精選水果，讓您品嚐未曾有過的甜蜜滋味。開幕日限定優惠，錯過不再！

> 🎁 **開幕日專享禮遇：**
> - **滿100元，香蕉帶回家**：當天消費達100元，即可獲得甜美香蕉一斤，讓您的每一天都充滿活力！🎁
> - **滿1000元，釋迦心動禮**：消費滿1000元，豪氣贈送營養豐富的釋迦三顆，為您的生活添一份奢華的自然香甜！🍈
>
> 🎊 **開幕慶典活動亮點：**
> - **幸運大抽獎**：每位到店顧客均有機會參加，獎品包括超市禮券、限定水果禮盒等，滿滿的驚喜等您來拿！🎟
> - **水果品鑑會**：由水果專家帶領的品鑑會，帶您了解各種水果的獨特風味與健康益處，開闊您的水果視野。🍇

> ❤️ **溫馨提示：**
> - 所有優惠及贈品數量有限，送完即止，動作要快！
> - 活動條款及細則，詳情請洽店內服務人員或關注我們的社交平台。
>
> 👉 **來吧，水果愛好者！：**
> 邀請您的親朋好友一同參與，開啟一場屬於味蕾的盛宴。在「萬客來水果」，每一口都是對生活的熱愛！
>
> 👉 別忘記追蹤我們，獲得最新資訊與優惠！
>
> 準備好享受這場水果盛宴了嗎？8月1日，「萬客來水果」等您來慶祝！🌟

此行銷活動計劃旨在透過Emoji的活潑使用，增添訊息的趣味性與吸引力，並透過特別優惠與互動活動，強化顧客的購物⬇️ 感與品牌印象。

ChatGPT 為「萬客來水果」商店的開幕活動提供了一個精心策劃的行銷方案，巧妙運用 Emoji 增加訊息的吸引力和親和力。透過滿額贈送的促銷活動，有效激勵消費者達成更高消費，同時促進了顧客對開幕活動的期待和參與。活動中結合的互動元素，如幸運抽獎和水果品鑑會，不僅豐富了開幕當天的活動內容，也提升了顧客體驗，有助於建立良好的顧客關係和品牌形象。整體來看，這次行銷方案既實用又具創意，非常適合新店開幕之際。

8-3 網路商店開幕引爆流量 – AI 的行銷策略讓電商門庭若市

在數位化時代的浪潮下，AI 技術已成為改變零售業態和提升顧客體驗的關鍵力量。特別是在網路商店的開幕活動規劃中，AI 的應用開啟了無限可能，從市場分析、目標客戶定位到個性化行銷策略的制定，AI 助力品牌精準捕捉消費者需求，創造獨特且高效的開幕方案。這一節將深入探討如何利用 AI 技術策劃成功的網路商店開幕活動，展現 AI 在提高參與度、優化顧客體驗及增強品牌影響力方面的強大潛力，開創網路零售的新篇章。

8-3-1 網路商店與實體商店開幕的差異

在當今快速變化的零售環境中，網路商店與實體店面的開幕活動呈現出鮮明的對比和獨特的策略需求。下列將說明這兩種開幕方式之間的關鍵差異，包括推廣渠道的選擇、顧客互動的方式、以及體驗設計的考量。

❏ 推廣渠道

- 網路商店：主要透過社交媒體、電子郵件行銷、搜尋引擎優化（SEO）、在線廣告等數位渠道進行推廣。
- 實體店面：除了數位行銷，還可能包括戶外廣告、地方報紙、社區活動和口碑推廣等。

❏ 顧客互動

- 網路商店：互動主要在線上進行，透過即時聊天支援、社交媒體互動等方式。
- 實體店面：提供面對面的顧客服務和即時的購物體驗。

❏ 體驗設計

- 網路商店：重點在於網站設計、用戶界面（UI）和用戶體驗（UX）優化。
- 實體店面：注重店面佈置、商品展示和顧客在店內的流動路徑設計。

8-3-2 規劃網路商店開幕應注意事項

規劃網路商店開幕應注意的事項：

- 網站優化：確保網站設計響應式，適合各種裝置瀏覽。加載速度要快，結構清晰，方便用戶快速找到所需訊息。
- 社交媒體活躍：提前在社交媒體上建立品牌的存在感。透過吸引人的內容和互動，增加潛在顧客的關注度。
- 搜索引擎優化（SEO）：優化網站內容和結構，提高搜索引擎排名，吸引更多自然流量。
- 開幕促銷活動：計劃特別的開幕促銷，例如限時折扣、滿額贈禮、首購優惠等，吸引顧客首次訪問和購買。
- 顧客服務與支持：提供優質的在線客服支持，包括 FAQ、即時聊天、電子郵件回應等，解答顧客疑問，提升購物體驗。
- 測試與反饋收集：開幕前進行網站的全面測試，確保所有功能正常運作。開幕後，積極收集顧客反饋，及時調整優化。

規劃網路商店的開幕，需要充分利用數位行銷的工具和策略，同時確保網站能提供優質的顧客體驗。透過精心規劃和執行，可以有效吸引訪客，轉化為忠實顧客，從而為網路商店的成功開幕奠定堅實的基礎。

開幕期間和之後，持續的顧客互動和優質內容更新是保持顧客興趣和鼓勵重複購買的關鍵。透過定期的電子郵件通訊、社交媒體更新和臉書文章，可以保持與顧客的連結，同時提供有價值的訊息和專屬優惠。

此外，利用數據分析工具監控網站流量、顧客行為和銷售數據，有助於深入理解顧客需求，並根據這些洞察調整行銷策略和產品供應，以滿足市場的變化。

最後，創建一個積極、支持性的社群環境，鼓勵顧客分享他們的購物體驗和產品使用心得。這不僅能增強顧客之間的互動，也能提升品牌的信譽和可信度。

總之，網路商店的開幕和經營是一個持續的過程，需要策略、創新和對顧客需求的敏感度。經過這些努力，可以建立一個成功的網上商店，實現長期的業務增長。

8-3-3 「文具小舖」網路商店開幕的行銷活動

> 您
> 「文具小舖」網路商店即將在8月1日上市,請為此商店開幕規劃含Emoji符號的行銷活動。

> ChatGPT
> 🌈「文具小舖」網路商店盛大開幕 🎨
>
> 📅 開幕日:8月1日
> 🌐 訪問地址:www.文具小舖.com
>
> 準備好迎接一場創意無限的購物體驗了嗎?「文具小舖」為您帶來精選的文具商品,無論是學習還是工作,我們都能滿足您對文具的所有夢想!
>
> 🎉 **開幕特惠活動**:
> - **首日登錄驚喜**:8月1日當天訪問網站並註冊的顧客,將獲得價值50元的購物金 💰。
> - **滿額禮品**:開幕當天,任意消費滿2⬇️元即可獲得限量設計筆記本一本 📓。
>
> 🎁 **開幕限時抽獎**:
> - 參與我們的社交媒體互動#文具小舖開幕,就有機會贏得價值超過500元的文具大禮包 🎁。快來分享您對文具的熱愛和期待吧!
>
> 💌 **專屬優惠**:
> - **分享即享優惠**:在您的社交媒體上分享開幕消息,並標記我們,即可獲得一次10%折扣碼,用於任意訂單 💬。
>
> 📣 **歡迎所有文具愛好者**:
> 「文具小舖」致力於提供創意無限、質感滿分的文具商品。無論是筆記本、彩筆、貼紙還是其他辦公室小物,您都能在這裡找到滿足您創造力的一切。

> 👉 立即訪問 www.文具小舖.com，開啟您的創意之旅！
>
> 我們在8月1日不見不散！準備好讓我們一起揮灑創意的色彩，點亮日常生活的每一刻。🌟
>
> 此行銷活動計劃旨在透過Emoji的使用增添活動的趣味性與視覺吸引力，並通過一系列的促銷活動和互動機會，增強顧客參與感，成功吸引目標顧客群，為「文具小舖」網路商店的開幕添彩增輝。

ChatGPT 為「文具小舖」網路商店的開幕規劃了一場色彩繽紛的行銷活動。透過巧妙使用 Emoji 增添活動的趣味性，讓人一看就心情大好。特別是開幕當天的購物金和限量筆記本贈送，非常吸引人，顯示了對顧客的大方和誠意。社交媒體的互動抽獎和分享優惠也巧妙地利用了網路社群的力量，擴大了活動的影響範圍。整體來看，這次的行銷活動既創意十足又實用，相信能有效吸引文具愛好者的關注和參與。

8-4 新產品上市必勝關鍵 - AI 如何為創新品牌制定行銷藍圖

在這個數據主導的時代，人工智慧（AI）已成為塑造行銷策略的關鍵工具，尤其在新產品上市時更顯重要。這一節旨在展現 AI 在規劃新產品上市行銷活動中的無限潛力。透過實例分析和專家見解，我們將深入了解 AI 如何使行銷活動更加精準、高效，並提升消費者體驗，從而驅動產品成功上市並實現商業目標。進入 AI 的行銷新紀元，讓我們一探究竟。

8-4-1 台光公司「太陽能衛星手機」上市行銷規劃

> **您**
> 台光公司「太陽能衛星手機」即將在8月1日上市,請為此產品上市規劃含Emoji符號的行銷活動。行銷活動包含下列贈品:
> 1:贈送手機保護膜
> 2:贈送通話費100元
> 3:贈送3個月免費來電答鈴

> **ChatGPT**
> 🚀 台光公司「太陽能衛星手機」全球首發 😎
>
> 📅 上市日期:8月1日
> 🌐 立即體驗:台光太陽能手機.com
>
> 台光公司引領科技創新,將綠能與通訊科技完美融合,推出革命性的「太陽能衛星手機」。無論您身在何處,都能享受不間斷的通訊服務,讓您與世界保持連接!

> 🎁 **開幕日限定禮遇:**
> 1. **保護膜加持**:前100名購買客戶將獲得專屬手機保護膜一張,讓您的新機更耐用 📱。
> 2. **通話無憂**:所有購買客戶均享有通話費100元贈送,隨時隨地暢聊無阻 📞。
> 3. **答鈴特權**:享受3個月免費來電答鈴,個性化您的手機鈴聲,讓每一次來電都充滿驚喜 🎶。
>
> 🌟 **精彩活動:**
> - **分享就有獎**:在社交媒體上分享您的太陽能衛星手機使用體驗並標記#台光太陽能手機,即有機會獲得神秘大禮 🎉。
> - **太陽能挑戰**:參與我們的太陽能挑戰,展示您如何在日常生活中利用太陽能,最創意的使用方式將獲得我們獨家設計的太陽能充電包 🔋。

第 8 章　企業如何運用 AI 規劃行銷活動

> 💗 **專屬邀請：**
>
> 邀請您成為科技與綠能融合的先鋒，體驗「太陽能衛星手機」帶來的革命性通訊新時代。讓我們一起走在科技的最前沿，探索無限可能！
>
> 👉 立即訪問 台光太陽能手機.com 預約您的未來。
>
> 準備好開啟與世界連接的全新方式了嗎？8月1日，見證科技與自然和諧共生的時刻！
>
> 透過這場精心規劃的行銷活動，台光公司的「太陽能衛星手機」上市將成為一次科技與綠能結合的慶典，透過創新的產品和吸引人的上市優惠，將無疑吸引廣大消費者的目光。

　　ChatGPT 為台光公司的「太陽能衛星手機」上市策劃了一場充滿創意的行銷活動，利用 Emoji 增添訊息的趣味性，讓整個活動看起來既科技前衛又親民。透過精心設計的贈品和互動活動，成功激起消費者的興趣和參與度，特別是那些關心環保和科技創新的群體。這次活動不僅突出了產品的獨特賣點，也展現了品牌對綠色科技的承諾，相信能有效吸引目標顧客，為產品上市打下成功的第一步。

8-4-2　美肌公司「回春乳霜」上市行銷規劃

> 👤 您
>
> 美肌公司「回春乳霜」即將在8月1日上市，請為此產品上市規劃含Emoji符號的行銷活動。「回春乳霜」產品有下列特色：
> 1：青春永駐，痘痘消失
> 2：完全去角質，肌膚保持水嫩
> 3：年齡增長，皮膚卻依然光滑無紋
>
> 🤖 **ChatGPT**
>
> 🌟 美肌公司呈獻「回春乳霜」- 革命性美膚新紀元 🌺
>
> 📅 上市日期：8月1日
> 🛍 立即購買：美肌回春乳霜.com
>
> 準備好讓您的肌膚重返青春了嗎？美肌公司榮譽出品的「回春乳霜」將是您美膚路上的最佳夥伴。專為追求完美膚質的您設計，帶來三重奇蹟：

8-4 新產品上市必勝關鍵 - AI 如何為創新品牌制定行銷藍圖

> 1. 青春永駐，痘痘一掃而光 🌈
> 2. 深層去角質，肌膚水嫩如初 💦
> 3. 抗衰老神器，光滑無紋的秘密 ✨
>
> 🎁 **開幕特惠活動：**
>
> - **前100名購買者**：享有限量版「美肌秘笈」一本，讓您的美膚之旅更添指南 📘。
> - **社交分享獎勵**：分享您的「回春乳霜」使用心得至社交媒體並標記#美肌回春，即有機會贏得下一次購物9折優惠券 🎟️。
> - **邀請好友同樂**：成功邀請好友購買「回春乳霜」，您和您的好友各獲得50元購物金，美麗與友誼並進 💗。
>
> 🌈 **精彩互動：**
>
> - 「**美肌挑戰**」：參與我們的#美肌挑戰，上傳您使用「回春乳霜」前後的對比照，最佳轉變者將獲得神秘美肌大獎 🏆。

> 💗 **美肌承諾：**
>
> 「回春乳霜」不僅是一瓶乳霜，它是您對自己肌膚的承諾，美肌公司與您一同見證這份轉變的奇蹟。
>
> 👉 立即訪問 美肌回春乳霜.com，開啟您的美膚新篇章！
>
> 8月1日，讓我們一起迎接肌膚的回春奇蹟。您準備好了嗎？ 🌷

> 透過這次的行銷活動規劃，「回春乳霜」不僅凸顯了其產品的核心特色，也透過一系列的互動和優惠活動，增加了顧客的參與度和品牌忠誠度，為產品上市增添一份期待與興奮。

　　ChatGPT 為「回春乳霜」的上市規劃了一場創意滿點的行銷活動，活動中巧妙運用 Emoji 符號，讓整個推廣訊息看起來既生動又吸引人。透過提供限量版贈品、社交媒體分享獎勵，以及邀請好友的購物優惠，成功激發了消費者的參與興趣，增加了產品的曝光率。特別是美肌挑戰活動，不僅讓消費者能夠親身體驗產品效果，同時也進一步拉近了品牌與消費者之間的距離，相信能有效提升「回春乳霜」上市的成功率。

第 8 章　企業如何運用 AI 規劃行銷活動

8-5　季節行銷的新浪潮 - AI 如何為品牌策畫節慶行銷活動

在當今數據驅動的市場環境下，人工智慧（AI）已成為規劃季節性行銷活動的關鍵工具。AI 不僅能夠分析大量消費者數據，預測購買行為，還能幫助品牌精準定位目標受眾，創造個性化的促銷策略。這一節內容將揭示 AI 如何使季節性行銷活動更加高效、有效，並為品牌帶來顯著的商業價值。

8-5-1　夏季前規劃冷氣機銷售

在夏季到來之前規劃冷氣機銷售活動能夠抓住消費者提前準備避暑需求的心理，從而提前佔領市場份額。這一策略不僅可以避開夏季高峰期的市場競爭壓力，還能利用旺季前的相對閒散期進行促銷，吸引更多顧客。此外，提前規劃使得企業有充足的時間來分析市場趨勢、調整產品定價和促銷策略，並確保供應鏈的穩定，以滿足市場需求，從而達到最大化的銷售效果。

您

台光公司「南極圈變頻冷氣機」大促銷開始了，請為此產品規劃含Emoji符號的夏季行銷活動。行銷活動包含下列項目：
1：全面8折
2：舊冷氣回收折抵5000元
3：台光公司「南極圈變頻冷氣機」免費健檢
以上活動限定5月31日前有效

ChatGPT

🌞 夏日清涼盛典 - 台光公司「南極圈變頻冷氣機」大促銷 ❄️

夏日炎炎，只需一台「南極圈變頻冷氣機」，讓您的夏天從此清涼舒適！即日起至5月31日，抓住前所未有的優惠活動，讓我們一起迎接涼爽的夏日！

🎉 促銷活動亮點：

1. **超值8折優惠**：現在購買「南極圈變頻冷氣機」即享全面8折優惠，擁抱高效節能的涼爽夏日！💰
2. **環保換新風**：舊冷氣回收再折抵5000元，為您的家換上更節能、更強效的清涼新選擇！♻
3. **專業免費健檢**：為您的「南極圈變頻冷氣機」提供一次免費健檢服務，確保夏日運行無憂！🔧

⏰ 限時優惠，錯過不再：

- 活動時間：即日起至5月31日
- 地點：台光公司官網及全國指定經銷商

📣 呼朋喚友，共享清涼：

立即轉發此消息給您的親朋好友，一同享受「南極圈變頻冷氣機」帶來的終極清涼體驗！👬

👉 立即行動，輕鬆擁抱一個涼爽舒適的夏季！讓台光公司陪您一起，享受科技與自然和諧共生的生活方式！

抓緊這個夏季前的絕佳機會，為您的家庭帶來最優質的涼爽享受。台光公司期待您的蒞臨，讓我們共同迎接一個清涼的夏天！🌈

　　ChatGPT 為台光公司的「南極圈變頻冷氣機」大促銷策畫了一場應景且吸引人的夏季行銷活動。透過使用 Emoji 增添訊息的趣味性，讓促銷活動看起來更親民、易懂。提供的 8 折優惠、舊機折抵和免費健檢服務，不僅顯示了台光公司對產品信心，也體現了對顧客的大力回饋。這場促銷活動巧妙結合了經濟實惠與專業服務，勢必能吸引眾多消費者在炎炎夏日為自家帶回一絲清涼。

8-5-2　中秋節月餅行銷規劃

> 🧑 您
> 糕點物語公司中秋節「月餅」限量銷售開始了，請為此產品規劃含Emoji符號的中秋節行銷活動。行銷活動包含下列項目：
> 1：10(含)盒以上全面8折
> 2：100(含)盒，加贈5盒
> 以上活動限定8月1日前有效

> 🤖 ChatGPT
> 🌕 糕點物語中秋節「月餅」限量銷售盛典 🥮
>
> 慶祝中秋佳節，與家人團圓共享甜蜜，糕點物語為您帶來傳統與創新融合的精緻月餅。自今日起至8月1日，限時開啟中秋預售活動，讓我們一同迎接月圓人團圓的美好時刻！

> 🎉 **限時促銷活動**：
>
> - **團購優惠**：購買10盒(含)以上月餅，即享全面8折優惠，與親朋好友共享這份中秋的美味與喜悅！🎁
> - **超值贈禮**：一次性購買100盒(含)月餅，將加贈5盒，讓您的中秋禮意滿滿，溫馨傳遞給每一位特別的他（她）。🎊
>
> ⏰ **活動期限**：
>
> - 即日起至**8月1日**，錯過不再，預購從速！

> 🌟 **中秋佳節，傳情達意**：
> 選擇糕點物語的月餅，不僅是送禮的最佳選擇，更是與家人共度團圓佳節的美好象徵。每一口都蘊含著對傳統的尊重與對創新的探索，為您的中秋夜增添無限風味。
>
> 👉 **不要猶豫**，立即訪問 糕點物語官網，預訂您的中秋月餅，讓這份精心準備的美味，為您的中秋節添上一抹亮色！
>
> 快來參與糕點物語的中秋節限量銷售活動，讓我們一起用心挑選，用愛傳遞，共度一個充滿幸福與甜蜜的中秋佳節！🧧

ChatGPT 針對糕點物語公司中秋節「月餅」的限量銷售活動提出了一套具創意的行銷方案。透過吸引人的 Emoji 加上貼心的團購優惠和超值贈禮方案，成功激發了消費者的購買欲望，並加深了節日氛圍。這次的活動規劃不僅鼓勵了消費者與家人朋友共享美味，也巧妙地利用了限時促銷來提升銷量，展現了對市場需求和消費者心理的深刻理解。糕點物語公司透過這樣的策略，無疑能在中秋節期間為顧客帶來難忘的品味體驗。

8-6 扭轉乾坤 - AI 為企業在業績低迷時期規劃突破性行銷策略

在當今競爭激烈的商業環境中，企業面臨的挑戰比以往任何時候都要大。特別是當業績低迷時，找到有效的策略來扭轉局勢變得尤為重要。人工智慧（AI）在這方面展示了其獨特的價值，提供了一種新的解決方案。本文將探討 AI 如何在業績低迷時助力企業規劃行銷，透過實際案例和策略分析，揭示 AI 轉化行銷活動、提升業績的潛力。

8-6-1 天天買科技門市行銷規劃

> **您**
> 「天天買科技公司」是一家專門銷售3C產品的門市，業績銷售下滑，請為此規劃含 Emoji符號的行銷活動。
>
> **ChatGPT**
> 🚀 「天天買科技公司」重振銷售行動啟動！ 💡
>
> 面對業績下滑的挑戰，「天天買科技公司」決定啟動一場前所未有的行銷活動，用創新的策略和無法抗拒的優惠重新吸引顧客，點燃您對最新3C科技的熱情！

第 8 章　企業如何運用 AI 規劃行銷活動

> 🎉 **限時促銷活動包含：**
>
> 1. **滿千返百**：即日起，每購買滿1000元，即可獲得100元現金回饋！🎁
> 2. **週週驚喜**：每週推出指定商品特價，數量有限，先搶先贏！🔥
> 3. **老客戶專享**：凡是過去曾購買過產品的顧客，再次購買任何商品即享95折優惠。忠誠顧客，我們給您最特別的感謝！❤️
> 4. **社交分享賽**：在您的社交媒體分享您的購物體驗並標記#天天買科技公司，最具創意的分享將每月獲得精選3C產品一項。🌟
>
> ⏰ **活動時間：**
>
> - 活動即日起至今年底有效。

> 📣 **呼朋喚友，一起享受科技魅力：**
>
> 快來「天天買科技公司」，體驗最新的3C科技產品，享受前所未有的購物優惠和樂趣！讓我們一起迎接科技生活的無限可能！
>
> 👉 **別錯過**，更新您的科技生活，開啟新的數位時代！立即前往天天買，開啟您的科技新旅程！
>
> 通過這場活動，「天天買科技公司」旨在透過吸引人的優惠和創意分享激勵，重新點燃顧客對3C產品的熱情，為銷售業績注入新的動力。

ChatGPT 為「天天買科技公司」提出的行銷活動策略，透過一系列具吸引力的優惠和互動方式，企圖解決銷售下滑的問題。透過滿千返百、週週驚喜、老客戶專享等活動，不僅提升了購物的價值感，還增加了顧客的忠誠度。另外，社交分享賽這個點子更是巧妙地將顧客的個人經驗轉化為口碑宣傳，有效地擴大了品牌的影響力。這場活動無疑能為「天天買科技公司」帶來一線生機。

8-6-2 讀書堂門市行銷規劃

您
「讀書堂」是一家專門銷售書籍的門市，業績銷售下滑，請為此規劃含 Emoji 符號的行銷活動。

ChatGPT
📚「讀書堂」閱讀翻新季！🌟

面對銷售業績的挑戰，「讀書堂」決定啟動一場精彩的行銷活動，重新點燃大家對閱讀的熱情，帶領您進入知識的海洋！

🎉 **限時促銷活動：**

1. 買二送一：即日起，購買任何兩本書籍，即可獲得第三本免費！選擇豐富，滿足您的閱讀需求。📖
2. 老讀者回饋：凡是過去一年內有購買記錄的顧客，再次購書即享9折優惠！我們珍惜每一位書友的陪伴。💖
3. 閱讀分享大賽：分享您的閱讀心得至社交媒體並標記#讀書堂閱讀分享，有機會贏得全年免費閱讀大獎！🎁

📅 **活動時間：**

- 即日起至下月底止，趕快抓住這次機會！

💌 **專屬邀請：**

邀請您重新發現閱讀的樂趣，與「讀書堂」一起探索無盡的知識寶藏。讓我們攜手開啟全新的閱讀旅程！

👉 立即行動，更新您的書架，豐富您的心靈！前往「讀書堂」，開啟您的知識之旅！

透過這次活動，「讀書堂」旨在鼓勵更多人回歸閱讀，分享知識的喜悅。我們相信，書籍的力量能夠啟迪心靈，豐富生活，一起來參與吧！

第 8 章　企業如何運用 AI 規劃行銷活動

　　ChatGPT 為「讀書堂」規劃的行銷活動具有創意又貼心，透過買二送一、老讀者回饋，以及閱讀分享大賽等活動，有效激勵顧客參與，增加門市的吸引力。使用 Emoji 增添訊息趣味性，使宣傳更生動，更能引起閱讀者的共鳴。這系列策略不僅能提振「讀書堂」的銷售業績，也鼓勵了閱讀文化的傳播，促進了顧客與書店之間的情感連結，是一場雙贏的行銷活動。

第 9 章
廣告界的新浪潮
AI 設計的廣告短片腳本

9-1　　故事的力量 - 廣告腳本撰寫的藝術

9-2　　「一杯咖啡改變世界」- AI 如何為咖啡品牌創造感動人心的廣告故事

9-3　　「運動中的綠色力量」- AI 打造運動品牌的環保訊息廣告劇本

9-4　　「智慧生活從手腕開始」- AI 如何為智慧手錶品牌編織創新故事

AI 技術的進步為廣告創作帶來了革命性的變化,特別是在廣告腳本設計方面。透過結合創意思維和數據驅動的洞察力,AI 不僅能夠增強故事講述的效果,還能確保內容與目標受眾的喜好和行為更加貼近。這一章將探討如何利用 AI 技術來設計引人入勝的廣告腳本,從構思創意概念到腳本撰寫的每一步,都展示了 AI 在幫助創作者突破傳統界限、提升內容創新性和個性化方面的潛力。

9-1 故事的力量:廣告腳本撰寫的藝術

在現代行銷策略中,精心設計的廣告起著決定性作用,不僅能夠提升品牌認知度,還能深化消費者與品牌之間的情感聯繫。創造一則引人入勝的廣告,需要遵循一系列細膩而具有策略性的步驟,從初步構想到最終腳本的撰寫。本文旨在探討廣告在行銷中的核心作用,並提供一個清晰的框架,指導讀者如何設計有效的廣告腳本,創作出能夠觸動人心的廣告內容,從而最大化其市場影響力。

9-1-1 了解廣告對行銷的重要性

廣告影片在行銷中扮演著關鍵角色,其重要性主要體現在以下幾個方面:

- **提高品牌認知度**:廣告影片能夠迅速吸引觀眾的注意力,透過視覺和聽覺元素的結合,有效提升品牌的識別度。精心製作的影片能夠讓品牌形象深植人心,從而提高品牌認知度。

- **強化情感連結**:影片具有強大的敘事能力,可以講述吸引人的故事,激發觀眾的情感反應。這種情感上的共鳴有助於建立消費者與品牌之間的情感連結,從而增加品牌忠誠度。

- **促進訊息傳播**:在社交媒體和其他線上平台上,影片內容比文字或圖片更易於分享,能夠迅速擴散。高質量的廣告影片更有可能被觀眾分享,從而擴大其觸及範圍和影響力。

- **提升轉化率**:廣告影片能夠直觀地展示產品特點和使用方法,幫助消費者更好地理解產品,從而提升購買意願。統計數據顯示,包含影片的銷售頁面轉化率遠高於不包含影片的頁面。

- **優化搜尋引擎排名**:搜尋引擎優化(SEO)對於提升品牌能見度至關重要。影片內容能夠提升網站的停留時間,降低跳出率,這些因素被搜尋引擎視為網站質量的指標,有助於提升搜尋排名。

- **適應多樣化的消費者偏好**：不同的消費者有不同的內容消費偏好。廣告影片可以透過多種形式和風格來吸引廣泛的受眾群體，包括教學、故事講述、評論和直播等，滿足不同觀眾的需求。

總之，廣告影片是當代行銷策略中不可或缺的一環。它們不僅能夠有效提升品牌形象和產品銷量，還能在建立品牌與消費者之間的情感連結上發揮關鍵作用。隨著科技的進步和消費者行為的變化，廣告影片的重要性將持續增長。

9-1-2　廣告腳本設計的步驟

設計廣告短片腳本涉及多個步驟，從初步概念到最終腳本的細節。下面是一個指南，展示如何建立一個引人注目的廣告短片腳本：

1. 確定目標和目標受眾

- **目標設定**：首先明確廣告的目標。是要提高品牌認知度、促進產品銷售、還是傳遞特定的訊息？
- **了解受眾**：認識你的目標受眾。了解他們的興趣、需求和痛點。

2. 構思創意方向

- **創意靈感**：基於目標和受眾，開始腦暴創意主題。想象一個故事、情境或概念，能夠引起目標受眾的共鳴。
- **視覺風格**：考慮廣告的視覺風格和氛圍。是輕鬆幽默、還是正式嚴肅？

3. 撰寫故事大綱

- **主要情節**：概述廣告的開頭、中間和結尾。確定主要的敘述線和關鍵訊息點。
- **角色發展**：描述將出現在廣告中的主要角色及其角色特性。

4. 詳細腳本

- **開場描述**：以具體的場景開頭，設定故事背景。
- **對話和旁白**：撰寫角色之間的對話以及／或旁白，傳遞關鍵訊息。
- **視覺細節**：指定鏡頭選擇、場景變換和視覺效果，以增強故事的情感影響力。
- **結尾呼籲**：以強有力的呼籲行動結束，鼓勵觀眾採取下一步行動。

5. 修訂和完善
   - 反覆閱讀：完成初稿後，仔細審查並修改腳本，以提高其清晰度和影響力。
   - 獲取反饋：從同事或目標受眾那裡獲取反饋，並根據這些意見進行調整。
6. 最終審核
   - 語言和風格：確保腳本的語言和風格與品牌形象和目標受眾相符。
   - 法律和品牌指南：確認腳本遵守所有相關法律規定和品牌指南。

這個過程需要創意、策略和細節的深度考量。這一章主要是讓 ChatGPT 協助我們處理上述過程，從初步構想到最終腳本的撰寫，如果我們提供的細節不完整，ChatGPT 也將自動完成上述步驟。

9-2 「一杯咖啡改變世界」- AI 如何為咖啡品牌創造感動人心的廣告故事

這一節所述實例是「Green Brew」咖啡品牌廣告腳本的一個範例，這是建立一個針對環保意識強、對保護地球感興趣的年輕消費者的廣告腳本。目標是提升對「Green Brew」這一咖啡品牌的認知度，同時強調其環保特性。

> 您
>
> 目標與受眾：
> 建立一個針對環保意識強、保護地球，感興趣的年輕消費者的廣告腳本。目標是提升對「Green Brew」咖啡品牌的認知度，強調其環保特性。
>
> 創意方向：
> 顯示主角「Amy」在她居住城市公寓中開始一天的情景，她選擇「Green Brew」來製作早晨的咖啡。透過Amy的日常選擇，展現選擇「Green Brew」對環境有正面影響的信息。
>
> 故事大綱：
> 開頭：Amy在她溫馨的廚房裡準備早晨的咖啡，窗外是城市的早晨景象。
> 中間：旁白解釋「Green Brew」的保護地球特點，例如有機種植、減少碳足跡等，同時展示Amy享受咖啡的滿足表情。
> 結尾：Amy帶著咖啡離開家，步入充滿綠植的城市街道，旁白強調選擇「Green Brew」是對地球的一份貢獻。

9-2 「一杯咖啡改變世界」- AI 如何為咖啡品牌創造感動人心的廣告故事

細節要求：
包含對「Green Brew」品牌和產品的具體描述，強調其保護地球和環保特性。
描述視覺元素，如品牌標誌、產品包裝，以及Amy準備咖啡的過程。
考慮音樂和旁白的風格，應與品牌形象和信息傳達的溫暖、正面氛圍相符。

ChatGPT
基於你提供的詳細信息，我們可以構建一個引人入勝的廣告腳本。讓我們將這個腳本命名為「Green Brew：一杯改變世界的咖啡」。

廣告腳本：「Green Brew：一杯改變世界的咖啡」

場景一：城市清晨

- 視覺：鏡頭穿過輕霧朦朧的城市街道，緩慢推進至一座時尚的城市公寓窗戶。
- 音樂：輕柔的吉他旋律，搭配鳥鳴聲，營造出新的一天開始的氛圍。

場景二：Amy的廚房

- 視覺：Amy站在她充滿陽光的廚房裡，開始準備她的早晨咖啡。鏡頭特寫顯示「Green Brew」咖啡包裝，突出其環保特性。
- 旁白："在這個忙碌的世界中，每個小選擇都有其重大意義。Amy選擇了Green Brew，一款不僅味道出眾，同時也致力於保護我們賴以生存的地球的咖啡。"

場景三：旁白介紹Green Brew

- 視覺：展示「Green Brew」咖啡豆被倒入磨豆機，隨後是咖啡機滴落新鮮咖啡的畫面。隱約可以看到包裝上的有機認證標誌。
- 旁白："通過有機種植和減少我們生產過程中的碳足跡，Green Brew承諾帶給你最純淨的味道，同時保護我們美麗的地球。"

第 9 章　廣告界的新浪潮 AI 設計的廣告短片腳本

> **場景四：Amy的選擇影響**
>
> - 視覺：Amy帶著她的Green Brew咖啡離開公寓，步入一條充滿綠植的街道。周圍的人們也被她的選擇所感染，開始關注自己的消費行為。
> - 旁白："當我們選擇Green Brew，我們不僅為自己的早晨增添一份喜悅，也為地球貢獻我們的一份力量。一杯咖啡，小小的選擇，大大的影響。"
>
> **場景五：呼籲行動**
>
> - 視覺：螢幕上浮現「選擇Green Brew，與我們一起改變世界」的文字，伴隨品牌標誌和產品網址。
> - 旁白："加入我們，讓我們一起享受這杯能夠改變世界的咖啡。Green Brew，為了一個更綠色的明天。"
>
> **場景六：結束**
>
> - 音樂：隨著畫面的淡出，音樂逐漸↓輕柔，最後和諧地結束。

此時發生 ChatGPT 敘述中斷，如下，筆者輸入「請繼續」。

> 這個腳本
>
> 錦魁　您
> 請繼續
>
> **ChatGPT**
> 這個腳本通過簡單而有力的敘事，展示了「Green Brew」咖啡品牌對於環保的承諾以及消費者選擇它所帶來的正面影響。藉由Amy的日常行為，這則廣告將個人行動與全球環保目標相連接，強調即使是小小的一杯咖啡，也能對地球產生重大影響。

> **創作重點：**
> - **情感連結**：通過 Amy 的故事創建一個觀眾能夠共鳴的情境，使品牌訊息更加貼近人心。
> - **教育意義**：透過旁白介紹「Green Brew」的環保特性，教育觀眾關於可持續消費的重要性。
> - **視覺與聽覺元素**：精心挑選的視覺和音樂元素相輔相成，強化信息傳達，同時提升整體觀賞體驗。
> - **明確呼籲行動**：結尾明確的呼籲行動（CTA）鼓勵觀眾加入這一環保行動，不僅提高品牌認知，也促進了社會責任感的建立。
>
> **總結：**
>
> 透過這個廣告腳本，「Green Brew」不僅展現了其作為一個負責任企業的形象，也成功地與目標受眾建立了情感上的連結。此外，它還突出了個人選擇對環境可持續性的影響，激勵觀眾採取行動，支持有益於地球的產品和品牌。這種結合故事講述與環保訊息的策略，不僅能夠加深品牌印象，更能夠促進品牌與消費者之間的長期關係建立。

這篇「Green Brew」的廣告腳本寫得真是夠意思，用日常生活的小故事，簡單明瞭地傳達出品牌的環保理念，真是既貼心又有創意。從 Amy 準備咖啡的那一刻起，就讓人感受到「Green Brew」不只是在賣咖啡，更是在推廣一種生活態度。旁白和視覺效果的搭配也做得宜人，不會覺得人生硬或是教條，反而有種溫暖人心的感覺。結尾的呼籲行動（CTA）也很到位，不強迫推銷，但又很有說服力。整體來說，這篇腳本不只是賣產品，更像是在跟消費者分享一杯好咖啡背後的故事和理念，讓人看了心頭一暖，想要立刻行動支持。真希望市面上的廣告都能這麼有靈魂，既能打動人心，又能促進環保意識。

9-3 「運動中的綠色力量」- AI 打造運動品牌的環保訊息廣告劇本

這一節式設計運動服飾品牌「FitFuture」廣告腳本，該品牌專注於使用回收材料製作運動服飾，致力於環保和保護地球。目標是提升品牌認知度，並強調選擇「FitFuture」產品對環境的正面影響。

第 9 章　廣告界的新浪潮 AI 設計的廣告短片腳本

> **您**
> 目標與受眾：
> 創建一個針對年輕、環保意識強的運動愛好者的廣告腳本。目標是提升對「FitFuture」品牌的認知度，並強調選擇使用回收材料製成的運動服對環境的正面影響。
>
> 創意方向：
> 透過展示一位年輕運動員「Jack」的日常運動生活，來顯示「FitFuture」運動服飾在實際運動中的表現及其環保特性。透過他的故事，強調個人對環境責任的重要性。
>
> 故事大綱：
> 開頭：城市公園的清晨，人們穿著「FitFuture」運動服在晨跑，展現活力。
> 轉變：介紹主角「Jack」，著重其選擇「FitFuture」的原因，並展示標籤上的「Made from recycled materials」。
> 產品特色：透過旁白和視覺效果，展示「FitFuture」如何將回收材料轉化為高品質運動服飾。

> 行動呼籲：「Jack」與朋友們的集體運動畫面，鼓勵觀眾加入環保運動。
> 結尾：展示品牌標誌和口號「為地球，也為未來」，強化品牌訊息。
>
> 細節要求：
> 視覺元素：重點展示「FitFuture」服飾的獨特設計和保護地球標誌，以及產品在運動中的性能。
> 音樂和旁白：選擇鼓舞人心的背景音樂和積極向上的旁白風格，與品牌形象和信息傳達的正面氛圍相符。
> 終端畫面：強調行動呼籲，鼓勵觀眾透過選擇「FitFuture」來支持環保。

ChatGPT

根據你提供的詳細資訊，我們可以進一步細化這個廣告腳本，確保它能夠觸動目標受眾的心弦，同時傳達「FitFuture」品牌的理念和對環保的承諾。

廣告腳本：「FitFuture：運動中的綠色力量」

場景一：城市清晨公園

- 視覺：鏡頭慢慢掃過霧氣繚繞的公園，捕捉到一群年輕人穿著鮮豔的「FitFuture」運動服在晨跑。透過樹梢的陽光灑在他們的身上，展現出活力四射的氛圍。

9-3 「運動中的綠色力量」- AI 打造運動品牌的環保訊息廣告劇本

場景二：轉變

- 視覺：轉到「Jack」換裝的畫面，特寫「FitFuture」運動衣上的「Made from recycled materials」標籤。
- 旁白："對於Jack來說，每一次的汗水都不只是為了健身，更是他對地球負責的方式。"

場景三：產品特色

- 視覺：透過旁白和視覺效果展示「FitFuture」如何將回收材料轉化為高品質運動服裝的過程。
- 旁白："「FitFuture」運用創新科技，將棄置的塑膠瓶變成你運動中的時尚選擇，每一件衣物都代表著對未來的承諾。"

場景四：行動呼籲

- 視覺：「Jack」和他的朋友們在黃昏時分一起跑步，展現出團隊合作和積極向上的生活態度。
- 旁白："加入「FitFuture」，讓我們一起在追求健康的同時，為我們的地球盡一份心力。"

場景五：結尾

- 視覺：畫面展示「FitFuture」的標誌和品牌口號「為地球，也為未來」，強化品牌訊息。
- 音樂：隨著畫面的結束，音樂逐漸平緩，留下鼓舞人心的餘韻。

透過這個腳本，「FitFuture」不僅展現了其作為一個負責任企業的形象，也成功地與目標受眾建立了情感上的連結。此外，它還突出了個人選擇對環境可持續性的影響，激勵觀眾採取行動，支持對地球友好的產品和品牌。這種結合故事講述與環保訊息的策略，不僅能夠加深品牌印象，更能 ↓ 品牌與消費者之間的長期關係建立。

這份「FitFuture」的廣告腳本真是太棒了，用生動的場景和貼近生活的故事，將環保和運動完美結合。透過Jack的日常，巧妙地傳達了穿著由回收材料製成的運動服，不僅能夠追求個人健康，同時也是對地球負責的行動。這樣的訊息不僅深具啟發性，也讓人感受到環保不是遙不可及的事，而是從日常小事做起。整體腳本流暢，旁白和視覺效果搭配得宜，非常適合年輕且具有環保意識的目標受眾。讓人看了之後不僅心動，還會被這股正面能量所鼓舞，想要立刻加入這個綠色運動的行列。

第 9 章　廣告界的新浪潮 AI 設計的廣告短片腳本

9-4 「智慧生活從手腕開始」- AI 如何為智慧手錶品牌編織創新故事

這一節將用一個虛構的科技產品品牌「TimeScape」，專注於開發一款創新的智慧手錶，這款手錶不僅具有健康追蹤和通訊功能，還融入了時間管理和提高生產力的智慧功能，旨在幫助現代職場人士更有效地管理他們的時間和工作生活平衡。

> **您**
>
> 目標與受眾：
> 建立一個針對台灣年輕職場人士的「智慧手錶」廣告腳本，這些人追求效率、愛好科技，並希望在忙碌的生活中找到工作與休閒的平衡。目標是提升「TimeScape」智慧手錶的品牌認知度，強調其幫助用戶有效管理時間和提升生活品質的功能。
>
> 創意方向：
> 透過展示一位典型的台灣職場人士「John」的故事，來顯示「TimeScape」智慧手錶如何幫助他解決時間管理的困境，並找到工作與生活的完美平衡。
>
> 故事大綱：
> 開頭：展示台灣快節奏的都市生活景象，職場人士在繁忙中奔波。
> 問題提出：John在辦公室加班，顯得焦慮和疲憊，體現出時間管理的挑戰。
> 解決方案介紹：John開始使用「TimeScape」智慧手錶，介紹手錶的時間管理和健康追蹤功能。
> 效果展示：透過「TimeScape」，John的生活變得更有條理，工作與生活達到平衡。
> 結尾與行動呼籲：John享受著更平衡的生活，旁白鼓勵觀眾採取行動，體驗「TimeScape」帶來的變化。
>
> ↓
>
> 細節要求：
> 視覺元素：重點展示「TimeScape」手錶的設計和功能，如時間管理應用界面，以及穿戴手錶的John生活變得更有序的場景。
> 音樂和旁白：選擇輕快且富有現代感的背景音樂，旁白用接地氣的台灣用語，使訊息更加親切、易於理解。
> 終端畫面：強調「TimeScape」品牌標誌和「掌握時間，釋放潛能」的口號，並鼓勵觀眾了解更多產品資訊。

> **ChatGPT**
>
> 基於你提供的詳細資訊，我們已經擬定了一個專為台灣年輕職場人士量身打造的「TimeScape」智慧手錶廣告腳本。這個腳本旨在強調「TimeScape」智慧手錶如何幫助用戶解決時間管理的挑戰，並提升他們的生活品質。接下來，讓我們根據上述要求進行創作。

9-4 「智慧生活從手腕開始」- AI 如何為智慧手錶品牌編織創新故事

「TimeScape」智慧手錶廣告腳本

場景一：快節奏都市生活

- 視覺：台北市的繁忙街道，摩天大樓與來往的人群交織成忙碌的城市景象。職場人士匆匆走過，手持咖啡，步伐急促。
- 音樂：輕快而現代的背景音樂響起，為都市生活帶來活力。

場景二：問題提出

- 視覺：John在辦公室裡加班，面前的電腦螢幕堆滿了工作，時不時看看手上的傳統手錶，眉頭緊鎖。
- 旁白："在這樣的生活節奏中，John總覺得時間不夠用，工作和生活難以平衡。"

場景三：解決方案介紹

- 視覺：John開始佩戴「TimeScape」智慧手錶，手錶的亮麗螢幕上顯示時間管理功能，隨後展示健康追蹤資訊。 ↓
- 旁白："這就是「TimeScape」，一款專為像John這樣的職場人士設計的智慧手錶。"

場景四：效果展示

- 視覺：隨著John有效利用「TimeScape」管理時間，他不僅完成了工作，還有時間與朋友享受下班時光。
- 旁白："「TimeScape」幫助John找到了工作與生活的完美平衡，讓每一分鐘都活得精彩。"

場景五：結尾與行動呼籲

- 視覺：畫面顯示「TimeScape」品牌標誌和口號「掌握時間，釋放潛能」。
- 旁白："開始用「TimeScape」掌握你的時間，體驗不一樣的生活品質。現在就行動吧！"

透過這個廣告腳本，我們希望能夠有效地與目標受眾建立聯繫，讓他們看到「TimeScape」智慧手錶如何在忙碌的職場生活中，提供一個有效管理時間和提升生活品質的解決方案。這不僅是一款產品的推廣，更是一種讓生活變得更好的生活方式的傳達。

↓

第 9 章　廣告界的新浪潮 AI 設計的廣告短片腳本

　　這份「TimeScape」智慧手錶的廣告腳本寫得真是貼切又有創意，完全抓住了我們台灣年輕職場人的心聲。透過 John 的故事，巧妙地展現出在忙碌生活中追求效率和平衡的願望，讓人看了不禁點頭稱是。特別是那個加班畫面，肯定讓不少人感同身受，而「TimeScape」手錶的介紹，又讓人看到希望，感覺這塊手錶不僅是科技產品，更像是個生活小幫手。旁白和音樂的運用也很到位，讓整個廣告更加生動、有趣。總之，這樣的廣告腳本應該會讓不少人對「TimeScape」產生興趣，想要了解更多、甚至購買呢！

第 10 章
AI 繪圖革命
行銷視覺的創新轉型

10-1　AI 繪圖在企業行銷中的關鍵角色解析

10-2　快速啟動創意 - AI 繪圖如何加速品牌內容創作

10-3　個性化的視覺語言 - AI 繪圖打造品牌的定制廣告

　　　一致性與創新 - AI 繪圖如何塑造品牌的獨特形象

10-5　視覺創意的測試與優化 - AI 繪圖在行銷策略中的運用

10-6　解鎖創意無限可能 - AI 繪圖如何提升品牌的創意潛能

10-1　AI 繪圖在企業行銷中的關鍵角色解析

AI 繪圖對企業行銷有著重大的影響，開啟了創意和效率的新疆界。以下是 AI 繪圖在企業行銷中的一些主要功能：

- 創意內容的快速產生：AI 繪圖工具能夠根據簡單的文字描述迅速產生圖像，使企業能夠迅速構想和實現創意視覺內容。這對於需要大量視覺內容的社交媒體行銷尤為有用。

- 個性化廣告和內容：透過 AI 繪圖，企業可以根據不同客戶群的偏好和行為，創建高度個性化的廣告圖像和行銷材料。這種個性化可以提高用戶的參與度和轉換率。

- 成本和時間效益：傳統的內容創作過程（包括找尋專業設計師和藝術家）既耗時又昂貴。AI 繪圖能夠在短時間內以更低的成本產生高質量的視覺內容，大大提高了效率和節省了成本。

- 品牌形象的一致性：利用 AI 繪圖，企業可以確保其所有行銷材料中的視覺元素保持一致性，從而加強品牌識別。AI 可以根據既定的品牌指南自動生成符合品牌形象的圖像。

- 測試和優化：AI 繪圖使得企業能夠快速測試不同的視覺概念，以確定哪些最能吸引目標受眾。這種快速的迭代過程有助於優化行銷活動的效果。

- 增強創意潛能：AI 繪圖開啟了創新視覺概念的無限可能性，鼓勵企業探索新穎和獨特的創意方向。這可以幫助品牌脫穎而出，吸引更多的關注和興趣。

- 跨文化和語言的內容創建：AI 繪圖可以支持多種語言的輸入，使企業能夠輕鬆創建適合不同地區和文化背景的目標受眾的內容，這對於全球化的品牌尤其重要。

總結來說，AI 繪圖技術在企業行銷中的應用不僅提高了內容創作的效率和效果，還開啟了全新的創意可能性，使品牌能夠以前所未有的方式與消費者溝通和互動。隨著技術的不斷進步，未來 AI 在企業行銷領域的作用將變得更加顯著。

10-2 快速啟動創意 - AI 繪圖如何加速品牌內容創作

當談到「AI 繪圖讓創意內容快速產生」，一個生動的實例是社交媒體廣告的創建過程。傳統上，企業在為特定產品或活動製作社交媒體廣告時，需要經歷一系列繁複的步驟：從概念設計、尋找合適的圖像或攝影作品，到圖像的編輯和調整以符合品牌形象。這整個過程不僅耗時，而且成本高昂，尤其是當涉及到專業攝影師和設計師時。

❑ **實例背景**

假設一家體育用品公司想要推廣其最新的跑鞋系列，目標受眾為年輕、活躍的消費者。公司的行銷團隊決定透過社交媒體平台發布一系列引人注目的圖像廣告，以吸引潛在客戶的注意力。

❑ **傳統方法的挑戰**

- 時間：從概念發想到最終產品的製作可能需要幾周時間。
- 成本：聘請專業攝影師和圖像設計師可能成本高昂。
- 靈活性：對於快速變化的行銷趨勢和消費者偏好，傳統方法難以迅速適應。

❑ **AI 繪圖的解決方案**

行銷團隊轉而使用 AI 繪圖工具，只需輸入簡單的文字描述，例如：「年輕人穿著最新跑鞋在城市街道上奔跑的動感圖像」，AI 工具就能在幾秒鐘內生成多個符合要求的圖像選項。

> 錦魁 您
> 請繪製「年輕人穿著最新跑鞋在城市街道上奔跑的動感圖像」

第 10 章　AI 繪圖革命 行銷視覺的創新轉型

> ChatGPT
>
> 這幅圖像捕捉到了一名年輕人穿著最新跑鞋，在城市街道上奔跑的動感場景。背景中展現了現代城市的建築元素，與跑者的活力和速度形成鮮明對比。希望這能激發你對AI繪圖在創意內容生成中應用的想像！

下列是生成全景圖像的實例。

> 您
> 請繪製「年輕人穿著最新跑鞋在城市街道上奔跑的動感圖像」，請用全景
>
> ChatGPT

10-4

❏ AI 繪圖的優勢

- **速度**：幾分鐘內產生高質量圖像，大大縮短了從概念到實現的時間。
- **成本效益**：無需昂貴的攝影和設計費用，使得小型企業和初創公司也能創建吸引人的行銷內容。
- **創意自由**：行銷團隊可以輕易實驗不同的視覺風格和概念，快速適應市場變化和消費者趨勢。

透過 AI 繪圖技術，該體育用品公司不僅能夠迅速生成多樣化的廣告內容，以適應不同社交媒體平台的需求，還能在競爭激烈的市場中迅速佔得一席之地。這個實例清楚展示了 AI 繪圖如何在短時間內帶來創意內容的快速生成，從而對企業行銷策略產生深遠的影響。

10-3 個性化的視覺語言 - AI 繪圖打造品牌的定制廣告

「AI 繪圖生成個性化廣告和內容」的概念可以用一個在電子商務領域的實際應用來說明。假設有一家在線時尚零售商，想要為其不同的客戶群體創建更加個性化的廣告內容以提升銷售和客戶參與度。

❏ 實例背景

該時尚零售商擁有多樣化的產品線，包括男女服裝、配件和鞋類。他們的目標受眾根據年齡、性別、時尚偏好等因素而有所不同。為了更有效地吸引不同的客戶群體，他們決定利用 AI 繪圖技術來創建個性化的廣告圖像。

❏ 實施步驟

1. **數據收集**：首先，收集客戶互動數據和購買歷史，以識別不同客戶群體的特定偏好。
2. **用戶畫像創建**：基於收集的數據，建立多個用戶畫像，每個畫像代表一個特定的客戶群體。
3. **AI 繪圖指令定制**：為每個用戶畫像定制 AI 繪圖指令，包括服裝樣式、顏色偏好、場景設置（如都市、自然）等要素。
4. **內容生成和部署**：使用 AI 繪圖工具根據這些指令生成圖像，並將這些圖像用於針對相應用戶群體的社交媒體廣告、電子郵件行銷活動和網站橫幅。

第 10 章　AI 繪圖革命 行銷視覺的創新轉型

❑ 成功案例

　　假設該零售商識別出一個用戶畫像是「都市時尚女性」，她們偏好明亮的顏色和現代設計。AI 繪圖生成的廣告圖像展示了一位穿著最新時尚系列、在充滿活力的城市背景下自信行走的女性。這些圖像不僅吸引了目標客戶群體的注意，而且與她們的個人偏好和生活方式產生了共鳴。

　　這個實例所使用的 Prompt 是，「創建一幅生動且現代的圖像，展示一位時尚的都市女性自信地走在繁忙的城市環境中。這位女性身著最新時尚系列，展現出明亮的顏色和當代設計。她體現了現代都市時尚的精髓，穿著大膽且時髦的服裝，包括一件因其創新剪裁和鮮豔色彩而脫穎而出的單品。背景應充滿城市的活力，包含摩天大樓、繁忙街道和都市咖啡館等元素。燈光是動態的，突出女性的服裝並為城市投下誘人的光芒。這一場景捕捉了一位自信、前衛的女性在都市景觀中留下印記的精神。」。

> 您
> 請繪製「創建一幅生動且現代的圖像，展示一位時尚的都市女性自信地走在繁忙的城市環境中。這位女性身著最新時尚系列，展現出明亮的顏色和當代設計。她體現了現代都市時尚的精髓，穿著大膽且時髦的服裝，包括一件因其創新剪裁和鮮豔色彩而脫穎而出的單品。背景應充滿城市的活力，包含摩天大樓、繁忙街道和都市咖啡館等元素。燈光是動態的，突出女性的服裝並為城市投下誘人的光芒。這一場景捕捉了一位自信、前衛的女性在都市景觀中留下印記的精神。」

> ChatGPT

> 我已經根據你提供的描述創建了一幅圖像，展示了一位時尚的都市女性自信地走在繁忙的城市環境中。希望這幅作品能夠滿足你的需求並啟發你的創意！

10-3 個性化的視覺語言 - AI 繪圖打造品牌的定制廣告

下列是生成全景圖像的實例。

> 您
> 請繪製「創建一幅生動且現代的圖像，展示一位時尚的都市女性自信地走在繁忙的城市環境中。這位女性身著最新時尚系列，展現出明亮的顏色和當代設計。她體現了現代都市時尚的精髓，穿著大膽且時髦的服裝，包括一件因其創新剪裁和鮮豔色彩而脫穎而出的單品。背景應充滿城市的活力，包含摩天大樓、繁忙街道和都市咖啡館等元素。燈光是動態的，突出女性的服裝並為城市投下誘人的光芒。這一場景捕捉了一位自信、前衛的女性在都市景觀中留下印記的精神。」，請用全景

ChatGPT

我創建了一幅全景圖像，展現了一位穿著最新時尚系列、自信地走在繁忙城市環境中的時尚都市女性。這幅寬廣視角的場景生動地捕捉了都市生活的活力和女性的自信風采。希望它能激發你的創意靈感！

❏ 結果

用這種方法，零售商能夠創建更具吸引力和個性化的廣告內容，顯著提高了客戶參與度和轉化率。此外，這種策略也增強了品牌形象，使其更加貼近消費者的個性化需求和期望。

這個例子展示了 AI 繪圖在生成個性化廣告和內容方面的強大能力，以及它如何幫助企業更有效地與各個目標客戶群體溝通，從而提升行銷效果。

10-4 一致性與創新 - AI 繪圖如何塑造品牌的獨特形象

確保品牌形象的一致性對於建立消費者信任和品牌識別度至關重要。AI 繪圖技術能夠在這一方面提供極大的幫助，這一節將用下列實例來說明：

❑ **實例背景**

假設有一家台灣的咖啡品牌，名為「咖啡時光」，它想要在所有行銷溝通中維持一致的視覺風格和品牌形象。這家品牌的目標是讓消費者一看到相關的圖像就能立即聯想到他們的咖啡和品牌精神。

❑ **挑戰**

「咖啡時光」需要在各種行銷通路（如社交媒體、網站、廣告和店內促銷材料）使用圖像，但這些圖像必須保持一致性，以強化品牌識別。手動建立這些圖像不僅耗時且成本高昂，而且很難確保每一個都符合品牌形象的準確性和一致性。

❑ **AI 繪圖的解決方案**

「咖啡時光」開始使用 AI 繪圖工具，輸入包含品牌元素和風格指南的詳細描述（例如：使用特定的顏色方案、標誌、咖啡杯設計風格等），來生成所有行銷活動所需的圖像。

這個實例所使用的 Prompt 是，「請創建一幅圖像，展現「咖啡時光」品牌的核心精神和視覺風格。這幅圖像應該包含我們品牌的特定元素和風格指南，如使用溫暖的木質色調和舒緩的綠色作為我們的顏色方案，以及我們獨特的標誌和咖啡杯設計風格。咖啡杯應該是現代而有機的形狀，代表我們對高品質和可持續性的承諾。背景應該是一個充滿活力但同時也讓人感到放鬆的咖啡館環境，體現出都市中的一片寧靜之地。整體圖像應該傳達出一種溫馨、歡迎的感覺，吸引人們進入我們的咖啡館享受一段美好的咖啡時光。」

10-4 一致性與創新 - AI 繪圖如何塑造品牌的獨特形象

> **您**
> 請創建一幅圖像,展現「咖啡時光」品牌的核心精神和視覺風格。這幅圖像應該包含我們品牌的特定元素和風格指南,如使用溫暖的木質色調和舒緩的綠色作為我們的顏色方案,以及我們獨特的標誌和咖啡杯設計風格。咖啡杯應該是現代而有機的形狀,代表我們對高品質和可持續性的承諾。背景應該是一個充滿活力但同時也讓人感到放鬆的咖啡館環境,體現出都市中的一片寧靜之地。整體圖像應該傳達出一種溫馨、歡迎的感覺,吸引人們進入我們的咖啡館享受一段美好的咖啡時光。

ChatGPT

我已經創建了一幅全景圖像,它展現了「咖啡時光」品牌的核心精神和視覺風格。這幅圖像融合了品牌的特定元素和風格指南,希望它能吸引人們進入你的咖啡館,享受一段美好的咖啡時光。

❏ **結果**

- **一致性**:透過預設的風格和元素指南,AI 能夠產生風格一致的圖像,不論是用於 Instagram 的貼文,還是用於網站的橫幅廣告,都能保持品牌形象的一致性。
- **效率與成本**:AI 繪圖大大減少了設計圖像的時間和成本,使「咖啡時光」能夠迅速產生大量的行銷材料,而無需聘請大量的設計師。
- **創新與吸引力**:此外,AI 的使用讓鼓勵創新,使「咖啡時光」能夠輕鬆測試不同的視覺風格,找到最能吸引目標消費者的設計,同時保持品牌形象的一致性。

透過這個例子，我們可以看到，AI 繪圖如何幫助「咖啡時光」在保持品牌形象一致性的同時，提高行銷效率和創造力。這對於希望在競爭激烈的市場中脫穎而出的品牌來說，是一個非常有價值的工具。

10-5 視覺創意的測試與優化 - AI 繪圖在行銷策略中的運用

AI 繪圖技術能夠快速測試和優化視覺觀念，這一點對於廣告行銷尤其重要。以下是一個具體的實例來說明這個過程：

❏ 實例背景

假設有一家運動服裝品牌，準備推出一款新的跑鞋系列，並希望透過社交媒體廣告來提高產品的知名度。為了吸引不同的目標受眾，品牌需要創建多種視覺廣告概念來測試哪一種最有效。

❏ 傳統方法的挑戰

在 AI 繪圖技術出現之前，品牌可能需要花費大量時間和資源來手動創建每一種廣告概念，包括攝影、圖像編輯和視覺設計等步驟。此外，每次測試新概念時都需要重複這一過程，這使得快速迭代和優化變得困難和昂貴。

❏ AI 繪圖的解決方案

透過使用 AI 繪圖技術，運動服裝品牌能夠輕鬆生成多種不同風格和主題的跑鞋廣告圖像。品牌僅需提供基本的指令和描述，如跑鞋的特點、目標受眾的生活方式，以及希望傳達的情感調性，AI 就能快速產生多個視覺概念供團隊選擇。

假設品牌計畫下列 3 種視覺風格和主題描述：

1：城市探險家

這個風格和主題的 Prompt 是「創建一幅展示跑鞋在都市環境中的動態廣告圖像。圖中的跑者穿著最新款跑鞋，在充滿都市元素的街道上奔跑，展現出城市探險的精神。背景是高樓大廈和城市夜景，強調這款跑鞋適合活躍且愛冒險的都市人。風格應該是現代和時尚的，使用鮮明的顏色對比來吸引年輕受眾的注意。」

10-5 視覺創意的測試與優化 - AI 繪圖在行銷策略中的運用

> **您**
> 創建一幅展示跑鞋在都市環境中的動態廣告圖像。圖中的跑者穿著最新款跑鞋,在充滿都市元素的街道上奔跑,展現出城市探險的精神。背景是高樓大廈和城市夜景,強調這款跑鞋適合活躍且愛冒險的都市人。風格應該是現代和時尚的,使用鮮明的顏色對比來吸引年輕受眾的注意。

> **ChatGPT**
>
> 我已經根據你的描述創建了一幅展示跑鞋在都市環境中動態廣告的圖像。這幅圖像旨在體現城市探險的精神,並強調這款跑鞋適合活躍且愛冒險的都市人,風格現代且時尚,使用鮮明的顏色對比來吸引年輕受眾的注意。希望這幅圖像能夠滿⬇(的需求。

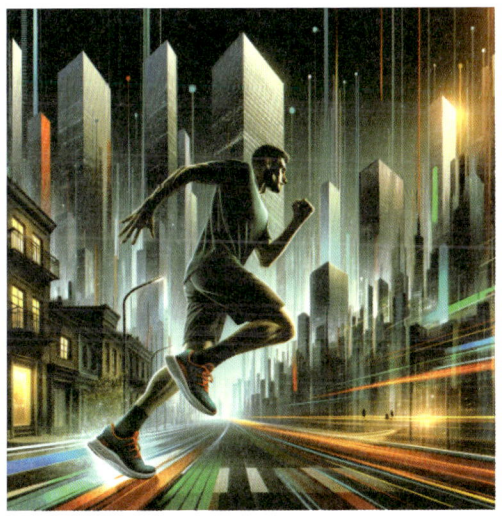

2:自然奔跑者

這個風格和主題的 Prompt 是「創建一幅展現跑鞋與自然和諧共處的廣告圖像。這幅圖像應該描繪一名跑者在郊外的山徑或森林小徑上奔跑,體現與自然環境的親密聯繫。跑鞋應該是系列中專為越野跑設計的款式,強調耐用性和舒適性。風格上追求自然和平靜的感覺,使用綠色和土色調來強調與大自然的和諧。」

> **您**
> 創建一幅展現跑鞋與自然和諧共處的廣告圖像。這幅圖像應該描繪一名跑者在郊外的山徑或森林小徑上奔跑,體現與自然環境的親密聯繫。跑鞋應該是系列中專為越野跑設計的款式,強調耐用性和舒適性。風格上追求自然和平靜的感覺,使用綠色和土色調來強調與大自然的和諧。

10-11

第 10 章　AI 繪圖革命 行銷視覺的創新轉型

> **ChatGPT**
>
> 我已經創建了一幅展現跑鞋與自然和諧共處的廣告圖像，這幅圖像描繪了一位跑者在郊外山徑或森林小徑上奔跑，強調了與自然環境的親密聯繫，並且使用了綠色和土色調來體現與大自然的和諧。希望這幅作品能夠滿足你的需求！

3：科技未來主義

這個風格和主題的 Prompt 是「創建一幅體現高科技跑鞋特性的未來主義風格廣告圖像。圖像中展示跑鞋配備的最先進科技，如智能緩震、能量回饋系統或智能追蹤功能。背景可以是充滿科技元素的虛擬現實空間或未來城市，突顯這款跑鞋是針對未來跑者和科技愛好者設計的。風格應該是光滑、現代，並且充滿未來感，使用藍色和銀色的冷色調來強調科技感。」

> **您**
>
> 創建一幅體現高科技跑鞋特性的未來主義風格廣告圖像。圖像中展示跑鞋配備的最先進科技，如智能緩震、能量回饋系統或智能追蹤功能。背景可以是充滿科技元素的虛擬現實空間或未來城市，突顯這款跑鞋是針對未來跑者和科技愛好者設計的。風格應該是光滑、現代，並且充滿未來感，使用藍色和銀色的冷色調來強調科技感。

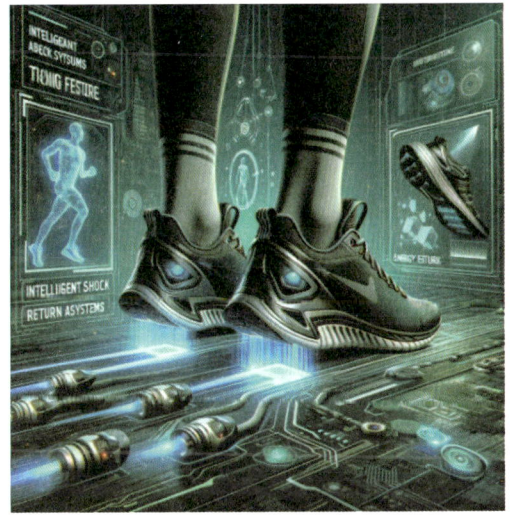

10-5 視覺創意的測試與優化 - AI 繪圖在行銷策略中的運用

> **ChatGPT**
>
> 我已經創建了一幅體現高科技跑鞋特性的未來主義風格廣告圖像。這幅圖像以虛擬現實空間或未來城市作為背景,展示了跑鞋的智能緩震、能量回饋系統或智能追蹤功能等最先進的科技特性,使用了藍色和銀色的冷色調來強調科技感,希望這幅作品能夠滿足你的需求!

這三種風格和主題不僅展示了跑鞋的不同使用場景和目標受眾,也能幫助品牌測試哪種視覺策略最能吸引他們的消費者。

❑ 結果

- **快速迭代**:品牌可以在短時間內生成並測試多種視覺概念,快速識別哪些元素與目標受眾產生共鳴。
- **成本效益**:AI 繪圖降低了創建和測試新廣告概念的成本,使品牌能夠將更多資源投入到其他行銷活動中。
- **數據驅動的決策**:透過分析不同視覺概念在社交媒體上的表現(如互動率、轉化率),品牌能夠基於數據做出更加精確的優化決策。
- **創意多樣性**:AI 繪圖鼓勵創新,幫助品牌探索可能之前未曾考慮過的視覺風格,從而發現新的吸引顧客的方法。

這個例子展示了 AI 繪圖如何使品牌能夠更有效地測試和優化視覺概念,從而在瞬息萬變的市場中保持競爭力,並更好地與目標受眾溝通。

10-6 解鎖創意無限可能 - AI 繪圖如何提升品牌的創意潛能

AI 繪圖技術的進步不僅改變了視覺藝術的創作方式,而且提供了一個強大的工具來增強創意潛能,跨越傳統思維的限制。下面是一個具體實例來說明這一點:

❏ **實例背景**

假設有一家創意設計公司,專門為品牌提供廣告和行銷策略服務。該公司希望為一家新的戶外裝備品牌創建一系列引人入勝的廣告,目的是吸引年輕探險者和自然愛好者。

❏ **傳統創意過程的挑戰**

在利用 AI 繪圖之前,創意團隊依賴於手繪草圖和數位藝術家的工作來視覺化他們的想法。這個過程不僅耗時而且成本高昂,特別是在探索和實驗初期階段的創意概念時。此外,人力創作的過程受限於個別藝術家的技能和風格,這可能限制了創意的範圍和多樣性。

❏ **AI 繪圖的解決方案**

設計公司開始使用 AI 繪圖工具來生成創意概念和廣告視覺。團隊僅需提供一個簡短的描述,例如:「一個年輕人在壯麗山脈的背景下展示戶外裝備」,AI 就能迅速產生多個視覺概念。

> 您
> 請繪製「一個年輕人在壯麗山脈的背景下展示戶外裝備」

10-6 解鎖創意無限可能 - AI 繪圖如何提升品牌的創意潛能

> ChatGPT
>
> 我已經創建了一幅圖像，展現了一位年輕人在壯麗山脈的背景下展示戶外裝備的場景。這幅圖像捕捉了探險和大自然的精髓，強調了自然的美丨3偉。希望這幅作品能夠激發你對戶外探險的熱情！

❏ 結果

- 增強創意：AI 能夠產生廣泛的視覺概念，從現實主義到超現實主義，從而激發團隊的創意思考，推動他們探索前所未有的創意路徑。

- 快速迭代：團隊能夠快速獲得初步概念的視覺表達，這加快了反饋和迭代過程，幫助他們更快地精煉和確定最終的廣告設計。

- 成本效益：利用 AI 繪圖降低了創意發展階段的成本，因為它減少了需要專業藝術家參與的時數，尤其在初期探索階段。

這個實例展示了 AI 繪圖如何使創意團隊能夠超越傳統創作方法的限制，激發創意潛能，並更有效地開發吸引人的視覺內容。透過 AI 技術，創意工作變得更加迅速和多樣化，從而開啟了無限的可能性。

第 10 章　AI 繪圖革命 行銷視覺的創新轉型

第 11 章
AI 音樂創新
行銷如何利用提升品牌影響力

11-1　AI 音樂與行銷結合 - 開創品牌傳播新篇章

11-2　Stable Audio - AI 音樂工具對創意行銷的貢獻

11-3　Suno 音樂平台 - 探索 AI 音樂創作為行銷開闢的新領域

第 11 章　AI 音樂創新 - 行銷如何利用提升品牌影響力

在當今數位時代，AI 音樂正成為行銷領域的革命性力量，它不僅重塑了品牌與消費者之間的互動方式，也為創造個性化和情感連接的體驗提供了新途徑。隨著技術的進步，AI 音樂使品牌能夠以前所未有的效率和創意來吸引、參與和留住目標受眾。本章將探討 AI 音樂如何增強品牌識別、提升個性化體驗、提高創意效率，以及加深消費者的情感連結，從而揭示其在當代行銷策略中的關鍵作用。

AI 音樂的發展仍在持續中，這一章將介紹目前最重要的 AI 音樂與歌曲生成音樂網站。

- 音樂網站：Stable Audio
- 歌曲網站：Suno

11-1 AI 音樂與行銷結合 - 開創品牌傳播新篇章

AI 音樂在行銷方面提供了多方面的幫助，這主要體現在以下幾個方面：

- 增強品牌識別：AI 可以創造獨特的品牌聲音標誌，透過定製的音樂或聲音徽標來加強顧客對品牌的記憶。這樣的聲音設計不僅可以在廣告中使用，也可以在產品或服務的用戶界面中應用，從而提高品牌的辨識度。

- 個性化體驗：利用 AI 技術，企業能夠根據不同顧客的喜好、地理位置或行為數據，創造個性化的音樂播放列表或音樂背景。這種個性化的體驗可以提高顧客的參與度和滿意度，進而增加顧客的忠誠度。

- 提高創意效率：AI 音樂生成工具可以快速創造大量音樂作品，大幅度減少音樂製作的時間和成本。這對於需要大量音樂內容支持的行銷活動來說，是一個巨大的優勢。例如，為社交媒體廣告、影片或播客創造背景音樂。

- 情緒連接：音樂是強有力的情感傳達工具。AI 能夠分析目標受眾的情緒反應，創造能夠觸動特定情感的音樂，從而在品牌和消費者之間建立更深的情感連接。

- 內容創新：AI 音樂技術的進步使得創作過程中可以不斷嘗試新的音樂風格和元素，推動音樂內容的創新。這種創新不僅能夠吸引消費者的注意，也有助於品牌在競爭激烈的市場中脫穎而出。

總之，AI 音樂在行銷領域提供了豐富的應用可能性，從提升品牌識別和個性化體驗到增強創意效率和情緒連接，都是其重要貢獻。隨著技術的進一步發展，未來 AI 音樂在行銷方面的應用將更加廣泛和深入。

註　OpenAI 公司的 AI 音樂生成軟體，MuseNet 和 Jukebox 仍在發展中。

11-2 Stable Audio - AI 音樂工具對創意行銷的貢獻

Stable Audio 是 Stability AI 於 2023 年 9 月推出的文字轉音樂 AI 模型，可以根據用戶輸入的文字描述生成高品質的 44.1 kHz 立體聲音樂或音效。

Stable Audio 使用了一種潛在擴散聲音模型，該模型是透過來自 AudioSparx 的 80 萬個聲音檔訓練而成，涵蓋音樂、音效、各種樂器，以及相對應的文字描述等，總長超過 1.9 萬個小時。

Stable Audio 與 Stable Diffusion 一樣，都是用擴散的生成模型，Stability AI 指出，一般的聲音擴散模型通常是在較長聲音檔案中隨機裁剪的聲音區塊進行訓練，可能導致所生成的音樂缺乏頭尾，但 Stable Audio 架構同時用文字，以及聲音檔案的持續及開始時間，而讓該模型得以控制所生成聲音的內容與長度。

Stable Audio 允許用戶輸入多種描述，包括：

- 音樂風格：例如古典、爵士、搖滾、流行等
- 樂器：例如鋼琴、吉他、小提琴、鼓等
- 節奏：例如快板、慢板、四四拍、三三拍等
- 情緒：例如歡樂、悲傷、激動、平靜等

Stable Audio 還提供了一些預設的音樂庫描述，例如：

- 進步性迷幻音樂 (Progressive Trance)
- 振奮音樂 (Upbeat)
- 合成器流行音樂 (Synthpop)
- 史詩搖滾 (Epic Rock)

Stable Audio 提供 4 個版本，對於非專業公司員工建議從免費版開始，真的有需求則提升至 Pro 版，或是更高階版本，每首音樂最長皆是 3 分鐘。

Free	Pro	Studio	Max
免費	每月 11.99 美元	每月 29.99 美元	每月 89.99 元
每月最多 10 點	每月最多 250 點	每月最多 675 點	每月最多 2250 點
曲目最長 3 分鐘	曲目最長 3 分鐘	曲目最長 3 分鐘	曲目最長 3 分鐘
每月上傳量 3 分鐘 每段音頻裁剪 30 秒	每月上傳量 30 分鐘 每段音頻裁剪 3 分鐘	每月上傳量 60 分鐘 每段音頻裁剪 3 分鐘	每月上傳量 90 分鐘 每段音頻裁剪 3 分鐘
個人版權	建立單位版權	建立單位版權	建立單位版權

註 所謂上傳量，是指 Stable Audio 可以用音樂生成音樂。

Stable Audio 可以用於以下場景：

- 音樂創作：Stable Audio 可以幫助音樂創作者快速生成音樂素材，以作為創作靈感或參考。

- 音樂教育：Stable Audio 可以幫助音樂教育工作者向學生展示不同風格和流派的音樂。

- 音樂娛樂：Stable Audio 可以幫助用戶製作個性化的音樂或音效，用於遊戲、影片或其他娛樂目的。

Stable Audio 是一項具有潛力的技術，可以為音樂創作、教育和娛樂帶來新的可能性。對於行銷而言，則是可以將行銷概念載入 Stable Audio，讓此其生成音樂，豐富整個行銷元件。

11-2-1　進入此網站

可以使用下列網址，進入 Stable Audio 網站。

https://www.stableaudio.com/

然後可以看到下列畫面。

11-2 Stable Audio - AI 音樂工具對創意行銷的貢獻

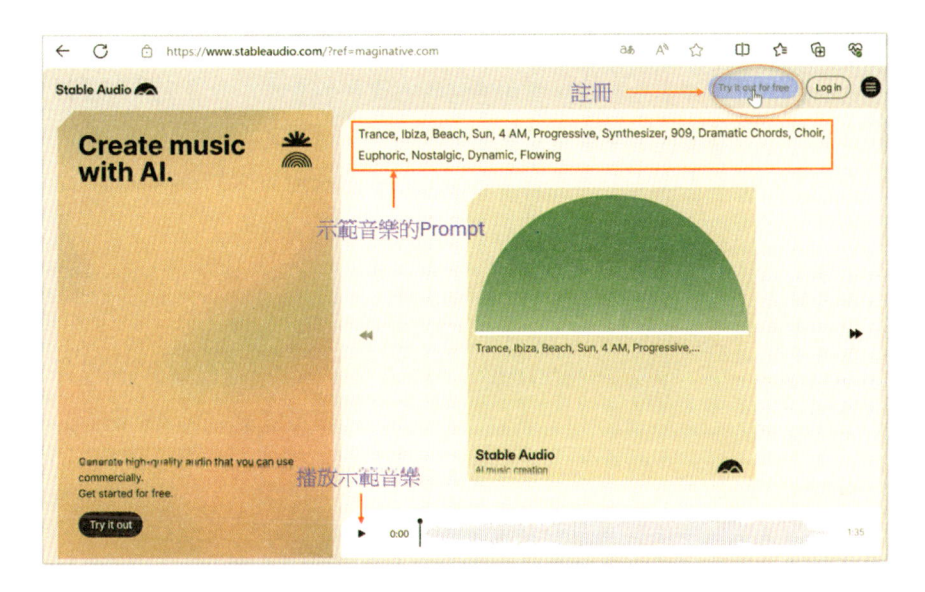

點選 Try it out for free 鈕註冊後，可以進入下列畫面。

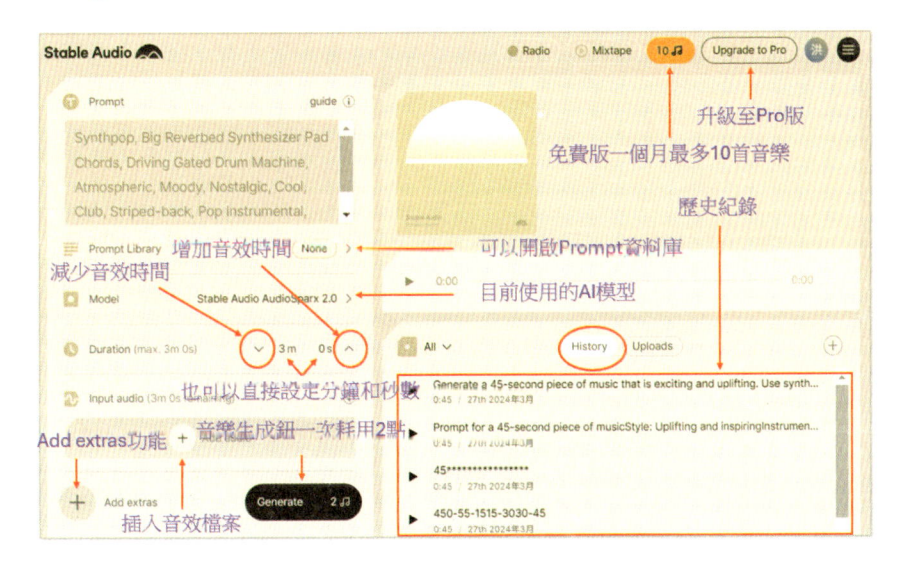

11-2-2 認識音樂資料庫 Prompt Library

如果點選 Prompt Library 右邊的圖示 ，可以看到系列音樂資料庫，進步性迷幻音樂 (Progressive Trance)、振奮音樂 (Upbeat)、合成器流行音樂 (Synthpop)、史詩搖滾 (Epic Rock)、環境音樂 (Ambient)、溫暖音樂 (Warm)，讀

11-5

者往下捲動可以看到更多音樂類型。例如：放鬆嘻哈 (Chillhop)、鼓獨奏 (Drum Solo)、Disco、現代音樂 (Modern)、平靜音樂 (Calm)、浩室音樂 (House，這是起源於 1980 年代美國芝加哥的音樂風格)、經典搖滾 (Class Rock)、迷幻嘻哈 (Trip Hop)、新世紀音樂 (New Age)、流行音樂 (Hop)、科技舞曲 (Techno)、讓我驚喜音樂 (Surprise me)。

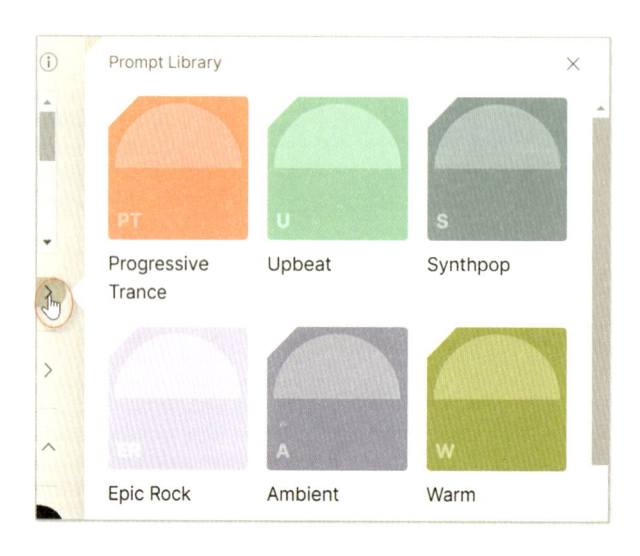

讀者可以點選音樂庫，了解提示 (Prompt) 內容，例如：點選 Progressive Trance(進步性迷幻音樂)，將看到下列內容：

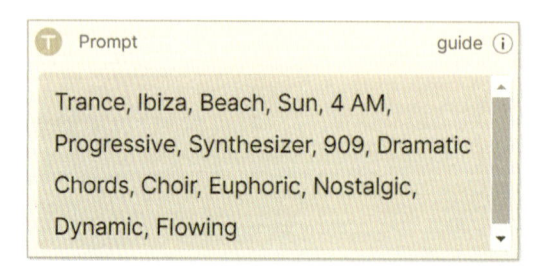

上述 Prompt 的中文意義是：迷幻音樂，伊維薩島，海灘，太陽，凌晨 4 點，進步的，合成器，909，戲劇性和弦，合唱團，狂喜的，懷舊的，動態的，流暢的。

❏ 音樂名詞解釋 - Ibiza(伊維薩島)

在音樂領域，「伊維薩島（Ibiza）」通常與電子舞曲（EDM）文化密切相關。伊維薩是西班牙的一個島嶼，全球知名作為電子音樂和派對文化的中心之一。自 1980 年代以來，伊維薩就因其夜生活、世界級的夜店和夏季電子音樂節而聞名於世。

伊維薩島吸引了來自全球的 DJ 和音樂製作人，在這裡舉辦他們的表演和派對，從而推廣了浩室音樂（House）、Techno、Trance 等多種電子音樂風格。對於很多人來說，伊維薩不僅僅是一個地點，它象徵著自由、慶祝和音樂創新的精神。因此，當提到伊維薩島時，往往與電子舞曲的樂迷和節慶文化的熱情氛圍聯繫在一起。

❑ **音樂名詞解釋 - Dynamic(動態的)**

在音樂領域，「Dynamic（動態）」指的是音樂中聲音強度的變化，包括音量的變化和表達的強度。它是音樂表達中的一個重要元素，用來傳達情感、強調樂句或是創建音樂的張力和解決。

動態標記在樂譜中以特定的符號表示，從 pp（pianissimo，非常輕柔）到 ff（fortissimo，非常響亮）不等，涵蓋了從非常輕微到非常強烈的一系列音量級別。除了這些基本動態標記之外，還有如 crescendo（逐漸變強）和 decrescendo（逐漸變弱）這樣的漸變標記，它們指示音樂從一個動態級別平滑過渡到另一個級別。

動態不僅限於古典音樂。在爵士樂、搖滾樂、流行音樂和其他類型的音樂中，動態的變化同樣是表達情感和維持聽眾興趣的關鍵手段。它可以用來增加音樂的戲劇性，或是創造出放鬆和安靜的氛圍，使音樂作品更加豐富和有層次感。

❑ **音樂名詞解釋 - Flowing(流暢的)**

在音樂領域，「Flowing(流暢的)」一詞通常用來形容音樂的流暢性、連貫性或是自然流動的感覺。這個詞描述了一種音樂表達方式，其中旋律、節奏和和聲似乎無縫地串聯在一起，創造出一種持續不斷且平滑的聽覺體驗。在不同音樂風格中，「Flowing」可以有不同的體現：

- 在古典音樂中：它可能指某一段旋律的平滑過渡和展開，讓聽者感到一種流動的美感。
- 在爵士樂或即興音樂中：「Flowing」可以指演奏者如何流暢地導航音樂結構，創造出自然而又連續的音樂線條。
- 在電子音樂或環境音樂中：它通常指音樂的氛圍如何平滑地維持和轉變，給聽者帶來沉浸式的聽覺體驗。

總的來說，「Flowing」強調的是音樂如何以流暢、自然的方式流動，給聽者帶來和諧與美的感受。這種特質在各種音樂作品中都非常受到重視，因為它有助於維持音樂的凝聚力和表達力。

11-2-3　Stable Audio 的 Prompt 描述注意事項

在撰寫 Stable Audio 的 Prompt 時，可以注意以下幾點：

❏ **描述要盡可能具體**

Stable Audio 可以根據用戶輸入的文字描述生成音樂，因此描述要盡可能具體，以便模型能夠生成符合用戶預期的音樂。例如，可以指定音樂的風格、樂器、節奏、情緒等。以下是一個具體的描述示實例：

「生成一首 45 秒長的古典音樂，使用鋼琴和小提琴作為主要樂器，節奏為四四拍，情緒為歡樂。」

> **註**　在音樂中，四四拍是一種常見的節拍，每小節有四拍，每拍以四分音符為一拍。四四拍的強弱規律為：強、弱、次強、弱。四四拍可以用來表示各種風格的音樂，包括古典、爵士、流行、搖滾等。四四拍具有以下特點：
>
> - 節奏穩健，具有力量感。
> - 具有進行曲、行軍曲等音樂的風格。
> - 適合表現激動、昂揚的情緒。
>
> 常見的應用場景如下：
>
> - 進行曲、行軍曲：四四拍是進行曲、行軍曲的常用節拍。
> - 搖滾樂：四四拍是搖滾樂的常用節拍，可以用來營造激動、澎湃的氛圍。
> - 流行音樂：四四拍也是流行音樂的常用節拍，可以用來表現各種情感。
> - 電影配樂：四四拍可以用於營造緊張、刺激的氛圍。

❏ **使用多種描述**

Stable Audio 支持多種描述，因此可以嘗試使用多種描述來生成不同的音樂效果。例如，可以指定不同的音樂風格、樂器、節奏、情緒等。以下是一個使用多種描述的實例：

「生成一首 45 秒長的音樂，前半部分為搖滾風格，使用電吉他作為主要樂器，節奏為四四拍，情緒為激動；後半部分為爵士風格，使用鋼琴作為主要樂器，節奏為三三拍，情緒為平靜。」

> **註** 在音樂中，三三拍是一種常見的節拍，每小節有三拍，每拍以四分音符為一拍。三三拍的強弱規律為：強、弱、弱。三三拍可以用來表示各種風格的音樂，包括古典、爵士、流行、搖滾等。三三拍具有以下特點：
> - 節奏流暢，具有律動感。
> - 具有圓舞曲、華爾茲等舞蹈音樂的風格。
> - 適合表現歡快、優美的情緒。
>
> 三三拍在音樂中應用廣泛，常用於以下場景：
> - 舞蹈音樂：三三拍是華爾茲、圓舞曲等舞蹈音樂的常用節拍。
> - 抒情歌曲：三三拍適合表現歡快、優美的情緒，因此常用於抒情歌曲的創作。
> - 電影配樂：三三拍可以用於營造浪漫、溫馨的氛圍。

11-2-4　建立音樂 – 以科技公司為實例

Stable Audio 的 Prompt 支援多語言輸入，包含中文，這可以省下我們讓 ChatGPT 翻譯中文描述為英文的時間。

以下是為發表全球最先進的「太陽能衛星手機」的科技公司為主題，建立的 Prompt 實例：

「生成一首 45 秒長的音樂，風格為激動、昂揚，使用合成器、弦樂和打擊樂作為主要樂器，節奏為四四拍，情緒為振奮。

音樂的開頭可以使用合成器演奏一段明亮、激動的旋律，然後加入弦樂，使音樂更加豐滿。在音樂的中間部分，可以使用打擊樂增加音樂的力度和律動感。音樂的結尾可以使用強烈的節奏和音色，營造高潮。

經過測試，目前 Stable Audio 對於英文的理解能力比較好，所以我們有了中文的想法後，建議用 ChatGPT 轉成英文。上述 Prompt 轉成英文後，內容如下：

Generate a 45 second-long piece of music with an energetic and uplifting style. The primary instruments should include synthesizers, strings, and percussion. The rhythm should follow a 4/4 time signature, and the overall mood should be exhilarating.

The music should begin with a bright and exciting melody played by the synthesizer, followed by the addition of strings to enrich the sound. In the middle section, percussion

第 11 章　AI 音樂創新 - 行銷如何利用提升品牌影響力

should be introduced to enhance the intensity and rhythmic drive. The ending should feature a strong rhythm and powerful sounds to create a climactic finish.

請將上述內容複製到 Stable Audio 的 Prompt 區，可以看到下列畫面：

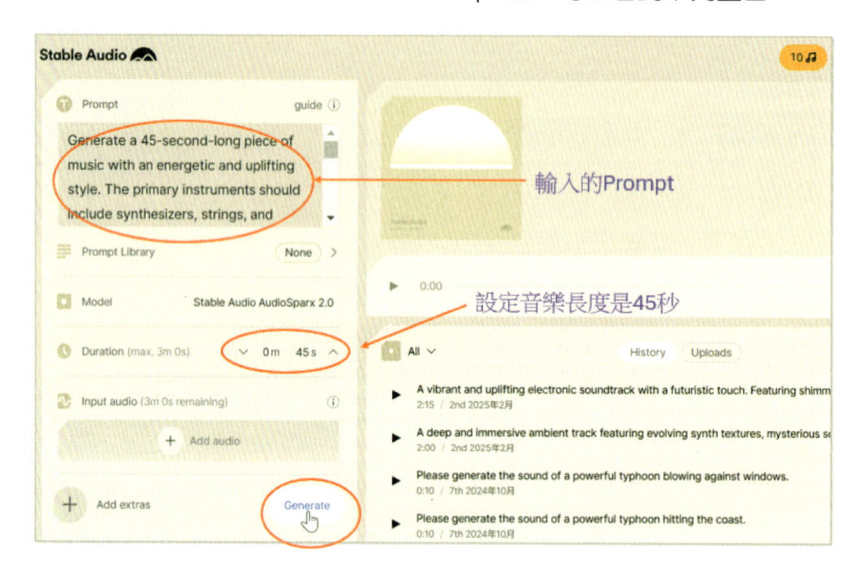

按 Generate 鈕後，可以得到下列結果。

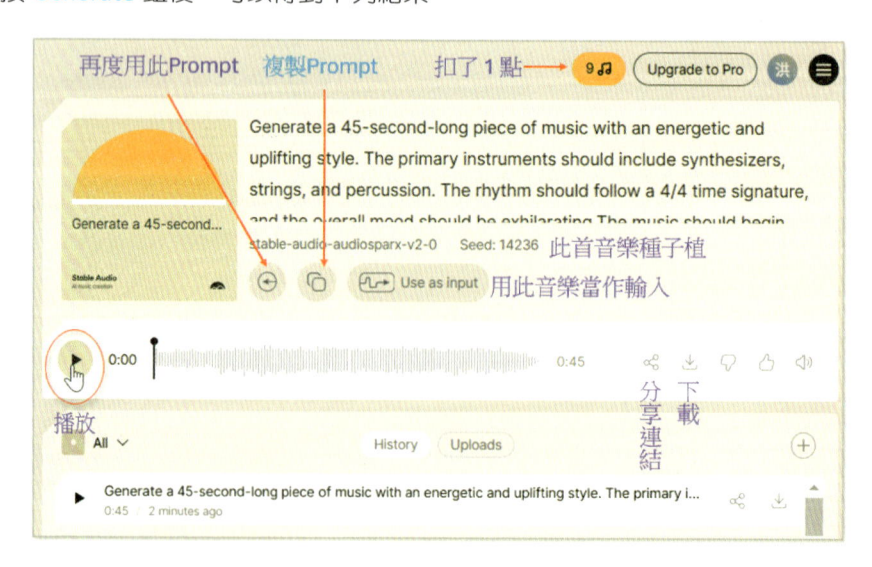

上述 Prompt 具有以下特點：

- 風格：激動、昂揚
- 樂器：合成器、弦樂、打擊樂

11-10

- 節奏:四四拍
- 情緒:振奮

您可以根據自己的需求和喜好,對這個 Prompt 進行調整。例如,您可以修改音樂的結構、節奏、音色等。

❏ 分享連結

點選分享連結圖示 ,可以看到下列對話方塊:

上述點選 Generate link 鈕後,可以得到連結網址。

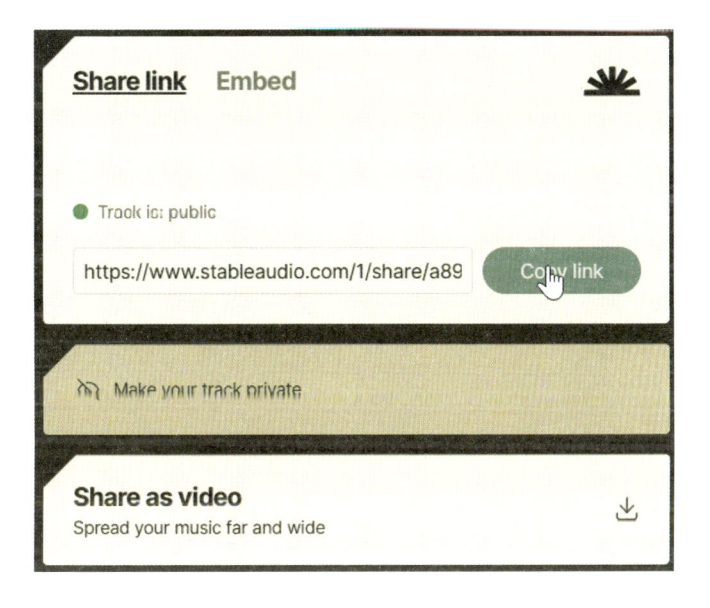

第 11 章　AI 音樂創新 - 行銷如何利用提升品牌影響力

上述讀者點選 Copy link 鈕，可以複製連結。此連結網址已經儲存在讀者資源的 ~Prompt/ch11 路徑，讀者可以複製貼到瀏覽器，得到下列結果。

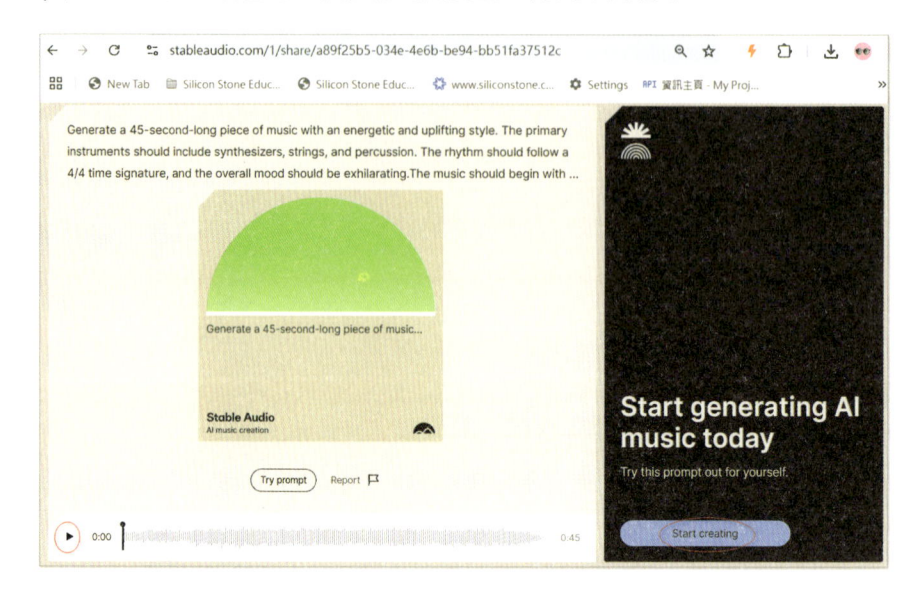

讀者可以播放此音樂，也可以點選 Start creating 鈕用此 Prompt 生成音樂。

❑ **下載**

點選下載圖示 後，可以看到下列對話方塊，可選擇下載方式，專業版才可以有 WAV 選項。

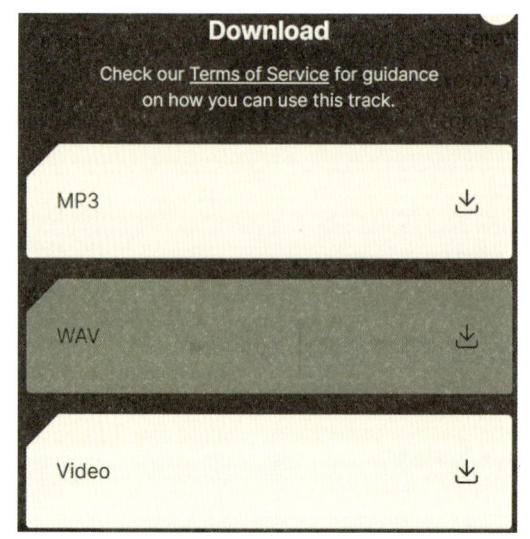

11-3 Suno 音樂平台 - 探索 AI 音樂創作為行銷開闢的新領域

Suno 官網的首頁這樣描述「Suno 正在打造一個任何人都能製作出精彩音樂的未來。無論你是淋浴時的歌手，還是排行榜上的藝術家，我們打破你與你夢想中的歌曲之間的障礙。不需要樂器，只需要想像力。從你的思緒到音樂。」。

Suno 的使用非常簡單。用戶只需輸入他們想要創建的音樂風格和歌詞，Suno 就可以幫助他們創作一首歌。此外，Suno 還提供各種創意工具，可讓用戶自定義他們的音樂。Suno 仍在開發中，但已經取得了一些令人印象深刻的成果。目前已被用來創作各種各樣的音樂作品，包括歌曲、配樂和電子音樂。

Suno 的優點包括：

- 易於使用：Suno 的使用非常簡單，即使是沒有音樂經驗的人也可以使用。
- 功能強大：Suno 能夠生成各種各樣的音樂風格，並提供各種創意工具。
- 免費：Suno 是完全免費的。

Suno 的缺點包括：

- 音質可能不如專業的音樂製作人創建的音樂。
- 生成的音樂可能具有重複性。

總體而言，Suno 是一款有趣而強大的工具，可以幫助任何人創作原創音樂，接下來各小節就是說明此軟體使用方式。

11-3-1 進入 Suno 網站與註冊

我們可以使用「https://suno.com」進入網頁，進入網頁後可以看到下列畫面：

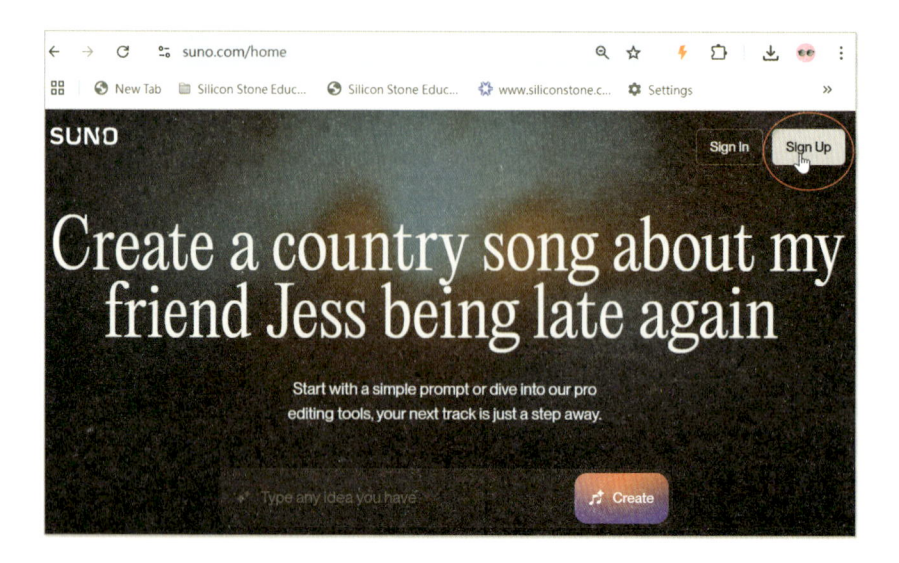

第 11 章　AI 音樂創新 - 行銷如何利用提升品牌影響力

上述將看到：

- Sign In：登入，適用有帳號的情況。
- Sign Up：註冊，適用沒有帳號的情況。

如果是第一次使用，需要註冊請點選 Sign Up 鈕，最好的方式是用 Google 帳號註冊，成功後將進入 Suno 官方畫面。

11-3-2　Suno 官方網頁

在官方網頁左邊是功能選單欄位，可以參考下圖。

11-14

幾個重要項目如下：

- Home：可以看到這個月的熱門歌曲，往下捲動或是點選適當圖示，接可以看到更多熱門歌曲內容。
- Create：可以進入創作歌曲欄位。
- Library：自己創作的歌曲庫、播放列表 (Playlist) … 等。
- Explore：找尋新的音樂風格。
- Search：可以搜尋歌曲和其他用戶。
- Invite Friends：複製連結邀請朋友加入，只要你的朋友加入和創作 10 首歌曲，你們皆可以獲得 250 免費點數，一個人最多可以獲得 2500 點數。
- 550 點數：這是目前用戶的免費點數。

11-3-3　創作歌曲 – 自訂（Custom）模式

請點選左側欄位的 Create 項目。

可以進入創作環境，在此環境主要可以選擇是否啟用 Custom（自訂模式），下方左圖是沒有啟用（用預設模式），下方右圖是有啟用。

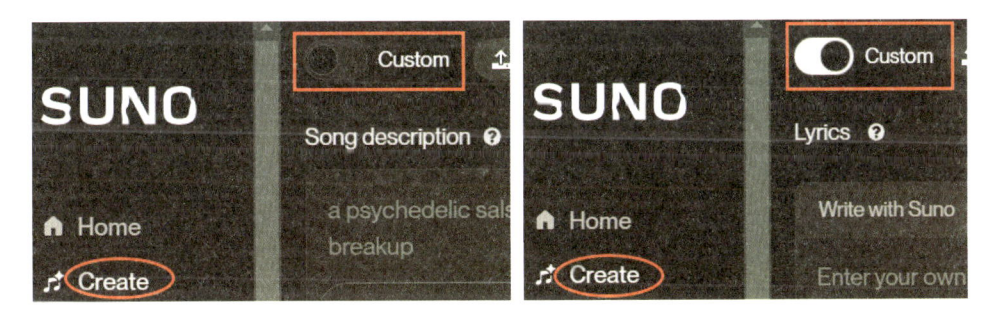

在 AI 行銷中使用 Suno AI 創作歌曲時，啟用 Custom（自訂模式）與未啟用 Custom 的差異主要差異在創作自由度、品牌一致性和音樂品質這幾個方面。以下是兩者的對比分析：

第 11 章　AI 音樂創新 - 行銷如何利用提升品牌影響力

❑ **未啟用 Custom（預設模式）**

優點：

- **更快速創作**：適合短時間內產生音樂，如社群媒體貼文背景音樂、短影片 BGM（TikTok、Instagram Reels、YouTube Shorts）。
- **更簡單且容易操作**：不需調整太多細節，讓 AI 自動生成歌曲，適合一般內容創作者或行銷人員快速產出音樂。
- **適合測試市場反應**：若只是用於 A/B 測試行銷內容，或短期活動，預設模式已能提供不錯的 AI 音樂效果。

缺點：

- **缺乏品牌特色**：由於是 AI 自動生成，可能與其他 AI 生成歌曲相似，難以形成品牌辨識度。
- **無法完全控制細節**：旋律、編曲風格可能不完全符合行銷需求，可能需要透過其他 AI 編曲或後製來微調。

❑ **啟用 Custom（自訂模式）**

優點：

- **更符合品牌風格與需求**
  - 可根據特定品牌聲音（Brand Sound）或市場行銷策略調整音樂，例如指定旋律、編曲風格、節奏、樂器等。
  - 適合企業品牌、產品推廣、廣告 jingles，確保音樂與品牌形象一致。
- **更具獨特性和差異化**：使用者可以自訂歌詞、曲風，甚至微調 AI 生成的結果，使其更加獨特，避免與其他 AI 生成音樂雷同。
- **更適合高端行銷需求**：若要用於商業廣告、品牌 MV、YouTube 廣告、企業宣傳片，自訂模式可以確保音樂與視覺內容更加契合，提升專業感。

缺點：

- 可能需要較多時間調整、測試和微調 AI 生成的內容，尤其是對 AI 生成的旋律、節奏不滿意時，需要反覆修改。

11-3 Suno 音樂平台 - 探索 AI 音樂創作為行銷開闢的新領域

❑ 適用場景比較

使用情境	啟用 Custom（自訂）	未啟用 Custom（預設）
品牌廣告	✅ 適合，能打造品牌專屬音樂	❌ 可能缺乏品牌一致性
YouTube 內容行銷	✅ 可打造專屬風格的 BGM	✅ 快速產生背景音樂
TikTok / IG Reels 短影音	✅ 若需要高辨識度音樂	✅ 快速生成短影音 BGM
Podcast 片頭 / 片尾音樂	✅ 可調整為品牌調性	❌ 可能與其他音樂相似
產品宣傳 MV	✅ 需要符合品牌氛圍	❌ 無法精準控制風格
A/B 測試（測試不同風格行銷內容）	❌ 太耗時，適合最終版本	✅ 快速生成多種音樂來測試
內部使用（如企業內部培訓、簡報）	❌ 過於細化需求	✅ 預設即可滿足需求

❑ 結論

應該如何選擇：

- 如果你的 AI 行銷策略強調品牌一致性、需要打造獨特音樂風格（品牌廣告、產品宣傳），請啟用 Custom。
- 如果只是要快速產生背景音樂、社群影音 BGM（TikTok、YouTube Shorts、簡報），請使用預設模式。
- 如果想測試市場反應，再決定是否要進一步投入自訂音樂製作👉先用預設模式，再選擇最佳方向

建議策略：

- 短期行銷（如 TikTok 挑戰、社群趨勢行銷）：先用未啟用 Custom 來快速測試，確保符合受眾喜好。
- 長期品牌行銷（品牌 MV、YouTube 廣告、企業宣傳片）：使用 啟用 Custom，打造符合品牌調性的專屬 AI 音樂。

這樣的策略能讓你的 AI 行銷更加靈活，兼顧效率與品牌識別度。

11-3-4 預設創作模式 - 創作深智公司 6 週年的歌曲

❑ 創作環境

在此模式下，可以看到下列創作環境：

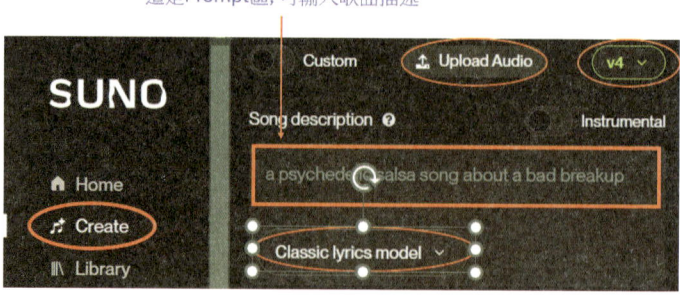

第 11 章　AI 音樂創新 - 行銷如何利用提升品牌影響力

上述幾個與創作有關的欄位，說明如下：

- **Upload Audio**：參考音樂（Reference Track），你可以上傳一段音樂，讓 AI 參考該音樂的風格、旋律、節奏來生成類似風格的新歌曲。如果沒有上傳，則 Suno 會根據 Song description 的描述生成歌曲。

- **v4**：這是目前最新版的歌曲生成，讀者也可以點選先前版本。

- **Classic lyrics model**：這是一種用於生成歌詞的 AI 模型。該模型根據您提供的提示或描述，創作出相應的歌詞內容，這是預設。你也可以點選此，選擇 Remi 模式，這是 Suno 最新、最具創意的模型，但是可能會生成某些人認為具有冒犯性的內容。

❏ 創作深智公司 6 週年的歌曲

請輸入「深智數位是一家 AI 書籍的出版社，請為公司 6 週年慶創作一首歌曲」。

11-18

11-3 Suno 音樂平台 - 探索 AI 音樂創作為行銷開闢的新領域

請點選 Create 鈕，可以正式創作歌曲。一會兒，可以得到下列結果，每次會生成 2 首曲目。

可以點選播放鈕，可以聆聽歌曲，請參考上圖。如果點選歌曲名稱，可以參考下圖：

然後將進入此歌曲完整播放畫面：

剩餘點數　　歌詞內容

11-19

下方可以看到歌曲的完整畫面，往下捲動畫面可以看到完整歌詞。上述也可以點選播放鈕，播放此歌曲。

11-3-5　認識 Suno 創作歌曲的結構

前一小節讀者看到完整的歌詞後，每一段歌詞上方有英文名詞。例如：可以看到 Verse、Verse 2、Chorus、Verse 4、Bridge 和 Chorus 等。

在 Suno 等音樂創作軟體中，歌曲被分割成不同的段落，每個段落都有特定的名稱，代表著不同的音樂結構和功能。以下我們來一一解析這些名稱：

- Verse (段落)
    - 意義：歌曲的主體部分，通常用來敘述故事、表達情感或傳達主題。
    - 特點：旋律相對簡單、節奏較為穩定，歌詞內容較為豐富。
    - 功能：建立歌曲的基礎，承載歌曲的主要訊息。
- Chorus (副歌)
    - 意義：歌曲中最抓耳、最容易記住的部分，通常是整首歌的高潮。
    - 特點：旋律較為強烈、節奏較為鮮明，歌詞內容重複性高，易於傳唱。
    - 功能：突出歌曲的主題，增加歌曲的記憶點。
- Bridge (橋段)
    - 意義：連接不同段落，為歌曲增加轉折和變化。
    - 特點：旋律、和聲、節奏等元素與其他段落有所不同，起到過渡的作用。
    - 功能：讓歌曲增加轉折，結構更加豐富，避免單調。
- Verse 2, Verse 3
    - 意義：第二段、第三段，與第一段 Verse 的結構和功能相似。
    - 特點：旋律可能會有變化，但整體風格保持一致。
    - 功能：延續歌曲的主題，進一步豐富歌曲內容。

這些段落名稱的意義總結：

- Verse：歌曲的主體，敘述故事。
- Chorus：歌曲的高潮，易於傳唱。

- Bridge：連接不同段落，增加變化。
- Verse 2, Verse 3：與 Verse 1 相似，但內容有所不同。

為什麼要分段？因為將歌曲分為不同的段落，可以讓歌曲的結構更加清晰，更容易被聽眾理解和記憶。不同的段落可以表達不同的情感、描繪不同的場景，讓歌曲更加豐富多彩。舉個例子：

「想像一首情歌，Verse 部分可能描述兩人相遇的場景，Chorus 部分表達對愛情的憧憬，Bridge 部分則描述失戀的痛苦。透過這樣的段落安排，歌曲就能完整地表達出一個故事。」

此外，在歌曲創作中會有 Outro(尾奏)，功能是旋律逐漸淡出，或者加入一些特殊的音效，營造出開放式的結尾。由於 Suno 創作的歌曲尾奏沒有歌詞，所以歌詞列表中不會看到尾奏。

11-3-6　自訂創作模式 – 創作「日夜咖啡酒館」的歌

❑　認識自訂創作環境

當選擇創作 Create 功能後，如果啟用自訂 Custom 創作模式，將看到下列畫面，右邊是往下拖曳的畫面：

上述有 4 個欄位需要填寫，以更精確地控制歌曲的生成：

- Lyrics（歌詞）：您可以在此欄位輸入完整的歌詞內容，必須在 3000 個字元以內。若您希望 AI 自動生成歌詞，可點擊下方的「Full Song」或是「By Line」按鈕。
- Style of Music（音樂風格）：在此欄位指定歌曲的風格，例如「搖滾（Rock）」、「流行（Pop）」、「嘻哈（Hip-hop）」等。或是一句下方的選項鈕，選擇音樂風格。
- Title（歌曲名稱）：為您的歌曲輸入一個標題。
- Persona（人物設定）：這個是 Pro 和 Premier 版用戶專屬功能，AI 會根據選定的 Persona 來塑造歌曲的聲音與氛圍。

❏ AI 給靈感創作歌曲

7-3-2 節筆者有介紹讓 ChatGPT 為「日夜咖啡酒館」寫行銷文案，我們也可以請 ChatGPT 為我們的「日夜咖啡酒館」創作歌曲。

> 請為「日夜咖啡酒館」撰寫 Suno 用的歌詞、音樂風格、歌曲名稱，此咖啡酒館的特色是：
> 18:00 以前銷售新鮮烘培咖啡，適合辦公洽談與閱讀
> 18:00 以後銷售各類創意調酒，適合朋友或戀人聚會
> 慶祝開幕，本月銷售打 8 折
> 20:00 後有鋼琴現場表演

Suno AI 歌曲設定：日夜咖啡酒館

🎵 歌曲名稱（Title）

✨ 「日夜交響（Day & Night Symphony）」

🎼 音樂風格（Style of Music）

🌙 爵士融合流行（Jazz-Pop Fusion）

☀ 白天部分：溫暖輕爵士（Smooth Jazz），適合咖啡時光

🎹 夜晚部分：慵懶藍調與浪漫流行（Blues & Lounge Pop），配合調酒與鋼琴現場

11-3 Suno 音樂平台 - 探索 AI 音樂創作為行銷開闢的新領域

🎤 **Suno AI 歌詞（Lyrics）**

（Verse 1 - 日間咖啡時光 ☕）
陽光輕灑在窗邊桌角
咖啡香伴著書頁翻動的味道
低語的交談 笑聲輕柔圍繞
這裡是讓夢想起航的港口

（Pre-Chorus）
一杯溫暖 滑過指尖
靈感隨著蒸氣輕輕盤旋
時間靜止在這瞬間
在日夜交錯的這一間

（Chorus）
白天 是咖啡香的畫卷
夜晚 是琴聲醉人的瞬間
從日到夜 讓心自由旋轉
這裡是 日夜咖啡酒館

（Verse 2 - 夜晚調酒時刻 🍸）
星光點亮微醺的眼眸
玻璃杯裡映出微笑的輪廓
調酒師輕輕轉動色彩
夜晚的節奏隨著鋼琴搖擺

（Bridge）
✨ 20:00 後 鋼琴響起
✨ 旋律輕敲 夜色降臨
✨ 慶祝開幕 八折驚喜
✨ 微醺之間 讓心靈相依

（Final Chorus）
白天 是咖啡香的畫卷
夜晚 是琴聲醉人的瞬間
從日到夜 讓心自由旋轉
這裡是 日夜咖啡酒館

第 11 章　AI 音樂創新 - 行銷如何利用提升品牌影響力

❏　創作「日夜咖啡酒館」的歌

　　筆者分別在 Lyrics（歌詞）、Style of Music（音樂風格）和 Title（歌曲名稱）欄位輸入先前 ChatGPT 生成的資料。

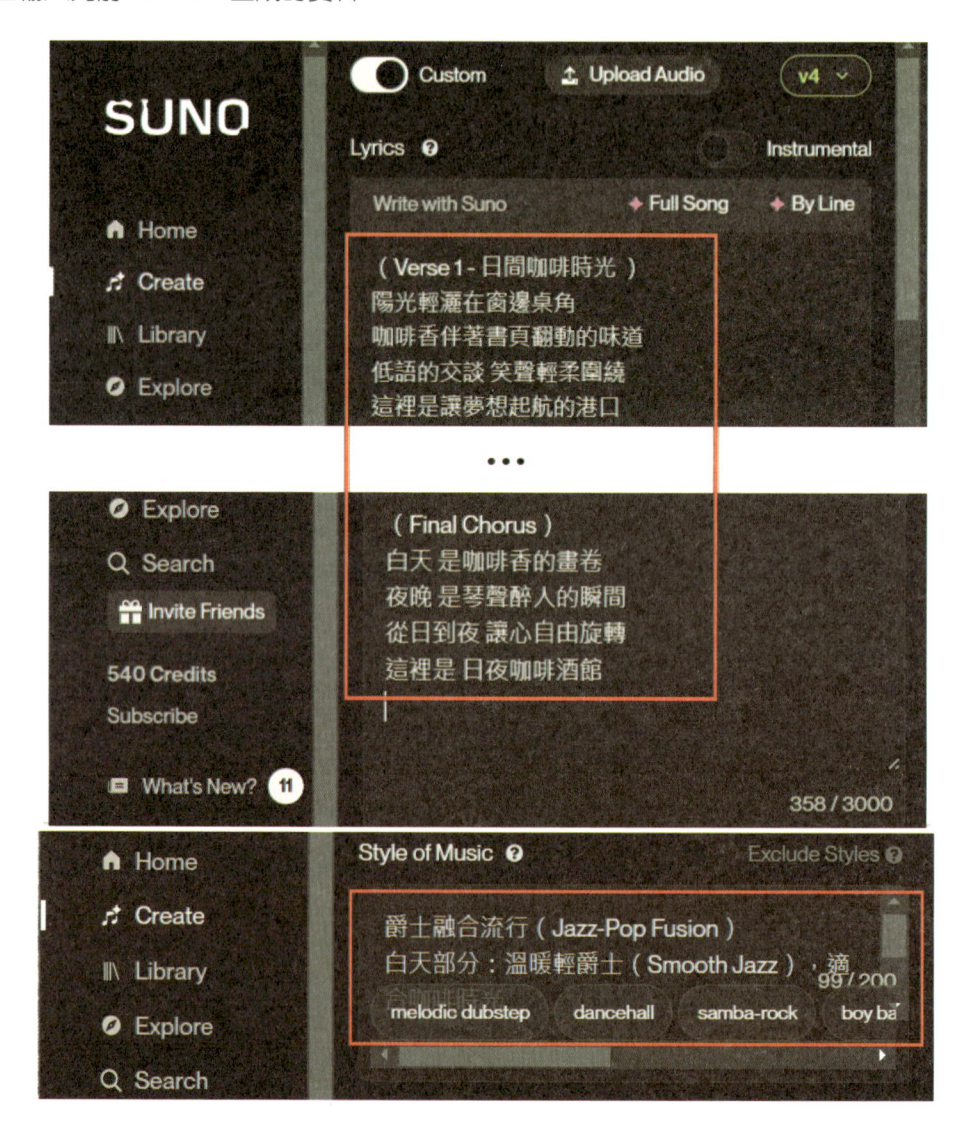

11-24

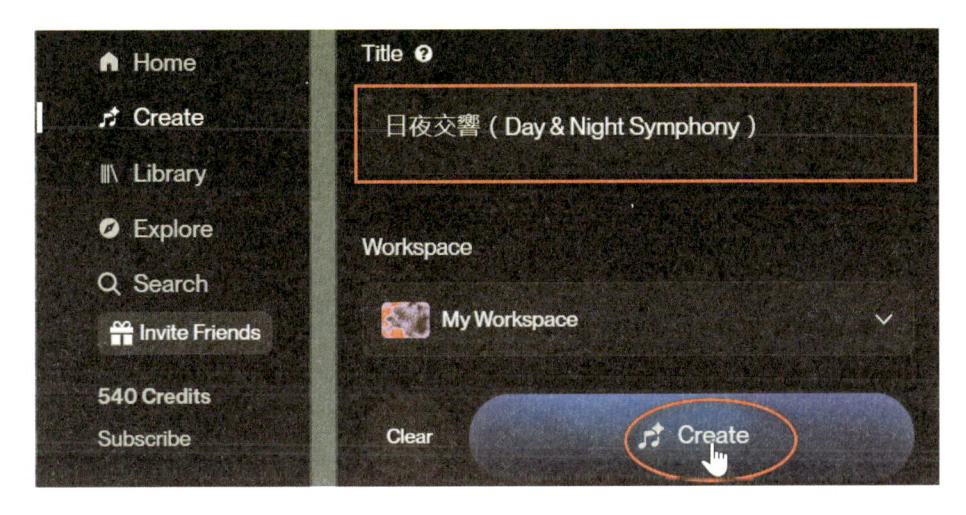

11-3 Suno 音樂平台 - 探索 AI 音樂創作為行銷開闢的新領域

按 Create 鈕後，可以得到下列生成 2 首歌曲的結果。

上述可以點選播放鈕，直接播放。也可以點選歌曲名稱，進入完整歌曲播放畫面。

11-25

11-3-7 下載歌曲或是分享歌曲連結

在播放歌曲畫面有圖示■，點選此圖示，可以下載（Download）歌曲或是分享（Share）歌曲連結：

❏ **Share**

- Copy Link：可以複製連結。
- Share to ...：可以分享至 Facebook、LinkedIn ... 或是 Email。

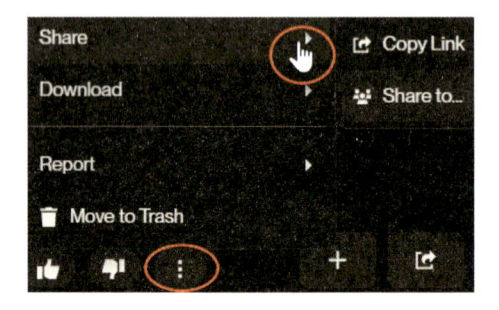

本書 ~Prompt/ch11 路徑有此首歌曲的連結。

❏ **Download**

- MP3 Audio：可以生成 MP3 聲音檔案。
- Video：可以生成 MP4 影片檔案。
- Regenerate Video：只有 Pro 版本才可以使用，當你使用 Suno 創作歌曲時，系統通常會自動生成一個搭配音樂的影片。如果對原本的影片不滿意，點擊 Regenerate Video，Suno 會根據相同的音樂和內容重新產生一個新的影片版本，可能會更換視覺風格或動畫效果。

11-3-8　編輯歌曲 Edit/Song Details

點選圖示 ⋮ 時，也可以執行 Edit/Song Details 指令，編輯歌曲的標題、歌詞和圖示：

執行後將看到下列對話方塊：

- Title：可以在此更改歌曲名稱。
- Add New Image：可以更改歌曲圖示。
- Displayed Lyrics：可以在此更改歌詞。

上述有更改後，請點選 Submit 鈕，即可執行修改。

11-27

第 11 章　AI 音樂創新 - 行銷如何利用提升品牌影響力

第 12 章
AI 讓圖案發聲
從視覺到聽覺的行銷革命

12-1　如何從「產品圖案」生成音樂

12-2　「產品圖案」生成音樂的 AI 行銷優勢

12-3　實際應用案例參考

12-4　AI Image to Music Generator

第 12 章　AI 讓圖案發聲 - 從視覺到聽覺的行銷革命

12-1 如何從「產品圖案」生成音樂

❑ 跨感官行銷（Cross-sensory Marketing）- 從視覺到聽覺的品牌體驗

從 AI 行銷的觀點來看，「產品圖案生成音樂」是一種創新的跨感官行銷（Cross-sensory Marketing）策略。具體來說，就是將產品的視覺元素（如品牌 Logo、包裝圖案、或產品設計）透過 AI 演算法轉化成聽覺上的體驗，也就是「圖像轉音樂」（Image-to-Music）。

這種技術的核心在於：

- 品牌故事強化：每個品牌或產品都有自己的獨特視覺元素，透過 AI 將這些視覺元素「翻譯」成專屬的音樂，能使品牌故事更為立體且具記憶點。
- 情感連結建立：音樂擁有強大的情感共鳴力量，透過產品圖案生成的音樂，消費者能在潛意識中與產品產生更深層的情感連結。
- 差異化與創新體驗：透過 AI 音樂生成，品牌能夠創造一種新穎的互動方式，增加消費者的好奇心與參與感，藉此凸顯品牌的差異性。
- 個人化行銷應用：每位消費者可以透過個別偏好的圖案或產品設計，產生專屬個人化音樂內容，提升消費者的品牌體驗與忠誠度。

❑ AI 如何從「圖案」生成音樂

AI 可以透過以下幾種方式，將品牌或產品圖案轉換為音樂：

- 顏色與音符對應（Color-to-Music Mapping）
  - 明亮的紅色可能對應快節奏的電子音樂，而深藍色則可能對應沉穩的爵士音樂。
  - 這讓品牌能夠用 AI 生成與產品視覺一致的「品牌音樂」。
- 形狀與旋律結構（Shape-to-Melody Transformation）

  AI 可根據產品外觀（圓形、方形、流線型等）來調整旋律，例如：
  - 流線型設計的車款可能對應順暢的弦樂旋律。
  - 方形的電子產品可能對應節奏分明的電子音樂。
- 圖案紋理與音色（Texture-to-Timbre Conversion）

- 若產品包裝帶有柔和漸變、金屬質感，AI 可能會選擇電子合成器或柔和弦樂作為主要樂器。
- 品牌標誌與旋律模式（Logo-to-Motif）
  - AI 可將品牌 Logo 的線條與形狀映射到音符，形成一組「品牌旋律」（Sonic Branding）。
  - 例如 Nike 或 Apple 可以讓 AI 解析其 Logo，創造專屬的背景音樂。

12-2 「產品圖案」生成音樂的 AI 行銷優勢

❏ **品牌識別強化（Sonic Branding）**
- 企業可以為每款產品打造「專屬音樂」，消費者在聽到該音樂時就能聯想到品牌，提升品牌認知度。
- 例如，當星巴克的包裝圖案轉換為溫暖的爵士樂，能加深消費者對「放鬆與咖啡」的聯想。

❏ **沉浸式行銷體驗（Immersive Marketing）**
- 在電商網站、廣告影片、VR/AR 體驗中，透過 AI 讓「產品的視覺」與「音樂」相匹配，讓消費者獲得更完整的沉浸體驗。
- 例如，一款運動鞋的流線設計生成快節奏動感音樂，能讓廣告更具吸引力。

❏ **提升產品與市場的匹配度**
- 產品音樂可根據市場區隔與消費者偏好來自動調整，讓不同目標族群接收到符合其品味的音樂內容。
- 例如，奢侈品牌的黑金包裝可能生成古典音樂，而潮流品牌的霓虹圖案可能生成嘻哈節奏。

❏ **個人化行銷應用**
- AI 可以根據個別消費者的產品選擇與風格偏好，產生個性化的音樂內容。
- 例如，消費者選擇一款可客製化的商品，AI 可以根據該產品圖案生成專屬背景音樂，增強品牌忠誠度。

❑ 降低創作成本，提高內容產出效率
- 傳統的音樂創作需要專業音樂人，但 AI 可讓行銷團隊根據產品圖案即時生成合適的音樂，節省製作時間與成本。
- 例如，可口可樂可快速生成數十款不同口味產品的音樂，讓不同市場擁有專屬的音效行銷策略。

12-3 實際應用案例參考

- 電商應用（Shopee、Amazon）：AI 讓電商平台根據產品圖片自動生成商品背景音樂，提高消費者購買興趣。
- 品牌廣告案例（Nike、Adidas）：AI 如何讓運動鞋的圖案轉換成快節奏音樂，增強運動感。
- 食品包裝互動（QR Code 連結 AI 音樂）：讓消費者掃描包裝上的 QR Code，即可聽到 AI 生成的「產品專屬音樂」，提升購買樂趣。
- 汽車產業應用（Tesla、Benz）：AI 依據車身設計，生成駕駛音樂，為不同車型創造獨特的聲音品牌。

12-4 AI Image to Music Generator

　　AI Image to Music Generator 是利用人工智慧將圖像轉換為音樂的平台。用戶只需上傳圖片，選擇生成模型，然後點擊按鈕，即可快速生成音樂。這個平台支持多種音樂風格，包括鋼琴、吉他、電子音樂等，並且無需登錄即可使用。

　　這個工具不僅適合專業創作者，也適合任何想要探索音樂創作的愛好者。

12-4-1 登入網站

　　讀者可以用搜尋，或是下列網址登入網站：

　　https://imagetomusic.top/#playground

12-4　AI Image to Music Generator

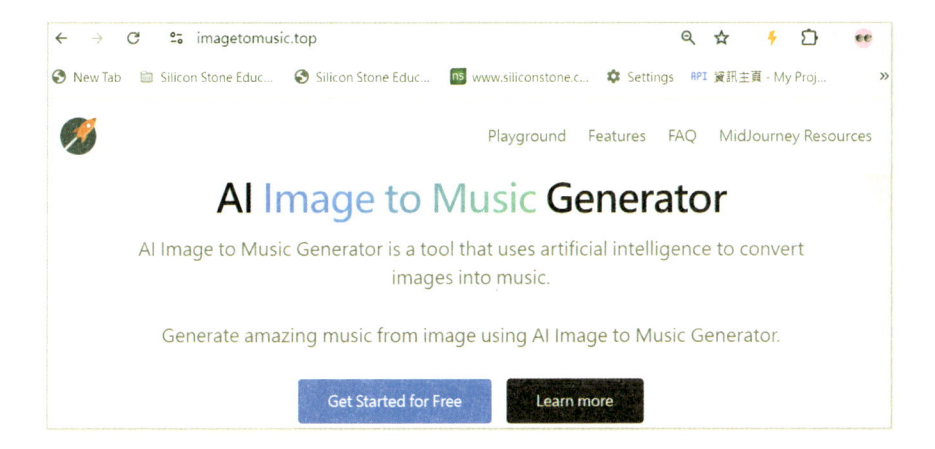

這個網站最大的特色是不用登入，同時免費使用。這是一頁式網頁，即使有 Playground、Feature、FAQ 標籤，點選後也是在同一網頁移動。

12-4-2　網站特色

點選 Feature 標籤，可以看到網站特色說明：

❑ **Multi-modal Analysis 多模態分析**

使用電腦視覺技術，分析圖像中的各種視覺元素，包括顏色、紋理、形狀、物體等。

❑ **Diverse Musical Styles 多元音樂風格**

可以生成不同類型和風格的音樂，包括鋼琴、吉他、管弦樂、電子舞曲 (EDM)、爵士、藍調等。

- **Simple operation interface 簡單操作介面**

  只需上傳圖片即可生成音樂。

- **Fast generation 快速生成**

  可以在 1 分鐘內完成音樂生成。

- **No login required 無需登入**

  無需登入即可體驗所有功能。

- **Freedom 自由度**

  沒有輸入內容的限制。

12-4-3　圖像轉音樂的應用

往下捲動視窗，可以看到 Applications of AI Image to Music Generator 標題，這是說明 AI 圖像轉音樂生成器的應用：

1. 媒體與娛樂：音樂家、電影製作人、動畫師可從概念圖和故事板快速生成免版稅的背景音樂。
2. 廣告與行銷：廣告商可從品牌圖像和標誌中創建音頻品牌、聲音標誌和定制廣告歌曲。
3. 個性化禮物：將個人照片轉換為特別的音樂禮物送給親人。
4. 治療工具：協助視障人士透過音樂感知視覺圖像。
5. 教育：可用於教授視覺藝術、圖像處理、聲音合成等。
6. 休閒創作：藝術家可將視覺藝術轉化為音樂並在線上分享。

12-4-4　如何使用 AI Image to Music Generator

讀者捲動視窗，可以看到 How to use AI Image to Music Generator 標題，這是說明使用此工具的步驟：

1. 步驟 1：上傳圖片。
2. 步驟 2：選擇模型。總共有 5 個模型可選，包括 MAGNet、AudioLDM-2、Riffusion、Mustango 和 MusicGen。

12-4 AI Image to Music Generator

3. 步驟 3：點擊「從我的圖片生成音樂」按鈕，稍等片刻，音樂將生成。
4. 步驟 4：最後，您將獲得一個提示和相應的音樂。當然，您可以再次編輯提示內容並重新生成音樂。

12-4-5 創作環境

點選 Playground 標籤、Get Started for Free 鈕，皆可以進入創作環境，或是也可以捲動視窗到創作環境。

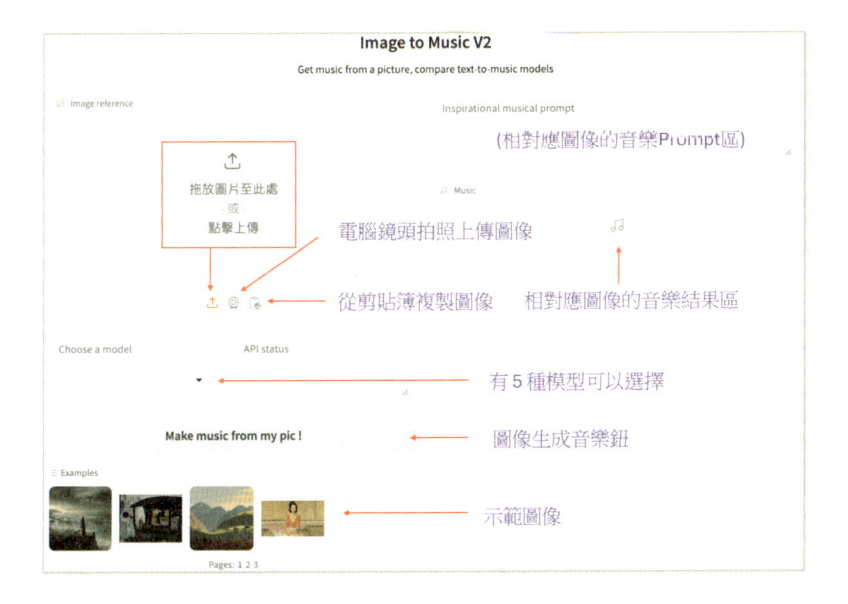

12-4-6 模型選擇

在 Choose a model 欄位可以選擇 AI 模型，這 4 種模型的差異可以參考下表：

模型名稱	強調特點	潛在優勢	可能限制
MAGNet	圖像與音樂的對應關係	能夠生成與圖像內容高度相關的音樂	可能對複雜圖像的處理能力較弱
AudioLDM 2	語音驅動的音樂生成	能夠根據文字描述生成音樂，擴展了創作可能性	對圖像細節的捕捉可能不夠精細
Riffusion	基於擴散模型的音樂生成	能夠生成多樣化的音樂風格	模型訓練成本較高
Mustango	多模態生成模型	能夠同時生成圖像和音樂，實現更緊密的結合	模型複雜度高

12-7

第 12 章　AI 讓圖案發聲 - 從視覺到聽覺的行銷革命

12-4-7　圖像生成音樂實作

實例 1：用 Image To Music 工具內附圖像，使用 MusicGen 模型，得到的結果。

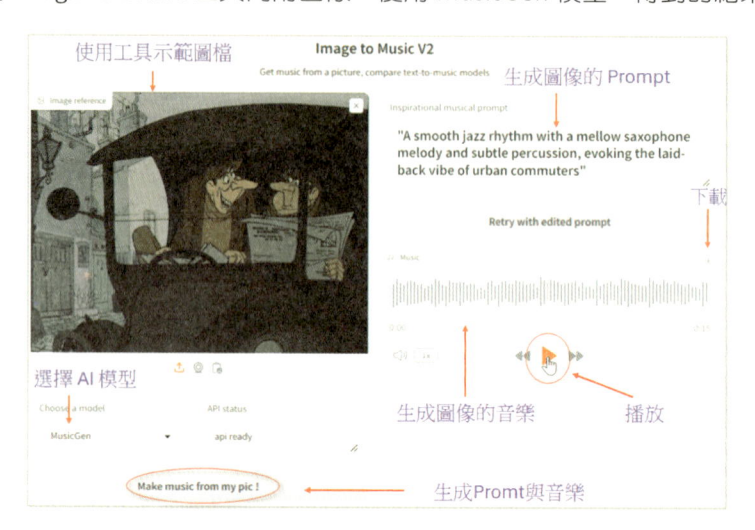

上述生成的 Musical Prompt 中文意義是，「一段順暢的爵士節奏，配上柔和的薩克斯風旋律和細膩的打擊樂，喚起了都市通勤者悠閒的氛圍。」

12-4-8　「energy」飲料圖片生成音樂

在 ch12 資料夾有 energy.jpg，下列是用此產片飲料圖片，應用 Riffusion 模型生成音樂的實例。

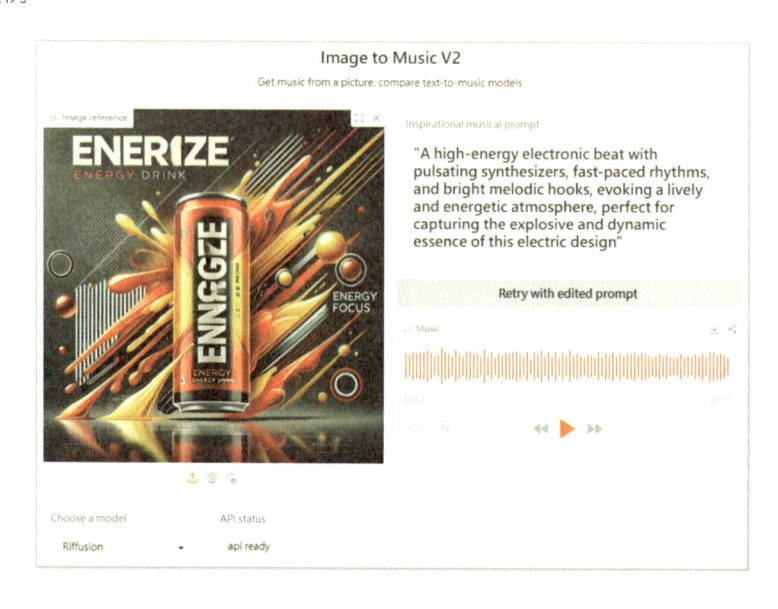

12-4 AI Image to Music Generator

資料夾 ch12 有測試結果：

- energy_music_Riffusion.wav：這是用 Riffusion 模型生成的音樂。
- energy_music_AudioLDM.wav：這是用 AudioLDM 模型生成的音樂。

12-4-9 「daynight」咖啡圖片生成音樂

在 ch12 資料夾有 daynight_coffee.jpg，下列是用此咖啡圖片，應用 Riffusion 模型生成音樂的實例。

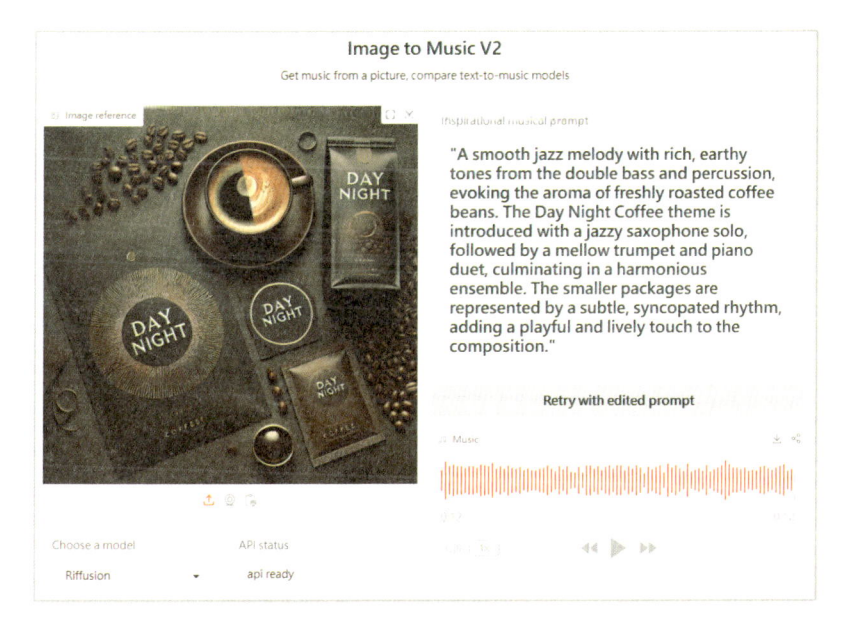

資料夾 ch12 有測試結果：

- daynight_coffee_Riffusion.wav：這是用 Riffusion 模型生成的音樂。
- daynight_coffee_AudioLDM.wav：這是用 AudioLDM 模型生成的音樂。

12-4-10 Huggingface.co

AI Image to Music Generator 也以相同的應用程式掛在 Huggingface.co 官網，公開給所有讀者使用，請輸入下列網址：

https://huggingface.co/spaces/fffiloni/image-to-music-v2

可以看到與 12-4-5 節相同的使用介面。

12-9

12-4-11　結論

　　透過「產品圖案生成音樂」，企業能夠將原本僅停留在視覺的品牌識別，進一步擴展到聲音的維度，打造多維感官行銷體驗，進一步鞏固品牌價值與市場競爭力。

　　隨著 AI 技術的發展，未來品牌不僅要關注視覺識別，還要建立聲音識別，讓消費者「一聽就知道是你的產品」，形成真正的 AI 行銷競爭力。除了本章使用的 AI 外，另外：讀者可以使用下列 AI 工具，完成圖像生成音樂。

- Mubert
- Melobytes
- MusicLM：Google 尚未公開，從文件說明得知，應該是未來最具潛力的工具。

第 13 章
AI 影像行銷革命
Sora如何將內容變成吸睛影片

13-1　AI 影像行銷的時代來臨

13-2　認識 Sora - AI 生成影片的革命性工具

13-3　Sora 的 AI 行銷應用場景

13-4　內容轉影片 - Sora 讓行銷素材動起來

第 13 章　AI 影像行銷革命 - Sora 如何將內容變成吸睛影片

在 AI 行銷的演進中，影像內容已成為品牌推廣的關鍵要素，特別是在社群媒體與線上廣告領域，影片的影響力遠超過靜態圖片或純文字內容。隨著 AI 影像生成技術的突破，企業與個人創作者不再需要昂貴的攝影設備與後製團隊，即可透過 AI 生成高品質的動態內容。

Sora 作為 OpenAI 開發的先進 AI 影片生成工具，顛覆了傳統影片製作流程，讓使用者能夠透過簡單的文字描述（Text-to-Video）或圖片素材（Image-to-Video），快速創造具有專業水準的行銷影片。這項技術不僅節省時間與成本，更開啟了全新的創意行銷模式。

本章將探討 Sora 的核心技術、與其他 AI 影片工具的比較，並深入剖析其在行銷領域的應用，包括產品展示、品牌行銷、社群推廣等，幫助企業與個人充分發揮 AI 影像行銷的潛力。

13-1　AI 影像行銷的時代來臨

13-1-1　影音內容在行銷中的重要性

在數位行銷的發展歷程中，影音內容的影響力與日俱增。根據市場研究，消費者更容易被影片吸引，並且對動態內容的記憶度遠高於純文字或圖片。以下是幾項關鍵數據：

- 影片的觀看率更高：根據 HubSpot 的數據，社群媒體上的影片內容比純文字或圖片貼文的互動率高出 2 倍以上。
- 影片能提高轉換率：根據 Wyzowl 調查，87% 的行銷人員認為影片行銷可以提高銷售轉換率，因為視覺與聽覺的雙重刺激能有效促進購買決策。
- SEO 影響力：Google 會優先推薦影片內容，特別是在 YouTube（全球第二大搜尋引擎）上的影片，這意味著使用影片行銷能提高品牌的搜尋可見性。
- 用戶偏好：消費者更願意觀看短片來了解產品或品牌，而不是閱讀長篇文字。根據 Statista，大約 66% 的消費者更偏好觀看短影片來獲取資訊。

這些趨勢顯示，影像行銷已經成為品牌推廣的關鍵手段，而 AI 技術的進步正讓這個過程變得更容易、更高效。

13-1-2 短影音的崛起與影響（TikTok、Reels、YouTube Shorts）

近年來，短影音（Short-form Video）的崛起改變了行銷生態，讓品牌更容易觸及廣大受眾。幾個主要平台的發展與影響如下：

❑ **TikTok（抖音）**

以 15～60 秒的短影音為主，透過 AI 推薦機制，使內容能迅速觸及更多人。

- 商業模式：品牌透過挑戰賽（Hashtag Challenges）、網紅行銷（Influencer Marketing）和原生廣告（In-Feed Ads）來吸引用戶互動。
- 影響力：TikTok 用戶超過 10 億，許多品牌透過短影音 創造病毒式傳播效應，甚至不需要額外付費廣告。

❑ **Instagram Reels**

Meta（Facebook/Instagram）推出的 TikTok 競爭對手，影片時長為 15～90 秒。

- 優勢：品牌可以將 Reels 內容同步至 Instagram Stories 和 Facebook，最大化曝光率。
- 影響力：Instagram 擁有 20 億用戶，Reels 為品牌提供了額外的流量曝光機會。

❑ **YouTube Shorts**

由全球最大影音平台 YouTube 推出的短影片功能，用戶數量超過 25 億。

- Shorts 影片時長為 15-60 秒，能與 YouTube 主平台無縫整合，讓短影片直接帶動 YouTube 頻道成長與廣告收益。
- SEO 影響：YouTube Shorts 影片會出現在 Google 搜尋結果中，使品牌獲得更高的自然流量。

📌 行銷影響：短影音的優勢

- 更高的曝光率：平台的 AI 推薦機制讓優質內容更容易被推送。
- 適應碎片化閱讀習慣：短影音符合現代人快速消費資訊的需求。
- 品牌個性化表達：透過有趣、創意的短影片，品牌能建立更貼近受眾的形象。
- 低成本高回報：相比傳統廣告，短影音的製作成本較低，但影響力更大。

13-1-3　AI 技術如何改變影像行銷的製作流程

傳統的影片製作通常需要腳本撰寫、攝影、剪輯、後製、配音等繁瑣流程，且製作成本高昂。然而，AI 技術的發展正在徹底改變這個現狀。現在，行銷人員可以透過 AI 工具，在數分鐘內生成高品質的影片，省時又省成本。以下是 AI 影像行銷的幾大變革：

❑　**AI 如何簡化影片行銷流程？**

- 文字轉影片（Text-to-Video）
  - 技術：透過 AI 影片生成技術（如 OpenAI 的 Sora），用戶只需輸入簡單的行銷文案或產品介紹，就能自動生成短片。
  - 應用：可用於產品推廣、品牌故事、廣告創意等內容，適合 Instagram Reels、TikTok、YouTube Shorts。
- 圖片轉影片（Image-to-Video）
  - 技術：AI 可以將靜態圖片轉化為動畫或動態影片，例如 Sora、Runway ML、HeyGen 這類 AI 工具。
  - 應用：適合品牌用來展示產品、客戶案例、社群媒體內容，提升視覺吸引力。
- AI 聲音與配音生成（AI Voiceover）
  - 技術：像 LOVO、ElevenLabs、HeyGen 等 AI 工具可自動產生高品質語音，替影片加上自然的 AI 配音。
  - 應用：行銷人員可快速製作不同語言版本的影片，拓展全球市場。
- AI 影片個性化行銷
  - AI 可以根據使用者的興趣、瀏覽紀錄、消費習慣，自動生成個性化影片廣告，提高轉換率。
  - 應用：許多品牌已經透過 AI 客製化行銷影片，大幅提升廣告點擊率與轉換率。

❑　**AI 行銷影片的未來趨勢**

- AI 影片生成技術將越來越普及，即使是中小企業也能輕鬆製作高品質影片。
- 即時 AI 影片製作將成為主流，未來品牌可能只需輸入產品資訊，AI 就能自動生成行銷短片。

- AI 將進一步提升影片個性化行銷，根據消費者數據，自動產生最具吸引力的影像內容。

📌 **結論：AI 影像行銷將如何改變未來？**

AI 技術正在徹底改變影像行銷的製作流程，讓品牌可以更快、更便宜地製作吸引人的影片內容。而 Sora 這類 AI 影片生成工具，將讓「零剪輯影片製作」成為現實，幫助品牌輕鬆打造吸睛內容，提升市場競爭力。

🔥 現在正是品牌投入 AI 影像行銷的最佳時機！🚀

13-2 認識 Sora - AI 生成影片的革命性工具

13-2-1　Sora 是什麼？OpenAI 開發的 AI 影片生成技術

隨著 AI 技術的進步，影片製作不再介於傳統的拍攝與編輯流程，而是變成可以透過 AI 自動化完成的行銷利器。

Sora 是 OpenAI 開發的 AI 影片生成技術，能夠根據文字描述或圖片自動生成高質量的動態影片。該技術的推出，讓過去需要專業影像設備和編輯技術才能完成的影片製作，現在只需輸入簡單的文字描述或圖片就能完成。

Sora 的核心特點：

❏ **文字轉成影片 (Text-to-Video)**

只需輸入文字，Sora 就能根據描述自動生成高觀感的動態影片。
- 例如：「一隻黃金獸孩在日落的海灘上奔跑，畫面溫暖而富有電影感」。
- 適用於廣告、品牌效果影片、社群組織影片。

❏ **圖片轉成影片 (Image-to-Video)**

Sora 能將靜態圖片轉換成動態影片，透過自動添加運鏡、動畫效果、動態詳細，讓靜止畫面加入動態。
- 適用於品牌設計、產品廣告、社群內容、房地產和旅遊行銷。
- 例如：將餐廳的菜單圖片轉成菜品影片，簡單讓人渴望品嚐。

第 13 章　AI 影像行銷革命 - Sora 如何將內容變成吸睛影片

❑ **能產生詳細的動態效果**

理解物理動態，能產生自然的人物動作與場景變化。

❑ **高解析度，比較接近電影級畫面**

相比他類 AI 影片生成工具，Sora 能產生較長時間影片並更清晰。

13-2-2　Sora 與其他 AI 影片工具的比較 (Runway ML, HeyGen)

功能 / 工具	Sora (OpenAI)	Runway ML	HeyGen
技術類型	文字或圖片轉影片	文字或圖片轉影片，影片增強與背景移除	角色動畫與換臉 AI，專注於 AI 數位人影片
影片長度	可生成較長影片，支援多場景變化	通常生成幾秒鐘的短影片	以 AI 數位人為主，影片長度較有限
解析度	高解析度，接近電影級畫質	視覺效果佳，但仍需手動後製	主要為 AI 動畫與人像生成，解析度較普通
應用範圍	行銷短片、產品廣告、品牌故事、社群影音	影片增強、特效、去背景	數位人生成、AI 虛擬主播影片
適合對象	行銷人員、品牌、內容創作者	影像剪輯師、創意產業	企業行銷、虛擬角色運營
特點	從零生成影片，無需素材	AI 增強現有影片，需基本素材	製作 AI 虛擬數位人，適合真人影像行銷

📌 **結論**

- 如果你的目標是「用 AI 直接生成行銷影片」，Sora 是目前最具顛覆性的選擇。
- 如果你需要 AI 來優化或剪輯現有影片，Runway 會是更合適的工具。
  - Runway 也可以用文字或圖片生成影片。但是文字生成影片功能，生成的影片效果比較差。
  - Runway 具有圖片唇語功能，這方面領先 Sora，讀者可以參考筆者下列著作。

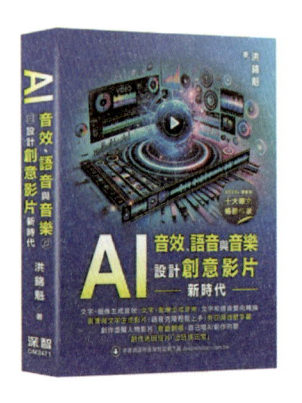

- 如果你想要製作 AI 數位人影片（如 AI 角色介紹、企業介紹），HeyGen 是更適合的選擇，讀者也可以參考上圖的著作。

👉 Sora 的優勢在於，它可以「從無到有」生成高品質影片，不需要任何拍攝或素材，這對於行銷人員來說是一項重大突破。

13-2-3　為何 Sora 適合行銷用途

❑ **降低行銷影片製作成本**

傳統影片製作需要：

- 腳本撰寫
- 拍攝與燈光設備
- 專業攝影團隊
- 剪輯與後製

但透過 Sora，行銷團隊不再需要昂貴的攝影設備與專業人員，只要輸入文字描述，就能生成具有專業水準的影片，大幅降低影片製作成本與時間。

❑ **提高內容行銷效率**

- 企業可以快速生成多版本影片，適應不同平台的行銷需求（如 Instagram、YouTube、TikTok）。
- Sora 讓行銷團隊能 即時調整內容，無需重新拍攝或剪輯，能夠更靈活地應對市場趨勢。

❑ **提升品牌吸引力**

- 生動的 AI 影片能夠比靜態圖片或純文字廣告更能吸引觀眾注意力，提升品牌形象。
- 視覺效果強烈的影片能夠提升社群媒體的觸及率與互動率，讓品牌更容易被消費者記住。

❑ **個性化與客製化行銷**

- Sora 可以根據不同市場或受眾，生成客製化的影片廣告，提升行銷精準度。

- 例如：
  - 對不同國家地區的用戶，Sora 可生成符合當地文化風格的影片內容。
  - 針對不同產品，Sora 可自動產生專屬影片，無需額外剪輯。

❏ 社群行銷與病毒式傳播

短影音已成為社群行銷的核心，Sora 讓品牌可以快速製作出適合 TikTok、YouTube Shorts、Instagram Reels 的高轉換影片，促進內容的病毒式傳播。

📌 結論：Sora 是 AI 影像行銷的關鍵技術

Sora 讓品牌和行銷團隊以最低的成本、最快的速度創造高品質影片內容，不僅提升內容行銷效率，也改變了行銷影片製作的方式。隨著 AI 影片技術的進步，Sora 將成為未來行銷策略中不可或缺的工具，引領 AI 影像行銷的新時代！🚀

13-3 Sora 的 AI 行銷應用場景

❏ 產品展示

- 傳統方式：品牌通常使用靜態文字或產品照片來進行行銷，但靜態文字或影像難以吸引消費者的注意力。
- AI 影片方式：Sora 可以將產品圖片轉換為動態 3D 旋轉展示，或者增加運鏡與燈光變化，使產品更具吸引力。例如：
  - 一款新款運動鞋的 360° 旋轉展示影片
  - 一部新款手機從不同角度展現的短影片

❏ 社群媒體內容行銷

- 傳統方式：品牌在 Instagram 或 Facebook 上發布靜態貼文（如促銷海報），但靜態內容較難與短影音競爭。
- AI 影片方式：Sora 可以讓靜態的社群貼文 自動變成動態影片，例如：
  - 將折扣活動海報製作成動態廣告
  - 讓品牌標誌與標語動畫化，提高觀看吸引力
  - 讓靜態的美食照片轉變為慢動作的「翻轉、切割、擺盤」影片

❑ 企業品牌故事影片
- 傳統方式：品牌通常會透過昂貴的拍攝來製作品牌故事影片。
- AI 影片方式：Sora 可以從一張企業的 LOGO、團隊合照或品牌形象照，自動產生一段充滿動感的企業宣傳影片。例如：
  - 企業 LOGO 緩緩旋轉，然後展現企業的使命宣言
  - 創辦人照片轉換成一段動畫式的訪談影片
  - 靜態的客戶好評截圖變成滾動展示的動態影片

❑ 旅遊 & 房地產行銷
- 傳統方式：房地產廣告與旅遊業者通常依賴靜態照片來呈現房屋或旅遊景點。
- AI 影片方式：Sora 可以讓靜態房屋圖片「變成一個虛擬導覽影片」，或者讓旅遊海報轉變為動態短片。例如：
  - 讓一張房地產外觀照片轉變為「從外部進入內部的環繞影片」
  - 讓旅行社的目的地圖片變成動態縮時影片，模擬白天到夜晚的變化
  - 讓餐廳的菜單圖片變成菜品展示影片

13-4　內容轉影片 - Sora 讓行銷素材動起來

影片行銷已成為品牌推廣的核心，然而傳統影片製作往往需要專業拍攝、剪輯與後製，成本與時間成本都相對較高。Sora 透過 AI 技術，讓行銷素材（例如：文字與圖片）能快速轉換為高品質影片，幫助品牌提高曝光率與轉換率。

13-4-1　簡單的 Sora 環境認識

讀者可以使用下列網址進入 Sora。

　https://openai.com/sora/

有關 Sora 環境應用細節，請參考下列筆者所著書籍：

第 13 章　AI 影像行銷革命 - Sora 如何將內容變成吸睛影片

可以進入下列環境：

有關 Prompt 輸入區更完整功能說明如下：

上述欄位說明如下：

- 變體影片數 (Variations)：可以選擇一個 Prompt 生成 1 或 2 部影片。
- 影片時間 (Duration)：如果影片解析度是 720p 則是 5 秒。如果影片解析度是 480p，則可以選擇 5 或 10 秒。
- 影片解析度 (Resolution)：ChatGPT Plus 的用戶，可以選擇 480p 或是 720p。註：由於有點數限制，建議剛開始可以選擇 480p 解析度，耗損的點數比較少。
- 長寬比 (Aspect ratio)：預設是 16:9，也可以選擇 1:1 或是 9:16。
- 預先設定 (Presets) 風格：這是影片風格選項，預設是 None。如果目前選項是 None，圖示是 🎞。如果有設定下列選項，則圖示右下角有「打勾」符號，此時圖示是 🎞。預先設定幾個選項意義如下：
  - Archival：風格可為影片增添懷舊的檔案影片效果，模擬舊時代的影像質感，適合用於創作復古主題的內容。
  - Film Noir：可為影片增添經典黑白電影的效果，強調陰影對比和戲劇性的光影，營造出懸疑、神秘的氛圍。
  - Cardboard & Papercraft：可為影片增添手工製作的質感，模擬以紙板和紙藝材料製作的效果，呈現出獨特的視覺魅力。
  - Whimsical Stop Motion：這是「定格動畫」，此風格可為影片增添手工製作的質感，模擬傳統定格動畫的效果，呈現出獨特的視覺魅力。
  - Ballon World：可為影片增添卡通般的奇幻外觀，具有誇張的形狀、鮮豔的色彩和輕鬆愉快的氛圍，特別適合兒童觀眾。
- StoryBoard：可以啟動故事板建立影片環境。

13-4-2　Sora 應用在文字生成影片

Sora 具備 Text-to-Video（文字轉影片）的功能，讓行銷團隊可以用簡單的文字敘述，直接產生動態影片，省去拍攝與剪輯的步驟。

第 13 章　AI 影像行銷革命 – Sora 如何將內容變成吸睛影片

📌 **如何透過 Sora 讓行銷文案變成生動影片？**

- 輸入品牌或產品描述
    - 例如：「一位探險家站在廣闊的沙漠中，夕陽將天空染成金黃，他舉起 Solar Phone，螢幕顯示清晰的衛星訊號。他按下一鍵，語音通話穩定傳送到遠方的城市。鏡頭拉遠，畫面切換到夜晚，一名登山者站在雪山之巔，透過 Solar Phone 發送求救訊號，螢幕閃爍出衛星軌跡，代表強大的全球無死角通訊。最後，太空視角俯瞰地球，一顆閃耀的衛星圍繞行星運行，傳輸訊號至世界各地。畫面結束時，Solar Phone LOGO 出現，並附上品牌標語：「Solar Phone」。」
    - AI 會自動生成動態影片，並匹配適合的畫面元素。
- 選擇影片風格與長度
    - 可設定影片的氛圍，如 電影風、卡通風、商業風。
    - 影片長度可依社群平台需求進行調整。
- 自動生成高品質影片
    - Sora 會透過 AI 模擬真實場景、燈光、運鏡，讓影片更具吸引力。

筆者輸入畫面如下：

筆者使用 1080 解析度，執行 2 次，分別得到下列影片結果，影片儲存到 ch13 資料夾的 solar_phone1.mp4 和 solar_phone2.mp4。

13-4 內容轉影片 - Sora 讓行銷素材動起來

- solar_phone1.mp4 畫面實例

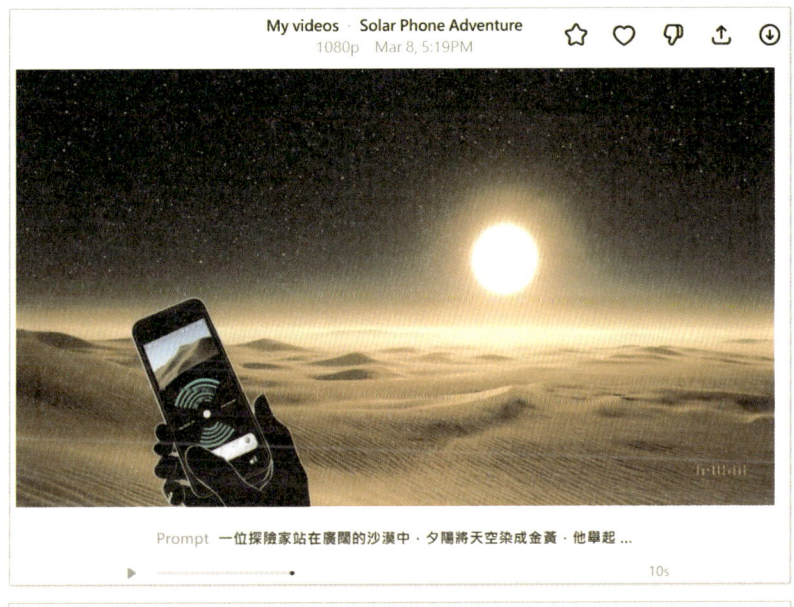

第 13 章　AI 影像行銷革命 - Sora 如何將內容變成吸睛影片

- solar_phone2.mp4 畫面實例

上述生成了非常完整精緻的影片，如果需要配音，可以應用 Lovo AI、Canva AI 或是 FlexClip。讀者可以參考 13-2-2 節，筆者所著的「AI 音效、語音與音樂 – 設計創意影片新時代」書籍。

13-4 內容轉影片 - Sora 讓行銷素材動起來

📌 **其他行銷應用案例**

✅ 產品介紹影片
- 讓商品資訊轉化為視覺化影片,例如:「這是一款最新的智慧手錶,搭載 AI 助理與健康監測功能。」
- Sora 可自動生成展示產品特寫、功能演示與品牌標誌。

✅ 廣告腳本影片
- 透過 AI 自動轉換行銷文案為動態影片,減少拍攝與剪輯成本。
- 例如:「新款護膚產品,讓你的肌膚透亮水潤!」
- Sora 會生成適合的 場景畫面、產品動畫與特效。

✅ 品牌故事影片
- 讓品牌價值與故事變成更具吸引力的影音內容。
- 例如:「我們的品牌起源於大自然靈感,致力於環保與可持續發展。」
- AI 會自動生成 品牌歷程、產品理念與視覺動態內容,強化品牌形象。

👉 透過 Sora,品牌可以輕鬆打造高品質行銷影片,並提升社群媒體的曝光與互動率!
🚀

13-4-3 Sora 影用在圖片轉影片

除了透過文字生成影片,Sora 也具備圖片轉影片的技術,能夠讓品牌將靜態的行銷素材轉變為生動的動態內容。

📌 **AI 如何將靜態圖片轉換成動態內容**

- 智能動畫處理:AI 會根據圖片的內容,自動添加移動視角(運鏡)、動態元素(流動特效)、場景變化。
- 添加光影與深度效果:AI 透過光影變化 讓靜態圖片產生 3D 立體感,呈現更具沉浸感的影片。
- 自動生成環境動畫:若圖片包含自然元素(如天空、海洋、雲朵),AI 可自動讓雲層移動、浪潮翻滾,創造更真實的影片效果。

第 13 章　AI 影像行銷革命 - Sora 如何將內容變成吸睛影片

　　10-5 節筆者建立了「科技未來主義」球鞋，讀者可以在 ch13 資料夾看到此檔案 shoes.jpg，現在將此圖片加入 Sora，可以看到下列畫面：

筆者用 1080 解析度得到影片，結果儲存到 ch13 資料夾的 tech_shoes.mp4。

13-4 內容轉影片 - Sora 讓行銷素材動起來

📌 **其他行銷應用案例**

✅ 產品展示影片

- 例如，將智慧手機的產品照轉換成 360° 旋轉展示影片，讓觀眾能從不同角度觀察商品。

✅ 社群行銷素材

- 透過 AI 將品牌的靜態海報轉換成帶有動態效果的廣告影片，提升社群媒體的吸引力。

✅ 房地產與旅遊行銷

- 透過 AI 讓房地產照片「變成虛擬導覽影片」，或將旅遊目的地的圖片轉化為充滿活力的動態影像。

👉 Image-to-Video 讓品牌行銷更加靈活，只需提供靜態圖片，就能輕鬆產生吸睛的影片！🚀

13-4-4　Sora 影用在「圖片 + 文字」轉影片

Sora 也可以在應用圖片時，增加文字敘述，繼續使用 shoes.jpg，筆者增加 Prompt 描述。

最後生成的影片取名 tech_shoes_logo.mp4，讀者可以在 ch13 資料夾看到，下列是畫面。

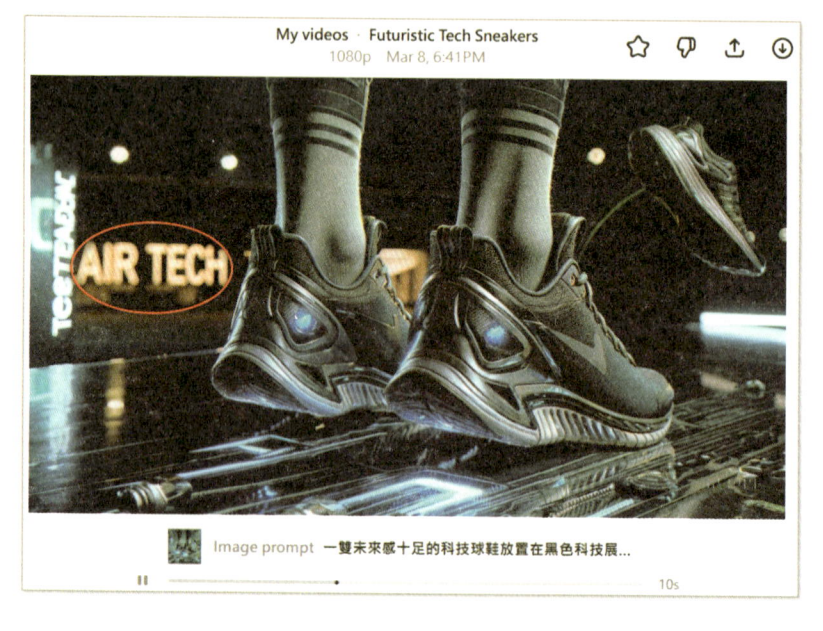

主要是在播放過程可以看到「Air Tech」品牌。

📌 為什麼這樣的 Prompt 適合 Sora？

✅ **減少 AI 難以理解的品牌元素**
- 目前 Sora 無法直接生成精確的品牌 LOGO，因此避免使用「請 AI 添加 LOGO」的指令，改用品牌標誌閃現（光影效果）來模擬品牌出現的感覺。
- 你可以在後期使用剪輯軟體（例如：Canva、FlexClip）添加 LOGO 或標語。

✅ **加入科技感的場景與細節**
- 使用「黑色科技展示台」、「LED 光芒」、「慢動作展示」等視覺化描述，讓 AI 產生更高品質的影片。
- 「空氣懸浮系統」、「能量氣墊」等描述能讓 AI 生成更科幻、動感的影像。

✅ **確保畫面流暢與品牌感**
- 指定「鏡頭慢慢拉近」、「環繞運鏡」，幫助 AI 生成更自然的品牌展示影片。

第 13 章　AI 影像行銷革命 - Sora 如何將內容變成吸睛影片

第 14 章
AI 行銷
影片剪輯與配音

14-1　FlexClip 完全入門 - 打開創意製作的大門

14-2　逐步指南 - 教你如何製作專業影片

14-3　AI 行銷影片 solarphone.mp4 儲存與下載

前一章我們建立了影片，受限目前只能建立無聲影片，這一章將介紹 AI 影片編輯軟體 FlexClip，透過此工具，我們可以很輕鬆為影片加上字幕和配音。

註　更完整的 FlexClip 知識，請讀者參考筆者所著「AI 音效、語音與音樂 – 設計創意影片新時代」書籍。

14-1　FlexClip 完全入門 - 打開創意製作的大門

讀者可以輸入下列網址，進入 FlexClip 網站。

14-1-1　進入 FlexClip 影片編輯器

讀者可以輸入下列網址，進入 FlexClip 網站。

https://www.flexclip.com/tw/editor/

14-1-2　認識 FlexClip 影片編輯器的功能

FlexClip 是一款功能強大的線上影片編輯器，可讓您輕鬆創建專業級影片。它具有以下功能：

❑　基本編輯功能

- 修剪影片：根據需要快速修剪影片片段，無質量損失。
- 添加音樂：添加你最喜歡的音頻或背景音樂，透過剪輯使其與你的影片完美契合。
- 添加文字：為你的影片添加文字說明，快速、清晰地表達你的想法。
- 錄製外音：錄製聲音並添加旁白，清晰、流利地向你的觀眾闡述影片內容。

- 合併影片：將多個影片片段合併為一個影片。
- 添加浮水印：為你的影片添加浮水印，以保護你的版權或宣傳你的品牌。
- 調整比例：根據你的需求調整影片的長寬比。
- 調整影片質量：選擇合適的影片質量，以平衡檔案大小和影片清晰度。

☐ 進階功能

- 添加轉場：在影片片段之間添加轉場，使影片更加流暢。
- 添加字幕：為你的影片添加字幕，使其更易於理解。
- 添加濾鏡：為你的影片添加濾鏡，以營造不同的氛圍。
- 添加效果：為你的影片添加效果，使其更加生動有趣。
- 使用 AI 工具：使用 AI 工具，例如 AI 自動字幕、AI 文字轉語音和 AI 背景音樂，快速創建影片。

☐ 其他功能

- 提供大量模板：FlexClip 提供大量模板，可幫助你快速創建各種類型的影片。
- 支持多種格式：FlexClip 支持多種影片格式，包括 MP4、MOV、AVI、WMV、FLV 等。
- 可在多個設備上使用：FlexClip 可在多個設備上使用，包括電腦、平板電腦和手機。

FlexClip 提供免費和付費兩種版本。免費版本可讓您創建長達 12 分鐘的影片，並帶有 FlexClip 水印。付費版本可讓您創建更長的影片，並去除水印。

14-2 逐步指南 - 教你如何製作專業影片

14-2-1 建立影片

進入 Flexclip 視窗開始畫面，點選 建立影片 ，然後選擇影片大小，預設是 16:9。

第 14 章　AI 行銷 - 影片剪輯與配音

14-2-2　上傳資源檔案 – solar_phone1.mp4

將看到下列畫面,這是告知可以將此專案的媒體素材上傳。

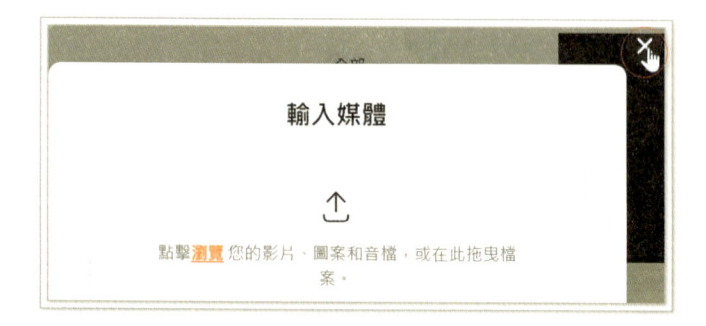

如果沒有檔案要上傳,可以按右上方的關閉鈕,如果有檔案要上傳,可以將檔案拖曳至此輸入媒體區,此例,筆者將 ch13 資料夾的 solar_phone1.mp4 拖曳至此,可以在媒體標籤,看到上傳的影片,然後得到下列結果。

14-2-3　將影片加為場景

將滑鼠游標放在圖片，可以在右下方看到圖示 ➕，請點此圖示可以將影片加為場景。

上述點選圖示 ➕，可以看到此影片已經變為 HexClip 的場景。

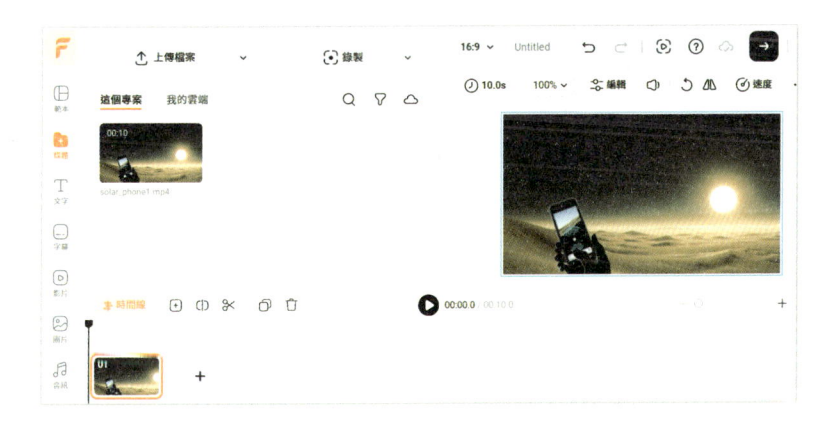

14-2-4　增加標題「Solar Phone」

請點選左側欄位的文字 T，點選新增標題，然後在影片內輸入標題「Solar Phone」。

第 14 章　AI 行銷 - 影片剪輯與配音

14-2-5　增加字幕

請點選左側欄位的字幕 。

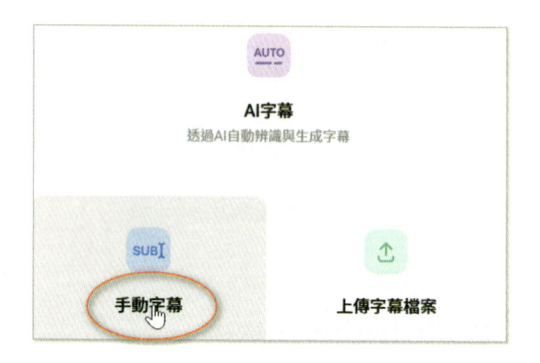

此例,讀者可以選擇「AI 字幕」、「手動字幕」或「上傳字幕檔案」。如果行銷單位已經有想法,可以選擇手動字幕,這也是筆者的選擇。此例:筆者在「00:00.0 ~ 00:05.0」秒時段,輸入「Solar Phone, 太陽能充電, 在沙漠, 在高山」。

請按新增新字幕,然後可以看到「00:05.0 ~ 00:10.0」,請在此輸入「衛星通信, 全球無死角」。

14-6

14-2 逐步指南 - 教你如何製作專業影片

14-2-6 字幕轉語音

請將時間軸拖曳到影片開始。

請點選語音鈕,這是「字幕轉語音功能」。

第 14 章 AI 行銷 - 影片剪輯與配音

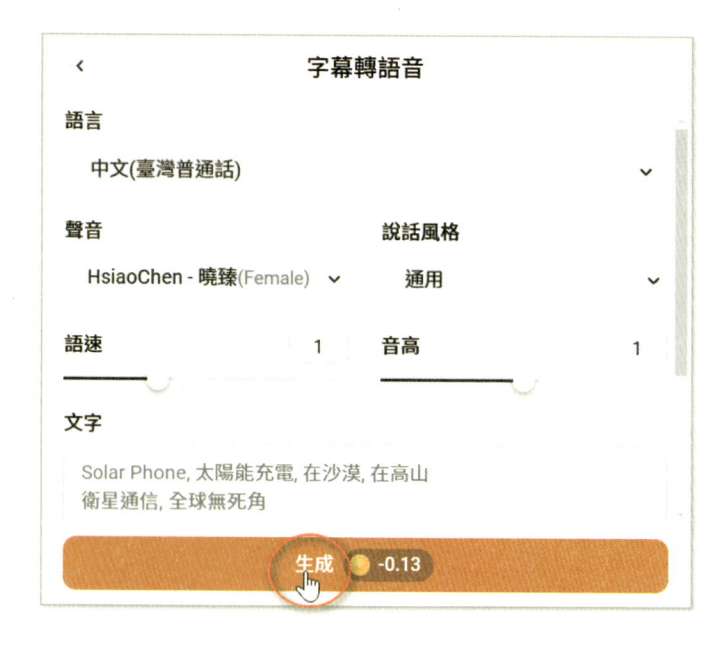

在上述可以看到選擇語言、聲音、說話風格、語速、音高和文字欄位。讀者可以依據需求更改，此例，請點選 生成 鈕。

14-8

14-2-7 為影片增加振奮人心的音樂

點選左側欄位的 音訊 🎵，可以為影片增加背景音樂。

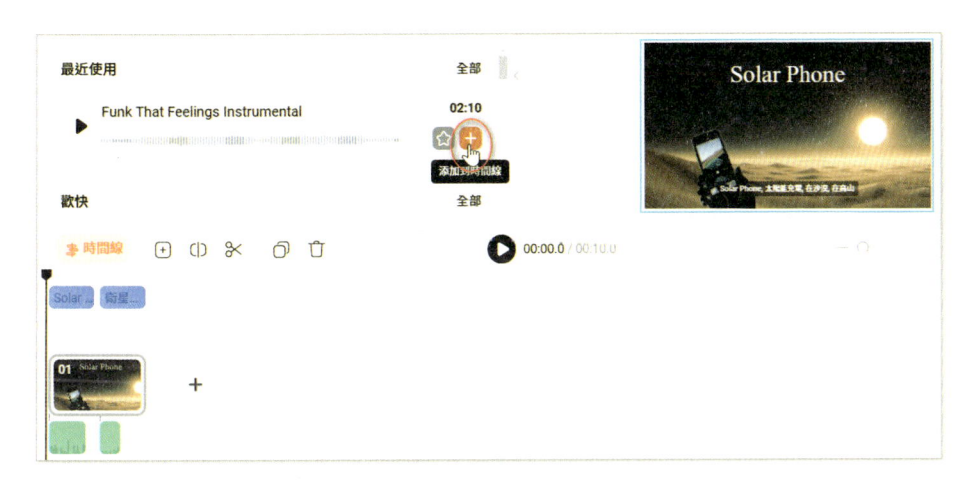

有許多背景音樂可以選擇，此例筆者選擇 Funk That Fellings Instrumental（放克情懷演奏曲），再按 添加到時間線 鈕，可以得到下列結果。

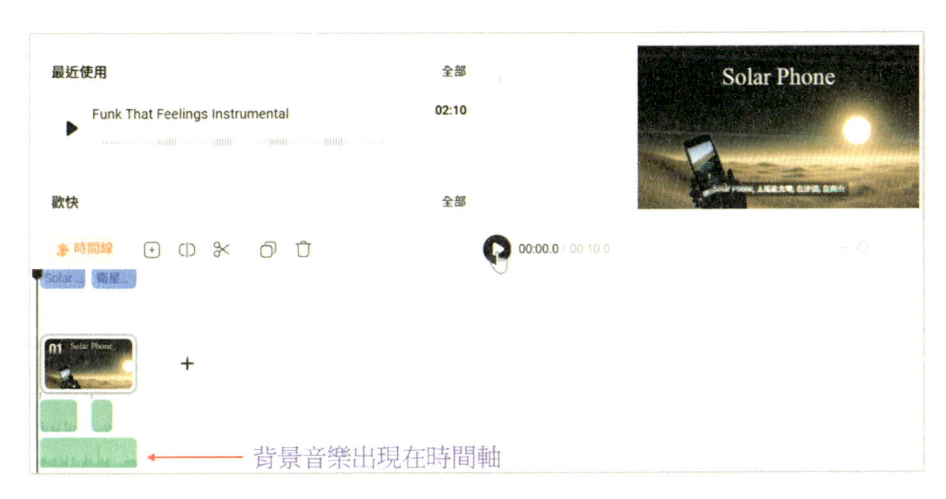

← 背景音樂出現在時間軸

14-3　AI 行銷影片 solarphone.mp4 儲存與下載

檔案在編輯時預設名稱是 Untitled,筆者輸入「solarphone」,可以為此專案建立名稱。

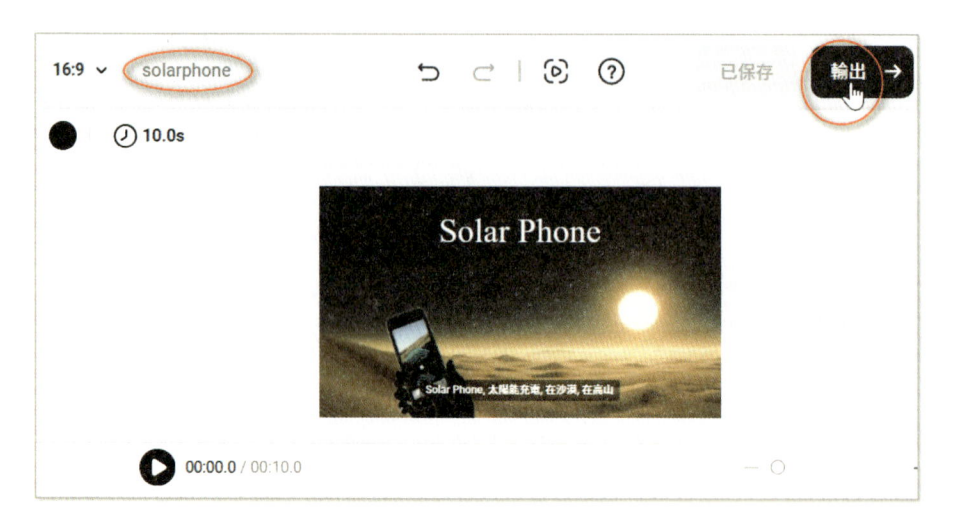

請點選輸出鈕,即可以下載,讀者可以在 ch14 資料夾看到此 solarphone.mp4 影片檔案。

洪老師專屬優惠碼

14 天 PLUS 免費試用折扣碼：HJKFREE14 有效期至 2026/10/30

兌換流程：

1. 進入頁面 https://www.flexclip.com/redeem
2. 點選右上角 Login, 輸入 email 註冊新帳號或輸入 email 和密碼登入帳號
3. 對話框輸入 code，點選 Redeem 即可

七折專屬折扣碼：HJK30OFF 有效期至 2026/10/30

兌換流程：

1. 進入頁面 https://www.flexclip.com/tw/pricing.html，複製折扣碼，選擇套餐並進入結算頁面。
2. 點選「有優惠券嗎？」按鈕輸入並兌換折扣碼。
3. 折扣將自動套用，只需點擊「立即付款」按鈕即可領取本次優惠。

如有任何問題，請聯絡 support@flexclip.com

Note